高等职业院校土建专业创新系列教材

工程造价概论
(微课版)

张华洁　厉彦菊　郭　慧　主　编
宋　健　刘永坤　丁海涛　副主编

U0360518

清華大学出版社
北　京

内 容 简 介

本书内容根据教育部《高等职业学校工程造价专业教学标准》(2019 年 7 月)中工程造价专业教学标准的工程造价原理课程标准、教育部《高等学校课程思政建设指导纲要》(2020 年 5 月)并结合教学需要及学生学习认知规律而编写。融入造价员职业技能证书考核内容，对工程造价的相关概念、工程造价的构成及施工图预算的编制进行了系统、详细的阐述。本书主要包括五个项目，具体内容为：项目一，建设项目与工程造价；项目二，工程造价的构成；项目三，工程造价的计价依据；项目四，工程量清单编制；项目五，施工图预算的编制。

同时为方便教师信息化教学，本书配套开发了课程标准、授课计划、电子教案、教学课件等教学资源；为帮助学习者更容易理解本书内容，本书还配有导学案、教学视频、思政案例、习题等自主学习资源，其中导学案、教学视频、思政案例等学习资源以二维码的形式在书中呈现，学习者只要扫码即可轻松实现自主学习。在每一个项目的最后添加了"学习小结"板块，可以让学习者对每个项目的学习内容进行总结及回顾，便于查缺补漏。

本书可作为高职工程造价、工程管理、建筑经济管理、建筑工程技术等专业的教材，又可作为工程造价从业人员业务学习和考试的参考资料。

图书在版编目(CIP)数据

工程造价概论：微课版/张华洁，厉彦菊，郭慧主编. —北京：清华大学出版社，2024.6

高等职业院校土建专业创新系列教材

ISBN 978-7-302-66273-0

Ⅰ. ①工⋯　Ⅱ. ①张⋯　②厉⋯　③郭⋯　Ⅲ. ①工程造价—高等职业教育—教材　Ⅳ. ①TU723.3

中国国家版本馆 CIP 数据核字(2024)第 096506 号

责任编辑：石　伟
封面设计：刘孝琼
责任校对：李玉萍
责任印制：刘　菲
出版发行：清华大学出版社
　　　　　网　　　址：https://www.tup.com.cn, https://www.wqxuetang.com
　　　　　地　　　址：北京清华大学学研大厦 A 座　　邮　　编：100084
　　　　　社 总 机：010-83470000　　　　　　　　邮　　购：010-62786544
　　　　　投稿与读者服务：010-62776969, c-service@tup.tsinghua.edu.cn
　　　　　质量反馈：010-62772015, zhiliang@tup.tsinghua.edu.cn
　　　　　课件下载：https://www.tup.com.cn, 010-62791865
印 装 者：三河市科茂嘉荣印务有限公司
经　　销：全国新华书店
开　　本：185mm×260mm　　印　张：15　　插页：12　　字　数：362 千字
版　　次：2024 年 6 月第 1 版　　印　次：2024 年 6 月第 1 次印刷
定　　价：49.00 元

产品编号：102137-01

前　言

党的二十大报告中指出："要办好人民满意的教育，全面贯彻党的教育方针，落实立德树人根本任务，培养德智体美劳全面发展的社会主义建设者和接班人。"本书在编写过程中坚决贯彻党的二十大精神和教育理念，以学生的全面发展为培养目标，将"知识学习、技能提升、素质培育"融于一体，严格落实立德树人根本任务，根据教育部《高等职业学校工程造价专业教学标准》(2019 年 7 月)的要求，结合"工程造价概论"课程的教学特点，并将造价员职业技能证书考核有关内容融入课程，以"必需、够用"为原则，系统展示了工程造价最为基础的内容，便于学生了解工程造价，并为后续课程的学习奠定基础。

本书的编写依据有：《建筑安装工程费用项目组成》(建标〔2013〕44 号)、《关于印发〈增值税会计处理规定〉的通知》(财会〔2016〕22 号)、《财政部、国家发展改革委、环境保护部、国家海洋局关于停征排污费等行政事业性收费有关事项的通知》(财税〔2018〕4 号)、《住房城乡建设部关于加强和改善工程造价监管的意见》(建标〔2017〕209 号)、《建设工程工程量清单计价规范》(GB 50500—2013)、《房屋建筑与装饰工程工程量计算规范》(GB 50854—2013)、《建筑安装工程工期定额》(TY-01-89-2016)、《山东省建设工程费用项目组成及计算规则》(2022 年)、《山东省建筑工程消耗量定额》(SD 01-31-2016)、《山东省建筑工程消耗量定额》交底培训资料(2017 年)、《山东省建筑工程概算定额》(SD 01-21-2018)。

本书内容积极贯彻党的二十大报告中提出的协同创新、产教融合、科教融汇的理念，理论联系实际，重点突出项目教学、任务教学，以提高学生的实践应用能力。书中通过二维码的形式链接了导学案、教学视频、课程思政等内容，读者通过手机的"扫一扫"功能，扫描书中的二维码，即可在课堂内外进行相应知识点的拓展学习，节约了搜集、整理学习资料的时间。作者也会根据行业发展情况，及时更新二维码所链接的资源，确保书中内容与行业发展结合得更为紧密。

本书符合《职业院校教材管理办法》(教材〔2019〕3 号)的要求，以习近平新时代中国特色社会主义思想为指导，注重立德树人，在教材中将"绿色发展""守正创新""科技自立自强""文化自信""法治观念"等理念有机融入学生素养教育之中，不断提升育人效果。

本书由日照职业技术学院张华洁、厉彦菊、郭慧担任主编，宋健、刘永坤、丁海涛担任副主编，日照市城乡建设管理服务中心刘乙斌、日照天泰建筑安装工程有限公司丁海标、山东高速青岛发展有限公司李志金、山东建苑工程咨询有限公司徐国参与编写，日照职业技术学院徐锡权主审。具体分工如下：丁海涛编写项目一，厉彦菊编写项目二，郭慧编写项目三，宋健、刘永坤编写项目四，张华洁编写项目五，刘乙斌、丁海标、李志金和徐国编写附录部分。

　　本书在编写过程中参考了部分同类教材和相关资料，在此一并向原作者表示感谢！并对合作单位日照市城乡建设管理服务中心、日照天泰建筑安装工程有限公司、山东高速青岛发展有限公司、山东建苑工程咨询有限公司的有关人员，以及为本书付出辛勤劳动的编辑们表示衷心的感谢！

　　由于编者水平有限，书中难免有不足之处，恳请读者批评和指正。

编　者

目 录

习题案例答案及
课件获取方式

项目一　建设项目与工程造价 1

　任务一　认识建设项目及建设程序 1
　　一、建设项目 1
　　二、建设工程项目的组成 1
　　三、建设项目的分类 3
　　四、建设项目的建设程序 3
　任务二　认识工程造价及工程造价文件 5
　　一、工程投资 5
　　二、工程造价含义 6
　　三、工程造价特点 7
　　四、工程造价文件及分类 7
　练习题 10
　学习小结 13

项目二　工程造价的构成 15

　任务一　认识工程造价构成 15
　　一、建设项目总投资的构成 15
　　二、工程造价的构成 15
　任务二　设备购置费的构成及确定 17
　　一、设备购置费的构成 17
　　二、工器具及生产家具购置费的
　　　　构成及计算 21
　任务三　建筑安装工程费的构成及
　　　　确定 21
　　一、建筑安装工程费用的内容 21
　　二、建筑安装工程费用构成 22
　任务四　工程建设其他费用的构成及
　　　　确定 32
　　一、建设单位管理费 32
　　二、用地与工程准备费 32
　　三、市政公用配套设施费 33
　　四、技术服务费 33
　　五、建设期计列的生产经营费 35

　　六、工程保险费 36
　　七、税金 36
　任务五　预备费和建设期利息的构成及
　　　　确定 37
　　一、预备费 37
　　二、建设期利息 39
　练习题 40
　学习小结 43

项目三　工程造价的计价依据 45

　任务一　认识工程定额 45
　　一、定额概念 45
　　二、定额水平 46
　　三、定额的特性 46
　　四、建筑工程定额的分类 47
　　五、工程定额的体系 50
　任务二　施工定额的编制与应用 51
　　一、施工定额的概述 51
　　二、劳动定额 53
　　三、材料消耗定额 56
　　四、施工机械台班定额 58
　任务三　预算定额的编制与应用 60
　　一、预算定额的概述 60
　　二、预算定额消耗量的确定 63
　　三、预算定额的组成 65
　　四、单位估价表(定额基价)的编制 67
　　五、预算定额的应用 69
　任务四　概算定额的编制与应用 70
　　一、概算定额的概述 71
　　二、概算定额的编制 73
　任务五　概算指标的编制与应用 75
　　一、概算指标的概述 75
　　二、概算指标的编制 77

任务六 投资估算指标的编制与应用........79
　　一、投资估算指标的概述.................79
　　二、投资估算指标的分类.................79
任务七 工程造价指数的编制与应用........81
　　一、工程造价指数的概述.................81
　　二、工程造价指数的编制.................82
　　三、工程造价指数的应用.................83
任务八 工期定额的编制与应用........84
　　一、工期定额的概念.................84
　　二、工期定额的作用.................85
　　三、工期定额的编制原则.................85
　　四、影响工期定额的主要因素........86
　　五、工期定额编制的方法.................86
　　六、现行《建筑安装工程工期定额》
　　　　(TY 01-89-2016)简介........87
　　七、民用建筑工程工期定额应用........88
练习题.................90
学习小结.................93

项目四　工程量清单编制........95
任务一 认识工程量清单.................95
　　一、工程量清单的概念.................95
　　二、工程量清单的作用.................96
　　三、工程量清单编制的依据.................96
　　四、《计价规范》一般规定.................96
　　五、工程量清单的相关表格.................96
任务二 工程量清单的编制.................104
　　一、分部分项工程量清单的编制........104
　　二、措施项目清单的编制.................106
　　三、其他项目清单的编制.................107

四、规费、税金项目清单的编制......109
练习题.................110
学习小结.................113

项目五　施工图预算的编制.................115
任务一 认识施工图预算.................115
　　一、施工图预算的含义.................115
　　二、施工图预算的作用.................115
　　三、施工图预算的编制内容及
　　　　依据.................117
　　四、施工图预算的编制原则.................118
任务二 定额计价法编制施工图预算......119
　　一、定额计价模式.................119
　　二、定额计价模式的方法及程序......119
任务三 清单计价法编制施工图预算......129
　　一、清单计价模式.................129
　　二、工程量清单计价模式的方法和
　　　　程序.................130
任务四 定额计价法与清单计价法的
　　　　对比.................134
　　一、定额计价与清单计价的特点......134
　　二、定额计价与清单计价的关系......135
　　三、定额计价与清单计价的区别......135
练习题.................137
学习小结.................141

附录A　××批发市场工程招标工程量
　　　　清单和招标控制价编制实例.....143

附录B　日照市某批发市场施工图.........229

参考文献.................231

项目一　建设项目与工程造价

能力目标	知识目标	素质目标
(1) 能举例说明建设项目的组成； (2) 能描述建设项目总投资的构成； (3) 能把造价文件与建设各阶段一一对应； (4) 能理解工程造价的两种含义，并能描述项目的建设程序	(1) 掌握建设项目的组成； (2) 掌握建设项目总投资及工程造价的构成； (3) 掌握工程造价文件及分类； (4) 熟悉建设项目的建设程序； (5) 熟悉工程造价的特点	(1) 建立民族自信心和自豪感； (2) 建立建设法治观念

【导学问题】

　　工程造价管理在建筑业中发挥着举足轻重的作用，在保证工程质量和进度的前提下，节约资金，提高投资效益是工程造价管理人员考虑的主要问题。那我们怎样做才能节约资金，降低工程造价呢？工程造价又是什么呢？

任务一　认识建设项目及建设程序

一、建设项目

　　建设项目一般是指具有计划任务书，按照一个总体设计进行施工的各个工程项目的总和。建设项目可由一个工程项目或几个工程项目组成。建设项目在经济上实行独立核算，在行政上实行独立管理。在我国，建设项目的实施单位一般称为建设单位，实行建设项目法人责任制。如一座工厂、一所学校、一所医院等均为一个建设项目。

二、建设工程项目的组成

　　建设工程项目可分为单项工程、单位(子单位)工程、分部(子分部)工程和分项工程，如图 1-1 所示。

导学任务一
认识建设项目
及建设程序

建设项目与工程
造价教学视频

1. 单项工程

单项工程是指具有独立的设计文件，竣工后可以独立发挥生产能力、投资效益的一组配套齐全的工程项目。单项工程是建设工程项目的组成部分，一个工程项目有时可以仅包括一个单项工程，也可以包括多个单项工程。生产性工程项目的单项工程，一般是指能独立生产的车间，包括厂房建筑、设备安装等工程。

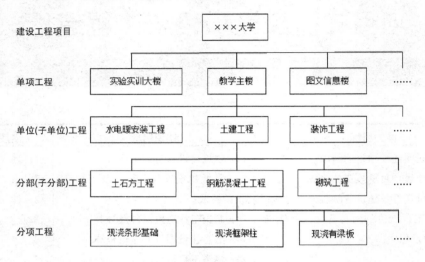

图 1-1　建设工程项目划分示意图

2. 单位(子单位)工程

单位工程是指具有独立施工条件并能形成独立使用功能的工程。对于建筑规模较大的单位工程，可将其能形成独立使用功能的部分作为一个子单位工程。根据《建筑工程施工质量验收统一标准》(GB 50300—2013)，具有独立施工条件和能形成独立使用功能是单位(子单位)工程划分的基本要求。

单位工程是单项工程的组成部分，也可能是整个工程项目的组成部分。按照单项工程的构成，又可将其分解为建筑工程和设备安装工程。如工业厂房工程中的土建工程、设备安装工程、工业管道工程等分别是单项工程中所包含的不同性质的单位工程。

3. 分部(子分部)工程

分部工程是指将单位工程按专业性质、建筑部位等划分的工程。根据《建筑工程施工质量验收统一标准》(GB 50300—2013)，建筑工程包括：地基与基础、主体结构、建筑装饰装修、屋面、建筑给水排水及采暖、建筑电气、智能建筑、通风与空调、电梯、建筑节能等分部工程。当分部工程较大或较复杂时，可按其材料种类、工艺特点、施工程序、专业系统及类别等将分部工程划分为若干个子分部工程。例如：地基与基础分部工程又可细分为土方、基坑、地基、桩基础、地下防水等子分部工程；主体结构分部工程又可细分为混凝土结构、型钢和钢管混凝土结构、砌体结构、钢结构、轻钢结构、索膜结构、木结构、铝合金结构等子分部工程；建筑装饰装修分部工程又可细分为地面、抹灰、门窗、吊顶、轻质隔墙、饰面板(砖)、幕墙、涂饰、裱糊与软包、外墙防水、细部等子分部工程；智能建筑分部工程又可细分为通信网络系统、计算机网络系统、建筑设备监控系统、火灾报警及消防联动系统、会议系统与信息导航系统、专业应用系统、安全防范系统、综合布线系统、智能化集成系统、电源与接地、计算机机房工程、住宅(小区)智能化系统等子分部工程。

4. 分项工程

分项工程是指将分部工程按主要工种、材料、施工工艺、设备类别等划分的工程。例如，土方开挖、土方回填、钢筋、模板、混凝土、砖砌体、木门窗制作与安装、玻璃幕墙等工程。

三、建设项目的分类

1. 按不同标准分类

建设项目可以按不同标准进行分类。

1) 按建设项目的建设性质分类

按建设项目的建设性质分类可分为基本建设项目和更新改造项目。基本建设项目是投资建设用于进行扩大生产能力或增加工程效益为主要目的的工程，包括新建项目、扩建项目、迁建项目、恢复项目。更新改造项目是指建设资金用于对企业单位和事业单位原有设施进行技术改造或固定资产更新的项目，或者为提高综合生产能力增加的辅助性生产、生活福利等工程项目和有关工作。更新改造工程包括挖潜工程、节能工程、安全工程、环境工程等。例如：设备更新改造，工艺改革，产品更新换代，厂房生产性建筑物和公用工程的翻新、改造，原燃材料的综合利用和废水、废气、废渣的综合治理等，主要目的就是实现以内涵为主的扩大再生产。

2) 按建设项目的用途分类

按建设项目在国民经济各部门中的作用，可分为生产性建设项目和非生产性建设项目。

3) 按建设项目规模分类

基本建设项目可划分为大型建设项目、中型建设项目和小型建设项目。更新改造项目划分为限额以上项目和限额以下项目。

4) 按行业性质和特点分类

按行业性质和特点分类可分为竞争性项目、基础性项目和公益性项目。

2. 按不同角度分类

建设项目也可以从不同的角度进行分类。

(1) 按项目的目标，分为经营性项目和非经营性项目。
(2) 按项目的产出属性(产品或服务)，分为公共项目和非公共项目。
(3) 按项目的投资管理形式，分为政府投资项目和企业投资项目。
(4) 按项目与企业原有资产的关系，分为新建项目和改扩建项目。
(5) 按项目的融资主体，分为新设法人项目和既有法人项目。

四、建设项目的建设程序

1. 建设程序的含义

建设程序是指工程项目从策划、评估、决策、设计、施工到竣工验收、投入生产到交

付使用的整个建设过程中，各项工作必须遵循的先后工作次序。工程项目建设程序是工程建设过程客观规律的反映，是工程项目科学决策和顺利实施的重要保证。

2. 建设程序的阶段

现按照我国现行规定，政府投资项目的建设程序可以分为以下阶段，如图1-2所示。

(1) 根据国民经济和社会发展长远规划、结合行业和地区发展规划的要求，提出项目建议书。

(2) 在勘察、试验、调查研究及详细技术经济论证的基础上编制可行性研究报告。

(3) 根据咨询评估情况，对工程项目进行决策。

(4) 根据可行性研究报告，编制设计文件。

(5) 初步设计经批准后，进行施工图设计，并做好施工前各项准备工作。

(6) 组织施工，并根据施工进度做好生产或动用前的准备工作。

(7) 按批准的设计内容完成施工安装，经验收合格后正式投产或交付使用。

(8) 生产运营一段时间(一般为1年)后，可根据需要进行项目后评价。

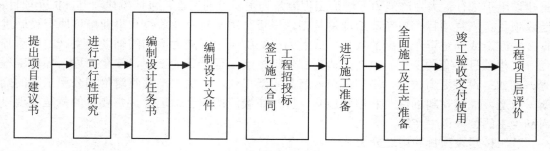

图1-2 基本建设程序

【工程案例】

港珠澳大桥

港珠澳大桥是我国境内一座连接香港、广东珠海和澳门地区的桥隧工程，位于我国广东省珠江口伶仃洋海域内，为珠江三角洲地区环线高速公路南环段。港珠澳大桥于2009年12月15日动工建设；于2017年7月7日实现主体工程全线贯通；于2018年2月6日完成主体工程验收；同年10月24日9时开通运营。港珠澳大桥东起香港国际机场附近的香港口岸人工岛，向西横跨南海伶仃洋水域连接珠海和澳门人工岛，止于珠海洪湾立交；桥隧全长55千米，其中主桥29.6千米、香港口岸至珠澳口岸41.6千米；桥面为双向六车道高速公路，设计速度100千米/小时；工程项目总投资为1269亿元。港珠澳大桥因其超大的建筑规模、空前的施工难度和顶尖的建造技术而闻名世界。

思考：我们成功建造闻名世界的港珠澳大桥靠的是什么？

我的回答是：

_____

_____

_____

_____

任务二　认识工程造价及工程造价文件

导学任务二
认知工程造价
及工程造价文件

一、工程投资

1. 投资的含义

投资是指投资主体在经济活动中为实现某种预定的生产、经营目标而预先垫付资金的经济行为。

2. 建设项目总投资

建设项目总投资是指投资主体为获取预期收益，在选定的建设项目上投入所需的全部资金的经济行为。生产性建设项目总投资分为固定资产投资和流动资产投资两部分。而非生产性建设项目总投资只有固定资产投资，不含上述流动资产投资。项目投资的分类如图 1-3 所示。

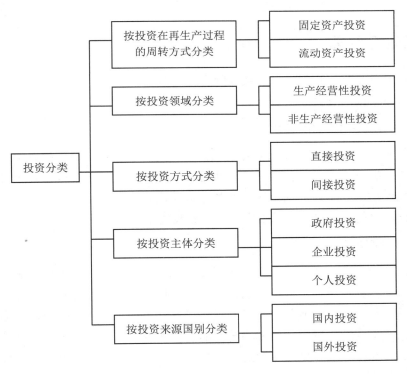

图 1-3　投资的分类

3. 固定资产投资

固定资产是指在社会再生产过程中可供长时间反复使用，单位价值在规定限额以上，并在其使用过程中不改变其实物形态的物质资料，如建筑物、机械设备等。在我国的会计实务中，固定资产的具体划分标准为单位价值在规定限额以上，使用年限超过一年，并在使用过程中基本保持原有物质形态的资产。例如：建筑物、构筑物、机械设备、运输工具

和其他与生产经营有关的工器具等。凡不符合以上条件的劳动资料一般称为低值易耗品，属于流动资产。固定资产投资是投资主体为了特定的目的，达到预期收益(效益)的资金垫付行为。在我国，固定资产投资包括基本建设投资、更新改造投资、房地产投资和其他固定资产投资四部分。

4. 静态投资

静态投资是以某一基准年、月的建设要素的价格为依据所计算出的建设项目投资的瞬时值。静态投资包括建筑安装工程费、设备及工器具购置费、工程建设其他费用和基本预备费，以及因工程量误差而引起的工程造价变化等。

5. 动态投资

动态投资是指为完成一个工程项目的建设，预计投资需要量的总和。动态投资包括静态投资所含内容之外，还包括涨价预备费、建设期利息等，以及利率、汇率调整等增加的费用。动态投资包含静态投资，静态投资是动态投资最主要的组成部分，也是动态投资的计算基础。

二、工程造价含义

工程造价的含义
与计价特征

工程造价通常是指工程建设预计或实际支出的费用。由于所处的角度不同，工程造价有不同的含义。

1. 从投资者(业主)的角度分析

工程造价是指建设一项工程预期开支或实际开支的全部固定资产投资费用。投资者为了获得投资项目的预期效益，需要对项目进行策划、决策及建设实施，直至竣工验收等一系列投资管理活动。在上述活动中所花费的全部费用，就构成了工程造价。从这个意义上讲，建设工程造价就是建设工程项目固定资产总投资。

2. 从市场交易的角度分析

工程造价是指建成一项工程预计或实际在工程承发包交易活动中所形成的建筑安装工程费用或建设工程总费用。工程造价的这种含义是指以建设工程这种特定的商品形式作为交易对象，通过招标、投标或其他交易方式，在进行多次预估的基础上，最终由市场形成的价格。这里的工程既可以是涵盖范围很大的一个建设工程项目，也可以是其中的一个单项工程或单位工程，甚至可以是整个建设工程中的某个阶段，如建筑安装工程、装饰装修工程，或者其中的某个组成部分。

工程承发包价格是工程造价中一种重要的，也是较为典型的价格交易形式。在建筑市场中通过招标、投标的方式，由需求主体(投资者)和供给主体(承包商)共同认可的价格。工程造价的两种含义实质上就是从不同角度把握同一事物的本质。对市场经济条件下的投资者来说，工程造价就是项目投资，是"购买"工程项目需要出的价格；同时，工程造价也是投资者作为市场供给主体"出售"工程项目时确定价格和衡量投资经济效益的尺度。

三、工程造价特点

1. 大额性

建设工程项目体积庞大，而且消耗资源巨大，因此，一个项目少则几百万元，多则数亿乃至数百亿元。工程造价的大额性，一方面事关重大经济利益；另一方面也使工程承受了重大的经济风险，同时，也会对宏观经济的运行产生重大的影响。因此，应当高度重视工程造价的大额性特点。

2. 个别性和差异性

任何一项工程项目都有特定的用途、功能、规模，这导致了每一项工程项目的结构、造型、内外装饰等都会有不同的要求，直接表现为工程造价上的差异性。即使是相同的用途、功能、规模的工程项目，由于处在不同的地理位置或不同的建造时间，其工程造价都会有较大的差异，工程项目这种特殊的商品属性，则具有单件性的特点，即不存在完全相同的两个工程项目。

3. 动态性

工程项目从决策到竣工验收直到交付使用，都有一个较长的建设周期，而且由于来自社会和自然的众多不可控因素的影响必然会导致工程造价的变动(如物价变化、不利的自然条件、人为因素等)。因此，工程造价在整个建设期内都处在不确定的状态之中，直到竣工结算才能最终确定工程的实际造价。

4. 层次性

工程造价的层次性取决于工程的层次性。工程造价可以分为建设工程项目总造价、单项工程造价和单位工程造价。单位工程造价还可以细分为分部工程造价和分项工程造价。

5. 兼容性

工程造价的兼容性特点是由其内涵的丰富性所决定的。工程造价既可以指建设工程项目的固定资产投资，也可以指建筑安装工程造价；既可以指招标的招标控制价，也可以是投标报价。同时，工程造价的构成因素非常广泛、复杂，包括成本因素、建设用地支出费用、项目可行性研究和设计费用等。

四、工程造价文件及分类

任何项目建设工程从决策到实施，直至竣工验收、交付使用，都有一个较长的建设期，在此期间，如工程变更、设备材料价格、工资标准以及利率、汇率等都可能发生变化，这些变化必然会影响工程造价的变动。因此，工程造价在整个建设期内的不同阶段处于变动状态，直至竣工决算后才能最终决定实际造价。建设程序各阶段造价文件，如图 1-4 所示。

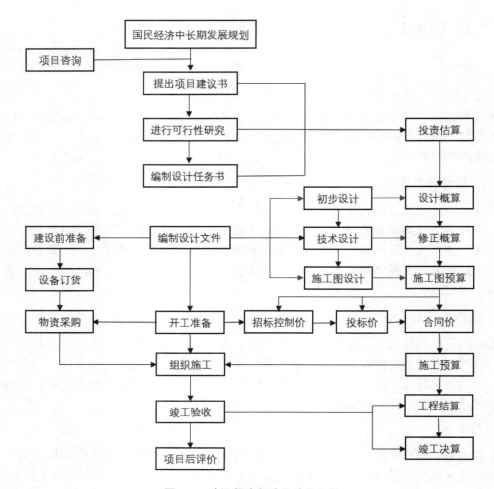

图 1-4　建设程序各阶段造价文件

1. 投资估算

投资估算是指在项目建议书和可行性研究阶段通过编制估算文件预先测算和确定的工程造价。投资估算是建设项目进行决策、筹集资金和合理控制造价的主要依据。

2. 设计概算

设计概算是指在初步设计阶段。根据设计意图，通过编制工程概算文件预先测算和确定的工程造价。与投资估算造价相比，概算造价的准确性有所提高，但受估算造价的控制。概算造价一般又可分为建设项目概算总造价、各个单项工程概算综合造价、各单位工程概算造价。

3. 修正概算

修正概算是指在技术设计阶段，根据技术设计的要求，通过编制修正概算文件，预先测算和确定的工程造价。修正概算是对初步设计阶段的概算造价的修正和调整，比概算造价准确，但受概算造价控制。

4. 施工图预算

施工图预算是指在施工图设计阶段，根据施工图纸，通过编制预算文件、预先测算和确定的工程造价。预算造价比概算造价或修正概算造价更为详尽和准确，但同样要受前一阶段工程造价的控制。目前，按现行工程量清单计价规范，有些工程项目需要确定招标控制价以限制最高投标报价。

5. 标底或招标控制价

国有资金投资的工程进行招标，根据《中华人民共和国招标投标法》的规定，招标人可以设标底。当招标人不设标底时，为了客观、合理地评审投标报价和避免哄抬标价，造成国有资产流失，招标人应编制招标控制价。

(1) 标底是指业主为控制工程建设项目的投资，根据招标文件、各种计价依据和资料，并按照有关规定所计算的用于测评各投标单位工程报价的工程造价。标底价格在评标、定标过程中起到了控制价格的作用。标底由业主或招标代理机构编制，在开标前是绝对保密的。

(2) 招标控制价是指招标人根据国家或省级行业建设主管部门颁发的有关计价依据和规则，按照设计施工图纸计算的对招标工程限定的最高工程造价。它由招标人或受其委托具有相应资质的工程造价咨询人员编制，是招标人用于对招标工程发包的最高限价。投标人的投标报价高于招标控制价的，其投标应予以拒绝。招标控制价的作用决定了它不同于标底，无须保密。

6. 投标价

投标价是指投标人投标时报出的工程造价，又称为投标报价。它是投标文件的重要组成部分，是投标人希望达成工程承包交易的期望价格。投标价不能高于招标人设定的招标控制价。

7. 合同价

合同价是指发、承包双方在施工合同中约定的工程造价，又称为合同价格。采用招标发包的工程，其合同价应为投标人的中标价，但并不等同于最终结算的实际工程造价。

8. 施工预算

施工预算是指施工阶段，在施工图预算的控制下，施工单位根据施工图计算的分项工程量、企业定额或施工定额、单位工程施工组织设计等资料，通过工料分析，计算和确定拟建工程所需的人工、材料、机械台班消耗量及其相应费用的技术经济文件。

9. 工程结算

工程结算是指一个单项工程、单位工程、分部工程或分项工程完工并经建设单位及有关部门验收或验收点交之后，施工企业根据合同规定，按照施工现场实际情况的记录、设计变更通知书、现场签证、消耗量定额或工程量清单、人材机单价和各项费用取费标准等资料。向建设单位办理的结算工程价款，取得收入，用以补偿施工过程中的资金耗费，确定施工盈亏的经济文件。按照合同约定确定的最终工程造价称为竣工结算。

10. 竣工决算

竣工决算是指在竣工验收阶段，当一个建设项目完工并经验收后，由建设单位编制的从筹建到竣工验收、交付使用全过程实际支付建设费用的经济文件。

综上所述，建设预算的各项文件均贯穿于整个基本建设过程中，计价全过程如图 1-5 所示。

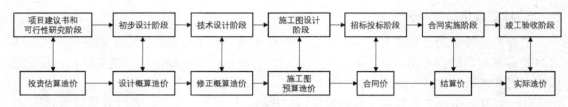

图 1-5　造价文件对应计价全过程

【工程案例】

展现中国实力的超级工程——大兴国际机场

大兴国际机场位于我国北京市大兴区，是世界上最大的单体航站楼之一，也是全球第二大国际机场。这个超级工程的建成，不仅体现了我国在建筑和工程设计方面的领先地位，也充分展示了我国在航空领域的强大实力。

大兴国际机场以其独特的设计和宏伟的规模而著称。航站楼采用创新的结构和功能布局，拥有高效率的航班处理能力和优质的旅客体验。航站楼按照节能环保理念，建设成为我国国内新的标志性建筑。航站楼设计高度 50 米，采取屋顶自然采光和自然通风设计，同时实施照明、空调分时控制，采用地热能源、绿色建材等绿色节能技术和现代信息技术。

该机场于 2019 年 6 月 30 日建成投入使用，机场拥有 5 条跑道，其中 4 条用于商业航班，第 5 条为军用跑道，可满足 2025 年旅客吞吐量 7200 万人次、货邮吞吐量 200 万吨、飞机起降量 62 万架次的使用需求，这个数字未来将使其成为迄今为止世界上最繁忙的机场。大兴国际机场被英国《卫报》评为"现代世界七大奇迹"之首，与沙特王国塔、港珠澳大桥等闻名世界的建筑齐名。

思考：如何理解创新驱动行业可持续发展，引导绿色施工？

我的回答是：

_____

_____

_____

练 习 题

一、选择题

1. 建设工程项目组成中的最小单位是(　　)。

  A. 分部工程   B. 分项工程

  C. 单项工程   D. 单位工程

2. 工程项目建设程序是工程建设过程客观规律的反映，各个建设阶段(　　)。

  A. 次序可以颠倒，但不能交叉

  B. 次序不能颠倒，但可以进行合理的交叉

  C. 次序不能颠倒，也不能进行交叉

  D. 次序可以颠倒，同时可以进行合理的交叉

3. 建设工程项目按其建设性质可以划分为(　　)。

  A. 新建项目   B. 扩建项目   C. 恢复项目   D. 迁建项目

4. 以下项目属于单项工程的有(　　)。

  A. 纺织厂织布车间   B. 某大型医院

  C. 某一住宅楼   D. 某教学楼土建工程

5. 下列关于工程项目的各项工作先后顺序，符合建设程序规律性要求的是(　　)。

  A. 设想→选择→评估→决策→设计→施工→竣工验收→投入生产等

  B. 设想→选择→决策→评估→设计→施工→竣工验收→投入生产等

  C. 设想→选择→评估→决策→施工→设计→竣工验收→投入生产等

  D. 设想→选择→评估→决策→设计→施工→投入生产→竣工验收等

6. 不同工程项目在用途、结构、造型、规模、地理位置等方面都存在差异，因此需要工程造价(　　)计价。

  A. 复杂性   B. 单件性   C. 多次性   D. 动态性

7. 根据我国现行建设工程总投资及工程造价的构成，下列资金在数额上和工程造价相等的是(　　)。

  A. 固定资产投资+流动资金   B. 固定资产投资+铺底流动资金

  C. 固定资产投资   D. 建设投资

二、多选题

工程造价具有多次性计价的特征，其中各阶段与造价对应关系正确的是(　　)。

  A. 招投标阶段——合同价   B. 施工阶段——合同价

  C. 初步设计阶段——概算造价   D. 施工图设计阶段——预算价

  E. 可行性研究阶段——概算造价

三、思考题

1. 建设项目的组成可分为哪几个部分？

2. 生产性建设项目总投资包括哪些内容？

3. 工程造价基本构成包括哪些内容？

学 习 小 结

　　结合个人的学习情况进行回顾、总结：要求体现自己在本项目学习过程中所获得的知识、学习目标的实现情况以及个人收获。

　　(撰写总结：要求层次清楚、观点明确，建议采用思维导图和表格的形式对所学知识和学习目标的实现情况进行总结。)

项目二　工程造价的构成

能力目标	知识目标	情感目标
(1) 能计算进口设备购置费； (2) 能计算建筑安装工程费； (3) 能计算基本预备费及价差预备费； (4) 能计算建设期利息	(1) 掌握建筑安装工程费的构成； (2) 掌握设备及工器具购置费的构成及计算； (3) 掌握工程建设其他费用的构成及计算； (4) 掌握预备费、建设期贷款利息的计算	培养刻苦钻研、团队协作、精益求精、一丝不苟的职业素质

【导学问题】

某学校为满足日益增长的学生数量需要，决定建设新校区，该新校区建设项目的总投资该怎样计算呢？新校区的工程造价又是由哪些部分构成的呢？

任务一　认识工程造价构成

导学任务一
认知工程造价
构成

一、建设项目总投资的构成

建设项目总投资是为了完成工程项目建设并达到使用要求或生产条件，在建设期内预计或实际投入的全部费用总和。具体可分为生产性建设项目总投资和非生产性建设项目总投资。

生产性建设项目总投资包括建设投资、建设期利息和流动资金三部分；非生产性建设项目总投资包括建设投资和建设期利息两部分。

二、工程造价的构成

建设投资和建设期利息之和对应于固定资产投资，固定资产投资与建设项目的工程造价在量上相等。

工程造价基本构成包括用于购买工程项目所含各种设备的费用，用于建筑施工和安装施工所需支出的费用，用于委托工程勘察设计应支付的费用，用于购置土地所需的费用，

也包括用于建设单位自身进行项目筹建和项目管理所花费的费用等。总之，工程造价是指在建设期预计费用或实际支出的建设费用。

工程造价中的主要构成部分是建设投资。建设投资是为完成工程项目建设，在建设期内投入且形成现金流出的全部费用。建设投资包括工程费用、工程建设其他费用和预备费三部分。

工程费用是指建设期内直接用于工程建造、设备购置及其安装的建设投资，可以分为建筑安装工程费和设备及工器具购置费。工程建设其他费用是指建设期发生为项目建设或运营必须发生的，但不包括在工程费用中。

预备费是在建设期内因各种不可预见因素的变化而预留的可能增加的费用，包括基本预备费和价差预备费。流动资金是指为进行正常生产运营，用于购买原材料、燃料、支付工资及其他运营费用等所需的周转资金。

建设项目总投资的具体构成内容如图 2-1 所示。

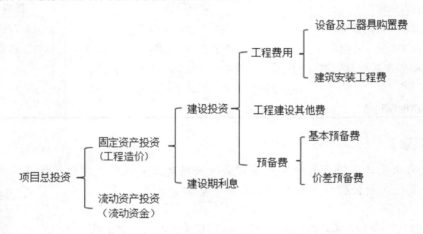

图 2-1　我国现行建设项目总投资及工程造价构成

【应用案例 2-1】

某建设项目建筑工程费 4000 万元，安装工程费 900 万元，设备购置费 1100 万元，工程建设其他费 450 万元，预备费 170 万元，建设期利息 130 万元，铺底流动资金 300 万元，则该项目的建设投资为多少万元？

解：根据建设投资的构成，得出

建设投资=4000+900+1100+450+170=6620(万元)

【工程案例】

锦屏一级水电站拱坝

我国是世界上河流最多的国家之一，4.5 万余条江河纵横交错。中国也是世界上水旱灾害最多的国家之一，我国有近 10 万座水坝，它们可以拦蓄近 9000 亿立方米的水，它们是守护国土的"十万勇士"。

锦屏一级水电站大坝为混凝土双曲拱坝，位于四川省凉山彝族自治州盐源县与木里藏族自治县交界处，混凝土双曲拱坝坝高 305 米，为世界第一高双曲拱坝，水电界素有"三峡最大、锦屏最难"的说法。

大坝在建设过程中，成功攻克了世界最高拱坝、世界最大规模的高边坡等一系列世界性技术难题，创造了"十项世界第一""十项中国第一""十项行业第一"的成绩。

讨论：关于锦屏一级水电站拱坝，你还知道哪些？

我的回答是：

_____

_____

_____

_____

任务二 设备购置费的构成及确定

导学任务二 计算设备购置费

设备及工器具购置费用是由设备购置费和工器具及生产家具购置费组成的，它是固定资产投资中的主要部分。在生产性工程建设中，设备及工器具购置费用占工程造价比重的增大，意味着生产技术的进步和资本有机构成的提高。

一、设备购置费的构成

设备购置费是购置或自制的达到固定资产标准的设备工器具及生产家具等所需的费用。它由设备原价和设备运杂费构成，如图 2-2 所示。

$$设备购置费 = 设备原价(含备品备件费) + 设备运杂费 \qquad (2-1)$$

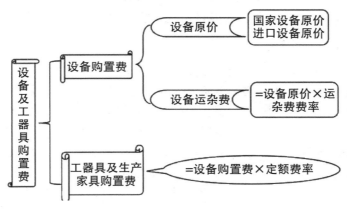

图 2-2 设备及工器具购置费构成

在公式(2-1)中，设备原价指国内采购设备的出厂(场)价格，或国外采购设备的抵岸价格，设备原价通常包含备品备件费在内，备品备件费指设备购置时随设备同时订货的首套备品备件所发生的费用；设备运杂费指除设备原价之外的关于设备采购、运输、途中包装及仓库保管等方面支出费用的总和。

(一)国产设备原价

国产设备原价一般指的是设备制造厂的交货价或订货合同价,即出厂(场)价格。它一般根据生产厂家或供应商的询价、报价、合同价确定,或采用一定的方法计算确定。国产设备原价分为国产标准设备原价和国产非标准设备原价。

1.国产标准设备原价

国产标准设备是指按照主管部门颁布的标准图纸和技术要求,由国内设备生产厂家批量生产的,符合国家质量检测标准的设备。国产标准设备一般有完善的设备交易市场,因此可通过查询相关交易市场价格或向设备生产厂家询价得到国产标准设备原价。

2.国产非标准设备原价

国产非标准设备是指国家尚无定型标准,各设备生产厂家不可能在工艺过程中采用批量生产,只能按订货要求并根据具体的设计图纸制造的设备。非标准设备由于个别定做、单价生产、无定型标准,所以无法直接采用市场交易价格,只能按其实际成本构成或相关技术参数估算其价格。成本计算估价法就是其中一种比较常用的估算非标准设备原价的方法。按成本计算估价法,非标准设备的原价主要由材料费、加工费、辅助材料费、专用工具费、废品损失费、外购配套件费、包装费、非标准设备设计费、利润和税金等构成。

(二)进口设备原价的构成及计算

进口设备的原价是指进口设备的抵岸价即设备抵达买方边境、港口或车站、交纳完各种手续费、税费后形成的价格。抵岸价通常是由进口设备到岸价(CIF)和进口从属费构成。进口设备的到岸价,即设备抵达买方边境港口或边境车站所形成的价格。在国际贸易中,交易双方所使用的交货类别不同,则交易价格的构成内容也有所差异。进口设备从属费用是指进口设备在办理进口手续过程中发生的应计入设备原价的银行财务费、外贸手续费、进口关税、消费税、进口环节增值税及进口车辆的车辆购置税等。

1.进口设备的交易价格

在国际贸易中,较为广泛使用的交易价格有 FOB、CFR 和 CIF。

(1) FOB(Free On Board)为装运港船上交货,也称为离岸价格。FOB 术语是指当货物在装运港被装上指定船时,卖方即完成交货义务。风险转移,以在指定的装运港货物被装上指定船时为分界点,费用划分与风险转移的分界点相一致。

(2) CFR(Cost and Freight)为成本加运费或称之为运费在内价。CFR 术语是指货物在装运港被装上指定船时卖方即完成交货,卖方必须支付将货物运至指定的目的港所需的运费和费用,但交货后货物灭失或损坏的风险,以及由于各种事件造成的任何额外费用,即由卖方转移到买方。

(3) CIF(Cost Insurance and Freight)为成本加保险费、运费,习惯称到岸价格。在 CIF 中,卖方除具有与 CFR 相同的义务外,还应办理货物在运输途中最低险别的货运保险,并应支付保险费。

2. 进口设备到岸价(CIF)的构成及计算

$$进口设备到岸价(CIF)=离岸价格(FOB)+国际运费+运输保险费$$
$$=运费在内价(CFR)+运输保险费 \qquad (2\text{-}2)$$

设备原价的构成

(1) 货价。一般指装运港船上交货价(FOB)。进口设备货价按有关生产厂商询价、报价、订货合同价计算。

(2) 国际运费。即从装运港(站)到达我国目的港(站)的运费。我国进口设备大部分采用海洋运输，小部分采用铁路运输，个别采用航空运输。进口设备国际运费计算公式为：

$$国际运费(海、陆、空)=离岸价(FOB)\times运费率 \qquad (2\text{-}3)$$
$$国际运费(海、陆、空)=单位运价\times运量 \qquad (2\text{-}4)$$

(3) 运输保险费。对外贸易货物运输保险是由保险人(保险公司)与被保险人(出口人或进口人)订立保险契约，在被保险人交付议定的保险费后，保险人根据保险契约的规定对货物在运输过程中发生的承保责任范围内的损失给予经济上的补偿。这是一种财产保险，计算公式为：

$$运输保险费=\frac{原价货币(FOB)+国际运费}{1-保险费率}\times保险费率 \qquad (2\text{-}5)$$

3. 进口设备的从属费

进口设备的从属费是指设备入关时办理各项手续的手续费和按规定交纳的各项税费。

$$进口设备的从属费=银行财务费+外贸手续费+关税+消费税+$$
$$进口环节增值税+车辆购置税 \qquad (2\text{-}6)$$

(1) 银行财务费。银行财务费一般是指在国际贸易结算中，中国银行为进出口商提供金融结算服务所收取的手续费，计算公式为：

$$银行财务费=离岸价(FOB)\times人民币外汇汇率\times银行财务费率 \qquad (2\text{-}7)$$

(2) 外贸手续费。外贸手续费是指按对外经济贸易部规定的外贸手续费率计取的费用，外贸手续费率一般1.5%，计算公式为：

$$外贸手续费=到岸价(CIF)\times人民币外汇汇率\times外贸手续费率 \qquad (2\text{-}8)$$

(3) 关税。关税是由海关对进出国境或关境的货物和物品征收的一种税，计算公式为：

$$关税=到岸价格(CIF)\times人民币外汇汇率\times进口关税税率 \qquad (2\text{-}9)$$

(4) 消费税。仅对部分进口设备(如轿车、摩托车等)征收，一般计算公式为：

$$消费税=\frac{到岸价\times人民币外汇汇率+关税}{1-消费税税率}\times消费税税率 \qquad (2\text{-}10)$$

(5) 进口环节增值税。增值税是我国政府对从事进口贸易的单位和个人，在进口商品报关进口后征收的税种。我国增值税条例规定，进口应税产品均按组成计税价格和增值税税率直接计算应纳税额，计算公式为：

$$进口环节增值税额=组成计税价格\times增值税税率 \qquad (2\text{-}11)$$
$$组成计税价格=关税完税价格+关税+消费税 \qquad (2\text{-}12)$$

(6) 车辆购置税。进口车辆需缴进口车辆购置税，计算公式为：

$$进口车辆购置税=(关税完税价格+关税+消费税)\times进口车辆购置税率 \qquad (2\text{-}13)$$

因此，当进口设备采用装运港船上交货价FOB时，其抵岸价构成可概括为下式：

$$进口设备抵岸价=货价+国际运费+国际运输保险费+银行财务费+外贸手续费+$$
$$进口关税+消费税+进口环节增值税 \qquad (2\text{-}14)$$

离岸价、到岸价、抵岸价及入库价关系如图 2-3 所示。

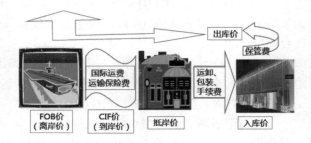

图 2-3　离岸价、到岸价、抵岸价及入库价关系图

【应用案例 2-2】

从某国进口应纳消费税的设备,重量 1000t,装运港上交货价为 400 万美元。其他有关费用参数为:国际运费标准 300 美元/t,海上运输保险费率 3‰,银行财务费率 5‰,外贸手续费率 1.5%,关税税率 22%,增值税率 17%,消费税税率为 10%,银行外汇牌价为 1 美元=6.3 元人民币,试对该套设备的原价进行估算。

解:根据上述各项费用可计算出,

进口设备货价=400×6.3=2520(万元)

国际运费=300×1000×6.3=189(万元)

$$海运保险费=\frac{2520+189}{1-0.3\%}\times 0.3\%=8.15(万元)$$

CIF=2520+189+8.15=2717.15(万元)

银行财务费=2520×0.5%=12.6(万元)

外贸手续费=2717.15×1.5%=40.76(万元)

关税=2717.15×22%=597.77(万元)

$$消费税=\frac{2717.15+597.77}{1-10\%}\times 10\%=368.32(万元)$$

增值税=(2717.15+597.77+368.32)×17%=626.15(万元)

进口设备从属费=12.6+40.76+597.77+368.32+626.15=1645.6(万元)

进口设备原价=2717.15+1645.6=4362.75(万元)

(三)设备运杂费的构成及计算

1. 设备运杂费的构成

设备运杂费是国内采购设备自来源地、国外采购设备自到岸港运至工地仓库或指定堆放地点发生的采购、运输、运输保险、保管、装卸等费用。通常由下列各项构成。

(1) 运费和装卸费。国产设备的运费和装卸费从设备制造厂交货地点计算至工地仓库或施工组织设计指定的需要安装设备的堆放地点;进口设备的运费和装卸费从我国到岸港口或边境车站计算至工地仓库或施工组织设计指定的需要安装设备的堆放地点。

(2) 包装费。在设备原价中没有包含的,为运输而进行的包装支出的各种费用。

(3) 设备供销部门的手续费。按有关部门规定的统一费率计算。

(4) 采购与仓库保管费。采购与仓库保管费是指采购、验收、保管和收发设备所发生的各种费用，它包括设备采购、保管和管理人员的工资、工资附加费、办公费、差旅交通费，设备供应部门办公和仓库所占固定资产使用费、工具用具使用费、劳动保护费、检验试验费等。这些费用可按主管部门规定的采购与保管费率计算。

2. 设备运杂费的计算

设备运杂费按设备原价乘以设备运杂费率计算，公式为：

$$设备运杂费=设备原价×设备运杂费率 \tag{2-15}$$

在公式(2-15)中，设备运杂费率按各部门及省、市有关规定计取。

二、工器具及生产家具购置费的构成及计算

工器具及生产家具购置费是指新建或扩建项目初步设计规定的，保证初期正常生产必须购置的没有达到固定资产标准的设备、仪器、工卡模具、器具、生产家具和备品备件等的购置费用。一般以设备购置费为计算基数，按照部门或行业规定的工器具及生产家具费率计算，计算公式为：

$$工器具及生产家具购置费=设备购置费×定额费率 \tag{2-16}$$

【工程案例】

世界上第一高悬索桥——四渡河大桥

四渡河大桥(Siduhe Bridge)是我国湖北省恩施土家族苗族自治州境内连接宜昌市与恩施市的高速通道，为上海—重庆高速公路(国家高速 G50)组成部分，也是我国国内首座山区特大悬索桥。四渡河大桥于 2004 年 8 月 20 日动工兴建；于 2008 年 10 月 24 日完成合龙工程，大桥全线贯通；于 2009 年 11 月 15 日通车运营。四渡河大桥西起野三关隧道，上跨四渡河水道，东至八字岭隧道；桥面为双向四车道高速公路，设计速度为 80 千米/小时；总投资 6.18 亿元人民币。

讨论：四渡河大桥作为我国国内首座山区特大悬索桥说明了什么？

我的回答是：

_____

_____

_____

任务三　建筑安装工程费的构成及确定

一、建筑安装工程费用的内容

导学任务三
计算建筑安装
工程费

建筑安装工程费是指为完成工程项目建造、生产性设备及配套工程安装所需要的费用。内容包括建筑工程费用和安装工程费用。

1. 建筑工程费用的内容

建筑工程费用的内容包括以下几个方面。

(1) 各类房屋建筑工程和列入房屋建筑工程预算的供水、供暖、卫生、通风、煤气等设备费用及其装饰、油饰工程的费用，列入建筑工程预算的各种管道、电力、电信的敷设工程的费用。

(2) 设备基础、支柱、工作台、烟囱、水塔、水池等建筑工程以及各种炉窑的砌筑工程和金属结构工程的费用。

(3) 为施工而进行的场地平整工程和水文地质勘察，原有建筑物和障碍物的拆除以及施工临时用水、电、气、路和完工后的场地清理，环境绿化、美化等工作的费用。

(4) 矿井开凿、井巷延伸、露天矿剥离，石油、天然气钻井，修建铁路、公路、桥梁、水库、堤坝、灌渠及防洪等工程的费用。

2. 安装工程费用的内容

安装工程费用的内容包括以下两个方面。

(1) 生产、动力、起重、运输、传动和医疗、实验等各种需要安装的机械设备的装配费用。与设备相连的工作台、梯子、栏杆等装设工程费用，附属于被安装设备的管线敷设工程费用，以及被安装设备的绝缘、防腐、保温、油漆等工作的材料费和安装费。

(2) 为测定安装工程质量，对单台设备进行单机试运转、对系统设备进行系统联动无负荷试运转工作的调试费。

二、建筑安装工程费用构成

根据住房城乡建设部、财政部《建筑安装工程费用项目组成》(建标〔2013〕44 号)的规定，建筑安装工程费的构成有两种方式的划分：一种是按费用构成要素划分；另一种是按造价形成划分。这两种方式分别介绍如下。

(一)按费用构成要素划分

建筑安装工程费按费用构成要素划分，由人工费、材料费、施工机具使用费、企业管理费、利润、规费和税金组成，其具体构成如图 2-4 所示。

建安工程费的
构成(按费用
构成要素划分)

1. 人工费

人工费是指按工资总额构成规定，支付给从事建筑安装工程施工的生产工人和附属生产单位工人的各项费用，人工费的基本计算公式为：

$$人工费=\sum(人工工日消耗量 \times 人工日工资单价) \tag{2-17}$$

(1) 人工工日消耗量。人工工日消耗量是指在正常施工生产条件下，完成规定计量单位的建筑安装产品所消耗的生产工人的工日数量。通常一个工人一天工作八小时称为一个工日。

(2) 人工日工资单价。人工日工资单价是指直接从事建筑安装工程施工的生产工人在每个法定工作日的工资、津贴及奖金等。人工日工资单价包括以下内容。

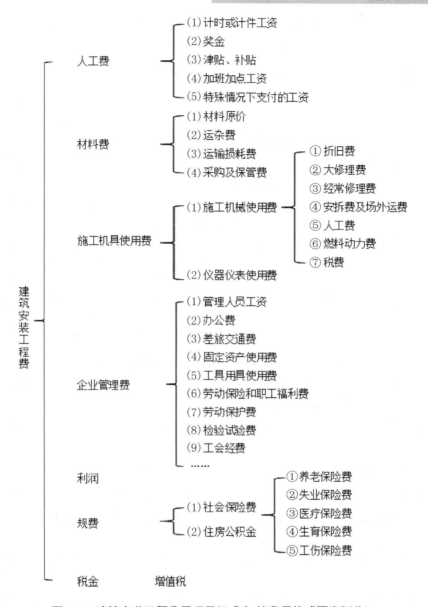

图 2-4　建筑安装工程费用项目组成表(按费用构成要素划分)

①　计时工资或计件工资是指按计时工资标准和工作时间或对已做工作按计件单价支付给个人的劳动报酬。

②　奖金是指对超额劳动和增收节支付给个人的劳动报酬,如节约奖、劳动竞赛奖等。

③　津贴补贴是指为了补偿职工特殊或额外的劳动消耗和因其他特殊原因支付给个人的津贴,以及为了保证职工工资水平不受物价影响支付给个人的物价补贴,如流动施工津贴、特殊地区施工津贴、高温(寒)作业临时津贴、高空津贴等。

④　加班加点工资是指按规定支付的在法定节假日工作的加班工资和在法定日工作时间外延时工作的加点工资。

⑤　特殊情况下支付的工资是指根据国家法律、法规和政策规定,因病、工伤、产假、

计划生育假、婚丧假、事假、探亲假、定期休假、停工学习、执行国家或社会义务等原因按计时工资标准或计时工资标准的一定比例支付的工资。

2. 材料费

材料费是指施工过程中耗费的原材料、辅助材料、构配件、零件、半成品或成品、工程设备的费用，以及周转材料等的摊销、租赁费用。材料费的基本计算公式为：

$$材料费=\sum(材料消耗量×材料单价) \tag{2-18}$$

(1) 材料消耗量。材料消耗量是指在正常施工生产条件下，完成规定计量单位的建筑安装产品所消耗的各类材料的净用量和不可避免的损耗量。

(2) 材料单价。材料单价是指建筑材料从其来源地运送到施工工地仓库直至出库形成的综合平均单价，当采用一般计税方法时，材料单价需扣除增值税进项税额。计算公式为：

$$材料单价=[材料原价+运杂费(不包含采购及保管费)]×(1+材料运输损耗费率)×$$
$$(1+采购保管费率) \tag{2-19}$$

材料单价的内容包括以下四个方面。

① 材料原价是指材料、工程设备的出厂价格或商家供应价格。

② 运杂费是指材料、工程设备自来源地运至工地仓库或指定堆放地点所发生的全部费用。

③ 运输损耗费是指材料在运输装卸过程中不可避免的损耗。

④ 采购及保管费是指为组织采购、供应和保管材料、工程设备的过程中所需要的各项费用，包括采购费、仓储费、工地保管费、仓储损耗。

(3) 工程设备。工程设备是指构成或计划构成永久工程一部分的机电设备、金属结构设备、仪器装置及其他类似的设备和装置。

3. 施工机具使用费

施工机具使用费是指施工作业所发生的施工机械、施工仪器仪表的使用费或其租赁费。

(1) 施工机械使用费。施工机械使用费以施工机械台班消耗量乘以施工机械台班单价，计算公式为：

$$施工机械使用费=\sum(施工机械台班消耗量×机械台班单价) \tag{2-20}$$

其中，施工机械台班单价由下列七项费用组成。

① 折旧费。折旧费是指施工机械在规定的耐用总台班内，陆续收回其原值的费用。

② 检修费。检修费是指施工机械在规定的耐用总台班内，按规定的检修间隔进行必要的检修，以恢复其正常功能所需的费用。

③ 维护费。维护费是指施工机械在规定的耐用总台班内，按规定的维护间隔进行各级维护和临时故障排除所需的费用。

④ 安拆费及场外运费。安拆费是指施工机械(大型机械除外)在现场进行安装与拆卸所需的人工、材料、机械和试运转费用以及机械辅助设施的折旧、搭设、拆除等费用；场外运费是指施工机械整体或分体自停放地点运至施工现场或由一施工地点运至另一施工地点的运输、装卸、辅助材料及架线等费用。

⑤ 人工费。人工费是指机上司机(司炉)和其他操作人员的人工费。

⑥ 燃料动力费。燃料动力费是指施工机械在运转作业中所消耗的各种燃料及水、

电等。

⑦　税费。税费是指施工机械按照国家规定应缴纳的车船使用税、保险费及年检费等。

(2)　仪器仪表使用费。仪器仪表使用费是指在工程施工中所需使用的仪器仪表的摊销及维修费用。与施工机械使用费类似，仪器仪表使用费的基本计算公式为：

$$仪器仪表使用费=\sum(仪器仪表台班消耗量×仪器仪表台班单价) \tag{2-21}$$

仪器仪表台班单价通常由折旧费、维护费、校验费和动力费组成。

当采用一般计税方法时，施工机械台班单价和仪器仪表合班单价中的相关子项均须扣除增值税进项税额。

4. 企业管理费的内容

企业管理费是指施工单位组织施工生产和经营管理所发生的费用，其内容包括以下各项。

(1)　管理人员工资。管理人员工资是指按规定支付给管理人员的计时工资、奖金(津贴补贴)、加班加点工资及特殊情况下支付的工资等。

(2)　办公费。办公费是指企业管理办公用的文具、纸张、账簿、印刷、邮电、书报、办公软件、现场监控、会议、水电、烧水和集体取暖降温(包括现场临时宿舍取暖降温)等费用。

(3)　差旅交通费。差旅交通费是指职工因公出差、调动工作的差旅费，住勤补助费，市内交通费和误餐补助费，职工探亲路费，劳动力招募费，职工退休、退职一次性路费，工伤人员就医路费，工地转移费以及管理部门使用的交通具的油料、燃料等费用。

(4)　固定资产使用费。固定资产使用费是指管理和试验部门及附属生产单位使用的属于固定资产的房屋、设备、仪器等的折旧、大修、维修或租赁费。

(5)　工具用具使用费。工具用具使用费是指企业施工生产和管理使用的不属于固定资产的工具、器具、家具、交通工具和检验、试验、测绘、消防用具等的购置、维修和摊销费。

(6)　劳动保险和职工福利费。劳动保险和职工福利费是指由企业支付的职工退职金、按规定支付给离休干部的经费、集体福利费、夏季防暑降温费、冬季取暖补贴、上下班交通补贴等。

(7)　劳动保护费。劳动保护费是企业按规定发放的劳动保护用品的支出，如工作服、手套、防暑降温饮料以及在有碍身体健康的环境中施工的保健费用等。

(8)　检验试验费。检验试验费是指施工企业按照有关标准规定，对建筑以及材料、构件和建筑安装物进行一般鉴定、检查所发生的费用，包括自设试验室进行试验所耗用的材料等费用。不包括新结构、新材料的试验费，对构件做破坏性试验及其他特殊要求检验试验的费用和建设单位委托检测机构进行检测的费用，对此类检测发生的费用，由建设单位在工程建设其他费用中列支。但对施工企业提供的具有合格证明的材料进行检测不合格的，该检测费用由施工企业支付。当采用一般计税方法时，检验试验费中增值税进项税额以现代服务业适用的税率6%扣减。

(9)　工会经费。工会经费是指企业按《工会法》规定的全部职工工资总额比例计提的工会经费。

(10)　职工教育经费。职工教育经费是指按职工工资总额的规定比例计提，企业为职工进行专业技术和职业技能培训，专业技术人员继续教育、职工职业技能鉴定、职业资格认

定以及根据需要对职工进行各类文化教育所发生的费用。

(11) 财产保险费。财产保险费是指用于施工管理中所涉及的财产、车辆等的保险费用。

(12) 财务费。财务费是指企业为施工生产筹集资金或提供预付款担保、履约担保、职工工资支付担保等所发生的各种费用。

(13) 税金。税金是指的企业按规定缴纳的(除增值税之外)房产税、非生产性车船使用税、土地使用税、印花税、消费税、资源税、环境保护税、城市维护建设税、教育费附加、地方教育附加等各项税费。

(14) 其他管理费用。其他费用包括技术转让费、技术开发费、投标费、业务招待费、绿化费、广告费、公证费、法律顾问费、审计费、咨询费、保险费等。

企业管理费一般采用取费基数乘以企业管理费费率来计算。取费基数有三种,分别是以直接费为计算基础、以人工费和施工机具使用费合计为计算基础和以人工费为计算基础。

5. 利润

利润是指施工单位从事建筑安装工程施工所获得的盈利,由施工企业根据企业自身需求并结合建筑市场实际自主确定。工程造价管理机构在确定计价定额中的利润时,应以定额人工费,或以定额人工费与施工机具使用费之和,或以定额人工费、材料费和施工机具使用费之和作为计算基数,乘以利润率来表示。

6. 规费

规费是指按国家法律、法规规定,由省级政府和省级有关权力部门规定必须缴纳或计取的费用。包括以下两个方面。

(1) 社会保险费。社会保险费包括以下五项。

① 养老保险费。养老保险费是指企业按照规定标准为职工缴纳的基本养老保险费。

② 失业保险费。失业保险费是指企业按照规定标准为职工缴纳的失业保险费。

③ 医疗保险费。医疗保险费是指企业按照规定标准为职工缴纳的基本医疗保险费。

④ 生育保险费。生育保险费是指企业按照规定标准为职工缴纳的生育保险费。

⑤ 工伤保险费。工伤保险费是指企业按照规定标准为职工缴纳的工伤保险费。

(2) 住房公积金。住房公积金是指企业按照规定标准为职工缴纳的住房公积金。

社会保险费和住房公积金应以定额人工费为计算基础,根据工程所在地省、自治区、直辖市或行业建设主管部门规定费率计算。

7. 税金

建筑安装工程费用中的税金是指按照国家税法规定的应计入建筑安装工程造价内的增值税税额,按税前造价乘以建筑业增值税适用税率确定。

(1) 采用一般计税方法时,其基本计算公式为:

$$增值税=税前造价×9\%=含税造价/(1+9\%)×9\% \tag{2-22}$$

其中,税前造价为人工费、材料费、施工机具使用费、企业管理费、利润和规费之和。且各费用项目均以不包含增值税进项税额的含税价格计算。

(2) 采用简易计税方法时,其基本计算公式为:

$$增值税=税前造价×3\%=含税造价/(1+3\%)×3\% \tag{2-23}$$

其中，税前造价为人工费、材料费、施工机具使用费、企业管理费、利润和规费之和。且各费用项目均以包含增值税进项税额的含税价格计算。

简易计税法主要适用于以下四种情况。

① 小规模纳税人发生应税行为适用简易计税方法计税。小规模纳税人通常是指纳税人提供建筑服务的年应征增值税销售额未超过500万元(并且会计核算不健全，不能按规定报送有关税务资料的增值税纳税人)。年应税销售额超过500万元但不经常发生应税行为的单位也可选择按照小规模纳税人计税。

② 一般纳税人以清包工方式提供的建筑服务，可以选择适用简易计税方法计税。以清包工方式提供建筑服务，是指施工方不采购建筑工程所需的材料或只采购辅助材料，并收取人工费、管理费或者其他费用的建筑服务。

③ 一般纳税人为甲供工程提供的建筑服务，可以选择适用简易计税方法计税。甲供工程是指全部或部分设备、材料、动力由工程发包方自行采购的建筑工程。其中建筑工程总承包单位为房屋建筑的地基与基础、主体结构中提供工程服务，自行采购全部或部分钢材、混凝土、砌体材料、预制构件的建设单位，适用简易计税方法计税。

④ 一般纳税人为建筑工程老项目提供的建筑服务，可以选择适用简易计税方法计税。

建筑工程老项目是指《建筑工程施工许可证》注明的合同开工日期在2016年4月30日前的建筑工程项目；未取得《建筑工程施工许可证》的，建筑工程承包合同注明开工日期在2016年4月30日前的建筑工程项目。

(3) 建筑业的增值税税务筹划。

在建筑业实施"营改增"政策后，建筑安装工程费用中的税金是应计入工程发承包价格中的增值税销项税额，而承包人的实际税负应为销项税金和可抵扣的进项税金之间的差额。因此，承包人的增值税税务筹划就显得尤为重要，需要合理选择计税方法、获取可抵扣进项税额的有效凭证，以及注意纳税义务的发生时间对承包人资金流动性的影响等。根据有关规定，计税方法的选择权归属于纳税人，具体到建筑行业，计税方法的选择权应归属于承包人，除规定只能使用简易计税的情况外，满足上述简易计税适用范围的四种情况时，承包人可以选择采用一般计税方法或简易计税方法，在简易计税方法下，所有进项税额都不能抵扣，无论在采购环节发生了多少进项税额，都会直接进入承包人的施工成本。因此，根据有关管理办法允许采用简易计税的情况下，是否选择简易计税也需要视具体情况而定。

【应用案例2-3】

某单位工程，分部分项工程中的不含可抵扣增值税进项税的人工费为200万元，材料费为600万元，机械费为100万元；措施项目中的人工费为20万元，材料费为60万元，机械费为10万元；企业管理费费率为人工费的15%，规费费率为人工费的25%，利润率为人工费的20%，增值税税率为9%。

问题：计算该单位工程的造价。

解：

(1) 200+600+100=900(万元)

20+60+10=90(万元)

900+90=990(万元)

200+20=220(万元)

(2) 220×15%=33(万元)

(3) 220×25%=55(万元)

(4) 220×20%=44(万元)

(5) (990+33+55+44)×9%=1122×9%=100.98(万元)

990+33+55+44+100.98=1222.98(万元)

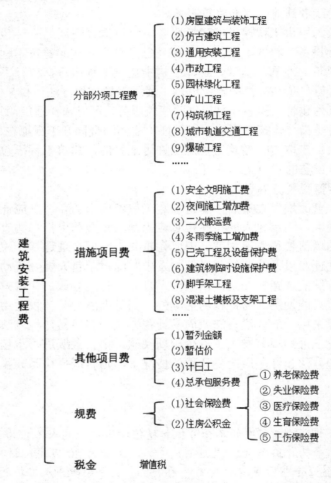

建安工程费的
构成(按造价
形成划分)

(二)按造价形成划分

建筑安装工程费按照工程造价形成由分部分项工程费、措施项目费、其他项目费、规费和税金组成，如图2-5所示。

图2-5 建筑安装工程费用项目组成表(按造价形成划分)

1. 分部分项工程费

分部分项工程费是指各专业工程的分部分项工程应予列支的各项费用。

(1) 专业工程。专业工程是指按现行国家计量规范划分的房屋建筑与装饰工程、仿古建筑工程、通用安装工程、市政工程、园林绿化工程、矿山工程、构筑物工程、城市轨道交通工程、爆破工程等各类工程。

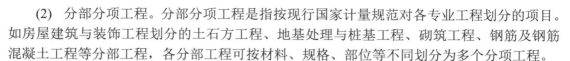

(2) 分部分项工程。分部分项工程是指按现行国家计量规范对各专业工程划分的项目。如房屋建筑与装饰工程划分的土石方工程、地基处理与桩基工程、砌筑工程、钢筋及钢筋混凝土工程等分部工程，各分部工程可按材料、规格、部位等不同划分为多个分项工程。

各类专业工程的分部分项工程划分遵循国家或行业工程量计算规范的规定。分部分项工程费通常用分部分项工程量乘以综合单价进行计算。

$$分部分项工程费 = \sum(分部分项工程量 \times 综合单价) \tag{2-24}$$

综合单价包括人工费、材料费、施工机具使用费、企业管理费和利润，以及一定范围的风险费用。

2. 措施项目费

1) 措施项目费的含义及组成

措施项目费是指为了完成建设工程施工，发生于该工程施工准备和施工过程中的技术、生活、安全、环境保护等方面的费用。以《房屋建筑与装饰工程工程量计算规范》(GB 50854—2013)中的规定为例，措施项目费可以归纳为以下几项。

(1) 安全文明施工费。安全文明施工费是指工程项目施工期间，施工单位为保证安全施工、文明施工和保护现场内外环境等所发生的措施项目费用。通常由环境保护费、文明施工费、安全施工费、临时设施费组成。

① 环境保护费是指施工现场为达到环保部门要求所需要的各项费用。

② 文明施工费是指施工现场文明施工所需要的各项费用。

③ 安全施工费是指施工现场安全施工所需要的各项费用。

④ 临时设施费是施工企业为进行建设工程施工所必须搭设的生活和生产用的临时建筑物、构筑物和其他临时设施费用。包括临时设施的搭设、维修、拆除、清理费、摊销费等。

(2) 夜间施工增加费。夜间施工增加费是指因夜间施工所发生的夜班补助费、夜间施工降效、夜间施工照明设备摊销及照明用电等费用。

(3) 非夜间施工照明费。非夜间施工照明费是指为保证工程施工正常进行，在地下室等特殊施工部位施工时所采用的照明设备的安拆、维护及照明用电等费用。

(4) 二次搬运费。二次搬运费是指因施工场地条件限制而发生的材料、构配件、半成品等一次运输不能到达堆放地点，必须进行二次或多次搬运所发生的费用。

(5) 冬雨期施工增加费。冬雨期施工增加费是指在冬季或雨季施工需增加的临时防滑设施、增加排除雨雪的人工投入以及施工机械效率降低等费用。

(6) 地上、地下设施和建筑物的临时保护设施费。地上、地下设施和建筑物的临时保护设施费是指在工程施工过程中，对已建成的地上、地下设施和建筑物进行遮盖、封闭、隔离等必要保护措施所发生的费用。

(7) 已完工程及设备保护费。已完工程及设备保护费是指竣工验收前，对已完工程及设备采取的必要保护措施所发生的费用。

(8) 脚手架工程费。脚手架工程费是指施工需要的各种脚手架搭、拆、运输费用以及脚手架购置费的摊销(或租赁)费用。

(9) 混凝土模板及支架(撑)费。混凝土模板及支架(撑)费是指混凝土施工过程中需要的各种模板制作、安装、拆除、整理堆放、场内外运输，清理模板黏结物及模内杂物，为模

板刷隔离剂等费用。

(10) 垂直运输费。垂直运输费是指施工工程在合理工期内所需垂直运输机械的固定装置、基础制作、安装费及行走式垂直运输机械轨道的铺设、拆除、摊销等费用。

(11) 超高施工增加费。超高施工增加费是指当单层建筑物檐口高度超过20m,多层建筑物超过6层时计取超高施工增加费用。

(12) 大型机械设备进出场及安拆费。大型机械设备进出场及安拆费是指机械整体或分体自停放场地运至施工现场或由一个施工地点运至另一个施工地点,所发生的机械进出场运输及转移费用及机械在施工现场进行安装、拆卸所需的人工费、材料费、机械费、试运转费和安装所需的辅助设施的费用。

(13) 施工排水、降水费。施工排水、降水费是指为确保工程在正常条件下施工,采取各种降水、排水措施所发生的各种费用。

(14) 其他。根据项目的专业特点或所在地区不同,可能会出现其他的措施项目。如工程定位复测费和特殊地区施工增加费等。

2) 措施项目的分类

按照国家工程量计算规范规定,措施项目分为应予计量的措施项目(单价措施项目)和不宜计量的措施项目(总价措施项目)两类。

① 应予计量的措施项目,其计算公式为:

$$单价措施项目费=\sum(措施项目工程量×综合单价) \tag{2-25}$$

② 不宜计量的措施项目,其计算公式为:

$$总价措施项目费=计算基数×措施项目费费率 \tag{2-26}$$

式中计算基数有三种,分别以定额基价(定额分部分项工程费+定额中可以计量的措施项目费)为计算基数、以定额人工费为计算基数、以定额人工费与定额施工机具使用费之和为计算基数。措施项目费费率由工程造价管理机构根据各专业工程的特点综合确定。

3. 其他项目费

其他项目费是指分部分项工程费用、措施项目费所包含的内容以外,因招标人的特殊要求而发生的与拟建工程有关的其他费用。工程建设标准的高低、工程的复杂程度、工期的长短、工程的内容及发包人对工程的管理要求都直接影响其他项目费的具体内容,在《建设工程工程量清单计价规范》(GB 50500—2013)中提供了以下四项内容作为列项参考。

(1) 暂列金额。暂列金额是指建设单位在工程量清单中暂定并包括在工程合同价款中的一笔款项。用于施工合同签订时尚未确定或者不可预见的所需材料、工程设备、服务的采购,施工中可能发生的工程变更、合同约定调整因素出现时的工程价款调整以及发生的索赔、现场签证确认等的费用。

暂列金额由建设单位根据工程特点,按有关计价规定估算,施工过程中由建设单位掌握使用、扣除合同价款调整后如有余额,归建设单位。

(2) 暂估价。暂估价是指招标人在工程量清单中提供的用于支付必然发生但暂时不能确定价格的材料、工程设备的单价以及专业工程的金额。

暂估价中的材料、工程设备暂估单价根据工程造价信息或参照市场价格估算,计入综合单价;专业工程暂估价分不同专业,按有关计价规定估算。暂估价在施工中按照合同约定再加以调整。

(3) 计日工。计日工是指在施工过程中，施工单位完成建设单位提出的工程合同范围以外的零星项目或工作，按照合同中约定的单价计价形成的费用。计日工由建设单位和施工单位按施工过程中形成的有效签证来计价。

(4) 总承包服务费。总承包服务费是指总承包人为配合，协调建设单位进行的专业工程发包，对建设单位自行采购的材料、工程设备等进行保管以及施工现场管理、竣工资料汇总整理等服务所需的费用。

总承包服务费由建设单位在招标控制价中根据总承包范围和有关计价规定编制，施工单位投标时自主报价，施工过程中按签约合同价执行，

4. 规费和税金

规费和税金的构成和计算与按费用构成要素划分建筑安装工程费用项目组成部分是相同的。

【应用案例2-4】

某工程合同工期为6个月。合同中的清单项目及费用包括：分项工程项目4项，总费用为200万元，单价措施费用为16万元，总价措施费为6万元，计日工费用为3万元，暂列金额为12万元，特种门窗工程(专业分包)暂估价为30万元，总承包服务费为专业分包工程费用的5%，规费和税金综合税率为15%(取分部分项费、措施项目费、其他项目费合计为基数)。该工程签约合同价为多少万元？

答：分项工程费=200万元

措施项目费=16+6=22(万元)

其他项目费=3+12+30×(1+5%)=46.5(万元)

规费和税金=(200+22+46.5)×15%=40.275(万元)

签约合同价=200+22+46.5+40.275=308.775(万元)

【工程案例】

"鸟巢"工程成本优化

"鸟巢"是2008年北京奥运会的主体育场，它承担开幕式、闭幕式和田径比赛的任务。设计方瑞士赫尔佐格·德梅隆设计公司给出的38.9亿元预算。2003年8月27日，国务院总理办公室提出奥运场馆一要满足奥运要求，二要崇尚节俭，三要注重赛后使用原则。经过专家反复研究论证，采取了以下结构优化措施。第一，"鸟巢"原设计方案中的可开启屋顶被取消；第二，屋顶开口扩大，并通过钢结构的优化，大大减少用钢量；第三，减少9000个临时座位。总投资预算从最初设计阶段的38亿元减少到31.3亿元。

思考：我国为了勤俭办奥运，还采取了哪些措施？

我的回答是：

_____

_____

_____

_____

任务四　工程建设其他费用的构成及确定

导学任务四
计算工程建设
其他费

工程建设其他费用是指建设期发生的与土地使用权取得、全部工程项目建设以及未来生产经营有关的，除工程费用、预备费、增值税、建设期融资费用、流动资金以外的费用。

工程建设其他
费的构成

一、建设单位管理费

1. 建设单位管理费的内容

建设单位管理费是指项目建设单位从项目筹建之日起至办理竣工财务决算之日止发生的管理性质的支出。包括工作人员薪酬及相关费用、办公费、办公场地租用费、差旅交通费、劳动保护费、工具用具使用费、固定资产使用费、招募生产工人费、技术图书资料(含软件)费、业务招待费、竣工验收费和其他管理性质开支。

2. 建设单位管理费的计算

建设单位管理费按照工程费用之和(包括设备工器具购置费和建筑安装工程费用)乘以建设单位管理费费率计算。计算公式为：

$$建设单位管理费=工程费用×建设单位管理费率 \qquad (2\text{-}27)$$

二、用地与工程准备费

用地与工程准备费是指取得土地与工程建设施工准备所发生的费用。包括土地使用费和补偿费、场地准备费、临时设施费等。

(一)土地使用费和补偿费

建设用地的取得，实质是依法获取国有土地的使用权。根据《中华人民共和国土地管理法》《中华人民共和国土地管理法实施条例》《中华人民共和国城市房地产管理法》规定，获取国有土地使用权的基本方法有两种：一是出让方式，二是划拨方式。建设土地取得的基本方式还包括租赁和转让方式。

建设用地如通过行政划拨方式取得，则须承担征地补偿费用或对原用地单位或个人的拆迁补偿费用；若通过市场机制取得，则不但承担以上费用，还须向土地所有者支付有偿使用费，即土地出让金。

1. 征地补偿费

征地补偿费包括土地补偿费、青苗补偿费和地上的房屋、水井、树木等附着物补偿费、安置补助费、新菜地开发建设基金、耕地开垦费和森林植被恢复费、生态补偿与压覆矿产资源补偿费、土地管理费等。

2. 迁移补偿费

迁移补偿费包括征用土地上的房屋及附属构筑物、城市公共设施等拆除、迁建补偿费、搬迁运输费，企业单位因搬迁造成的减产、停工损失补贴费、拆迁管理费等。

3. 土地使用权出让金

土地使用权出让金为用地单位向国家支付的土地所有权收益，出让金标准一般参考城市基准地价并结合其他因素制定。以出让方式取得的土地使用权是有期限的使用权。

(二)场地准备及临时设施费

1. 场地准备及临时设施费的内容

(1) 建设项目场地准备费。建设项目场地准备费是指为使工程项目的建设场地达到开工条件，由建设单位组织进行的场地平整等准备工作而发生的费用。

(2) 建设单位临时设施费。建设单位临时设施费是指建设单位为满足施工建设需要而提供的未列入工程费用的临时水、电、路、信、气、热等工程和临时仓库等建(构)筑物的建设、维修、拆除、摊销费用或租赁费用，以及货场、码头租赁等费用。

2. 场地准备及临时设施费的计算

(1) 场地准备及临时设施应尽量与永久性工程统一考虑。建设场地的大型土石方工程应纳入工程费用的总图运输费用中。

(2) 新建项目的场地准备和临时设施费应根据实际工程量估算，或按工程费用的比例计算。改扩建项目一般只计拆除清理费。

$$场地准备和临时设施费 = 工程费用 \times 费率 + 拆除清理费 \tag{2-28}$$

(3) 发生拆除清理费时可按新建同类工程造价或主材费、设备费的比例计算。凡可回收材料的拆除工程采用以料抵工方式冲抵拆除清理费。

(4) 此项费用不包括已列入建筑安装工程费用中的施工单位临时设施费用。

三、市政公用配套设施费

市政公用配套设施费是指使用市政公用设施的工程项目，按照项目所在地政府有关规定建设或缴纳的市政公用设施建设配套费用。

市政公用配套设施可以是界区外配套的供水、供电、道路、通信等，包括绿化、人防等配套设施。

四、技术服务费

技术服务费是指在项目建设全部过程中委托第三方提供项目策划、技术咨询、勘察设计、项目管理和跟踪验收评估等技术服务发生的费用。技术服务费包括可行性研究费、专项评价费、勘察设计费、监理费、研究试验、特殊设备安全监督检验、监造费、招标费、设计评审费、技术经济标准使用费、工程造价咨询费及其他咨询费。按照国家发展改革委关于《进一步放开建设项目专业服务价格的通知》(发改价格〔2015〕299 号)的规定，技术服务费应实行市场调节价。

(一)可行性研究费

可行性研究费是指在工程项目投资决策阶段，对有关建设方案、技术方案或生产经营方案进行的技术经济论证，以及编制、评审可行性研究报告等所需的费用。包括项目建议书、预可行性研究、可行性研究费等。

(二)专项评价费

专项评价费是指建设单位按照国家规定委托相关单位开展专项评价及有关验收工作发生的费用。

专项评价费包括环境影响评价费、安全预评价费、职业病危害预评价费、地震安全性评价费、地质灾害危险性评价费、水土保持评价费、压覆矿产资源评价费、节能评估费、危险与可操作性分析及安全完整性评价费以及其他专项评价费。

(三)勘察设计费

1. 勘察费

勘察费是指勘察人根据发包人的委托，收集已有资料、现场踏勘、制定勘察纲要、进行勘察作业，以及编制工程勘察文件和岩土工程设计文件等收取的费用。

2. 设计费

设计费是指设计人根据发包人的委托，提供编制建设项目初步设计文件、施工图设计文件、非标准设备设计文件、竣工图文件等服务所收取的费用。

(四)监理费

监理费是指受建设单位委托，工程监理单位为工程建设提供监理服务所发生的费用。

(五)研究试验费

研究试验费是指为建设项目提供或验证设计参数、数据、资料等进行必要的研究试验，以及设计规定在建设过程中必须进行试验、验证所需的费用。包括自行或委托其他部门的专题研究、试验所需人工费、材料费、试验设备及仪器使用费等。这项费用按照设计单位根据本工程项目的需要提出的研究试验内容和要求计算。在计算时要注意不应包括以下项目。

(1) 由科技三项费用(即新产品试制费、中间试验费和重要科学研究补助费)开支的项目。

(2) 在建筑安装费用中列支的施工企业对建筑材料、构件和建筑物进行一般鉴定、检查所发生的费用及技术革新的研究试验费。

(3) 由勘察设计费或工程费用中开支的项目。

(六)特殊设备安全监督检验费

特殊设备安全监督检验费是指对在施工现场安装的列入国家特种设备范围内的设备(设施)检验、检测和监督检查所发生的应列入项目开支的费用。

(七)监造费

监造费是指对项目所需设备材料制造过程、质量进行驻厂监督所发生的费用。

设备材料监造是指承担设备监造工作的单位受项目法人或建设单位的委托，按照设备、材料供货合同的要求，坚持客观公正、诚信科学的原则，对工程项目所需设备、材料在制造和生产过程中的工艺流程、制造质量等进行监督，并对委托人(项目法人或建设单位)负责的服务。

(八)招标费

招标费是指建设单位委托招标代理机构进行招标服务所发生的费用。

(九)设计评审费

设计评审费是指建设单位委托有资质的机构对设计文件进行评审的费用。设计文件包括初步设计文件和施工图设计文件等。

(十)技术经济标准使用费

技术经济标准使用费是指建设项目投资确定与计价、费用控制过程中使用相关技术经济标准时所发生的费用。

(十一)工程造价咨询费

工程造价咨询费是指建设单位委托造价咨询机构进行各阶段相关造价业务工作所发生的费用。

五、建设期计列的生产经营费

建设期计列的生产经营费是指为达到生产经营条件在建设期发生或将要发生的费用。包括专利及专有技术使用费、联合试运转费、生产准备费等。

(一)专利及专有技术使用费

专利及专有技术使用费是指在建设期内为取得专利、专有技术、商标权、商誉、特许经营权等发生的费用。

专利及专有技术使用费的主要内容如下。

(1) 工艺包费、设计及技术资料费、有效专利、专有技术使用费、技术保密费和技术服务费等。

(2) 商标权、商誉和特许经营权费。

(3) 软件费等。

(二)联合试运转费

联合试运转费是指新建或新增加生产能力的工程项目，在交付生产前按照设计文件规定的工程质量标准和技术要求，对整个生产线或装置进行负荷联合试运转所发生的费用净支出(试运转支出大于收入的差额部分费用)。试运转支出包括试运转所需原材料、燃料及动力消耗、低值易耗品、其他物料消耗、工具用具使用费、机械使用费、联合试运转人员工资、施工单位参加试运转人员工资、专家指导费等；试运转收入包括试运转期间的产品销售收入和其他收入。联合试运转费不包括应由设备安装工程费用开支的调试及试车费用，以及在试运转中暴露出来的因施工原因或设备缺陷等发生的处理费用。

(三)生产准备费

1. 生产准备费的内容

在建设期内，建设单位为保证项目正常生产所做的提前准备工作发生的费用，包括人员培训、提前进厂费以及投产使用必备的办公、生活家具用具及工器具等的购置费用。

(1) 人员培训及提前进厂费。它包括自行组织培训或委托其他单位培训的人员工资、工资性补贴、职工福利费、差旅交通费、劳动保护费、学习资料费等。

(2) 为保证初期正常生产(或营业、使用)所必需的生产办公、生活家具用具购置费。

2. 生产准备费的计算

(1) 新建项目按设计定员为基数计算，改扩建项目按新增设计定员为基数计算。

$$生产准备费=设计定员×生产准备费指标(元/人) \tag{2-29}$$

(2) 可采用综合的生产准备费指标进行计算，也可以按费用内容的分类指标计算。

六、工程保险费

工程保险费是指为转移工程项目建设的意外风险，在建设期内对建筑工程、安装工程、机械设备和人身安全进行投保而发生的费用。包括建筑安装工程一切险、引进设备财产保险和人身意外伤害险等。不同的建设项目可根据工程特点选择投保险种。

七、税金

按财政部《基本建设项目建设成本管理规定》(财建〔2016〕504号)工程其他费中的有关规定，税金是指统一归纳记列的城镇土地使用税、耕地占用税、契税、车船税、印花税等除增值税外的税金。

【应用案例2-5】

建设单位与施工单位签订了某火力发电厂工程项目的单价合同。在施工过程中，施工单位向建设单位派驻的工程师提出下列费用应由建设单位另行支付。

(1) 职工教育经费。因该工程项目的电机等是采用国外进口的设备，在安装前，需要对安装操作的人员进行培训，培训经费为2万元。

(2) 研究试验费。本工程项目要对铁路专用线的一座跨公路预应力拱桥的模型进行破坏性试验，需费用9万元；改进混凝土泵送工艺试验费3万元。合计12万元。

(3) 临时设施费。为该工程项目的施工搭建的民工临时用房15间；为建设单位搭建的临时办公室4间，分别为3万元和1万元。合计4万元。

(4) 施工机械迁移费。施工吊装机械从另外一个工地调入本工地的费用为1.5万元。

(5) 施工降效费。根据施工组织设计，部分项目安排在雨期施工，由于采用防雨措施，增加费用2万元。

试分析建设单位是否应另行支付以上各项费用。

答：(1) 职工教育经费不应支付，因该项费用已包含在合同价企业管理费中。

(2)　模型破坏性试验费用应支付，因为该项费用未包含在合同价内；改进混凝土泵送工艺试验费不应支付，因该项费用已包含在合同价企业管理费中。

(3)　为民工和建设单位搭建的临时用房和办公用房的费用不应支付，因为该项费用已包含在合同价临时设施费中。

(4)　施工机械迁移费不应支付，因该项费用已包含在合同价内。

(5)　采用防雨措施的降效费不应支付，因该项费用已包含在合同价的雨期施工增加费中。

【工程案例】

世界上最大的射电望远镜——FAST 望远镜

500 米口径球面射电望远镜(Five-hundred-meter Aperture Spherical radio Telescope，FAST)，位于我国贵州省黔南布依族苗族自治州境内，是我国国家"十一五"重大科技基础设施建设项目。500 米口径球面射电望远镜于 2011 年 3 月 25 日动工兴建；于 2016 年 9 月 25 日进行落成启动仪式，该科技基础设施进入试运行、调试工作；于 2020 年 1 月 11 日该科技通过我国国家验收工作，正式开放运行。500 米口径球面射电望远镜开创了建造巨型望远镜的新模式，建设了反射面相当于 30 个足球场的射电望远镜，灵敏度达到世界第二大望远镜的 2.5 倍以上，大幅拓展人类的视野，用于探索宇宙起源和演化，是现存世界上最大的射电望远镜。

讨论：FAST 望远镜作为现存世界上最大的射电望远镜，表明了我国重大科技基础设施建设项目怎样的发展和成就。

我的回答是：

_____

_____

_____

_____

任务五　预备费和建设期利息的构成及确定

一、预备费

预备费是指在建设期内因各种不可预见因素的变化而预留的可能增加的费用，包括基本预备费和价差预备费。

导学任务五
计算预备费和
建设期利息

(一)基本预备费

1. 基本预备费的内容

基本预备费是指投资估算或工程概算阶段预留的，由于工程实施中不可预见的工程变更及洽商、一般自然灾害处理、地下障碍物处理、超规超限设备运输等而可能增加的费用，也称工程建设项目不可预见费。基本预备费一般由以下四部分构成。

基本预备费成

(1) 工程变更及洽商。在批准的初步设计范围内，技术设计、施工图设计及施工过程中所增加的工程费用；设计变更、工程变更、材料代用、局部地基处理等增加的费用。

(2) 一般自然灾害处理。一般自然灾害造成的损失和预防自然灾害所采取的措施费用。实行工程保险的工程项目，该费用应适当降低。

(3) 不可预见的地下障碍物处理的费用。

(4) 超规超限设备运输增加的费用。

2. 基本预备费的计算

基本预备费是按工程费用和工程建设其他费用二者之和为计取基础，乘以基本预备费费率进行计算。

$$\text{基本预备费}=(\text{工程费用}+\text{工程建设其他费用})\times\text{基本预备费费率} \tag{2-30}$$

基本预备费费率的取值应执行国家及有关部门的规定。

(二)价差预备费

1. 价差预备费的内容

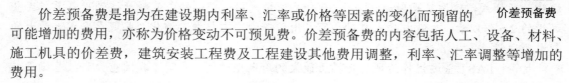
价差预备费

价差预备费是指为在建设期内利率、汇率或价格等因素的变化而预留的可能增加的费用，亦称为价格变动不可预见费。价差预备费的内容包括人工、设备、材料、施工机具的价差费，建筑安装工程费及工程建设其他费用调整，利率、汇率调整等增加的费用。

2. 价差预备费的测算方法

价差预备费一般根据国家规定的投资综合价格指数按估算年份价格水平的投资额为基数，采用复利方法计算。计算公式为：

$$PF=\sum_{t=1}^{n}I_t[(1+f)^m(1+f)^{0.5}(1+f)^{t-1}-1] \tag{2-31}$$

式中：PF——价差预备费；

n——建设期年份数；

I_t——建设期中第 t 年的静态投资计划额，包括工程费用、工程建设其他费用及基本预备费；

f——年涨价率；

m——建设前期年限(从编制估算到开工建设，单位：年)。

年涨价率，政府部门有规定的按规定执行，没有规定的由可行性研究人员预测。

【应用案例2-6】

某建设项目建筑安装工程费 5000 万元，设备购置费 3000 万元，工程建设其他费用 2000 万元，已知基本预备费率 5%，项目建设前期年限为 1 年，建设期为 3 年，各年投资计划额为：第一年完成投资 20%，第二年完成投资 60%，第三年完成投资 20%。年均投资价格上涨率为 6%，求建设项目建设期间价差预备费。

解：基本预备费=(5000+3000+2000)×5%=500(万元)

静态投资=5000+3000+2000+500=10500(万元)

建设期第一年完成投资=10500×20%=2100(万元)

第一年涨价预备费为：$PF_1 = I_1[(1+f)(1+f)^{0.5}-1] = 191.8$(万元)

第二年完成投资$= 10500 \times 60\% = 6300$(万元)

第二年涨价预备费为：$PF_2 = I_2[(1+f)(1+f)^{0.5}(1+f)-1] = 987.9$(万元)

第三年完成投资$= 10500 \times 20\% = 2100$(万元)

第三年涨价预备费为：$PF_3 = I_3[(1+f)(1+f)^{0.5}(1+f)^2-1] = 475.1$(万元)

所以，建设期的涨价预备费为：

$$PF = 191.8 + 987.9 + 475.1 = 1654.8 \text{(万元)}$$

建设期利息

二、建设期利息

建设期利息是指在建设期内发生的为工程项目筹措资金的融资费用及债务资金的利息。

(1) 当贷款在年初一次性贷出且利率固定时，建设期利息计算公式为：

$$I = P(1+i)^n - P \tag{2-32}$$

式中：P——一次性贷款数额；

　　　i——年利率；

　　　n——计息期；

　　　I——利息。

(2) 当总贷款是分年均衡发放时，建设期利息的计算可按当年借款在年中支用考虑，即当年贷款按半年计息，上一年贷款按全年计息。计算公式为

$$q_j = (P_{j-1} + 0.5A_j) \cdot i \tag{2-33}$$

式中：q_j——建设期第j年应计利息；

　　　P_{j-1}——建设期第$(j-1)$年末累计贷款本金与利息之和；

　　　A_j——建设期第j年贷款金额；

　　　i——年利率。

【应用案例2-7】

某新建项目，建设期为3年，分年均衡进行贷款，第一年贷款300万元，第二年贷款600万元，第三年贷款400万元，年利率为12%，建设期内利息只计息不支付，求建设期利息。

解：在建设期，各年利息计算如下。

$q_1 = 0.5A_1 \cdot i = 0.5 \times 300 \times 12\% = 18$(万元)

$q_2 = (P_1 + 0.5A_2) \cdot i = (300 + 18 + 0.5 \times 600) \times 12\% = 74.16$(万元)

$q_3 = (P_2 + 0.5A_3) \cdot i = (318 + 600 + 74.16 + 0.5 \times 400) \times 12\% = 143.06$(万元)

所以，建设期利息$= q_1 + q_2 + q_3 = 18 + 74.16 + 143.06 = 235.22$(万元)

【工程案例】

世界建筑奇迹——上海天马山世茂深坑洲际酒店

上海佘山世茂洲际酒店(又名上海天马山世茂深坑洲际酒店)，位于上海市松江佘山国家旅游度假区的天马山深坑内，由世茂集团投资建设，海拔-88米，于采石坑内建成的自然生

态酒店。酒店遵循自然环境，改变了向天空发展的传统建筑理念，转而向下探索，开拓了地表以下 88 米的建筑空间，依附深坑崖壁而建，是世界首个建造在废石坑内的自然生态酒店。被美国国家地理誉为"世界建筑奇迹"。世茂深坑酒店创造了全球人工海拔最低五星级酒店的世界纪录。

讨论：关于上海天马山世茂深坑酒店，你还知道哪些？

我的回答是：

_____

_____

_____

_____

练 习 题

一、选择题

1. 根据我国现行建设项目投资相关规定，固定资产投资应与( )相对应。

    A. 工程费用+工程建设其他费用

    B. 建设投资+建设期利息

    C. 建筑安装工程费+设备及工器具购置费

    D. 建设项目总投资

2. 某项目根据《建设项目投资估算编审规程》(CECA/GCI—2015)，采用概算法编制的估算中，工程费用为 8000 万元，基本预备费用为 880 万元，价差预备费为 120 万元，工程建设其他费 800 万，建设期利息为 200 万元，流动资金为 100 万元，则该项目建设投资为( )万元。

    A. 9680   B. 9800   C. 10000   D. 10100

3. 关于施工机械台班单价的确定，下列表达式正确的是( )。

    A. 台班折旧费 $= \dfrac{机械原值 \times (1-残值率)}{耐用总台班}$

    B. 耐用总台班 $= \dfrac{检修间隔台班}{检修次数+1}$

    C. 台班检修费 $= \dfrac{一次检修费 \times 检修次数}{耐用总台班}$

    D. 台班维护费 $= \dfrac{\sum (各级维护一次费用 \times 各级维护次数)}{耐用总台班}$

4. 根据现行建筑安装工程费用项目组成，下列费用项目属于按造价形成划分的是( )。

    A. 人工费   B. 企业管理费   C. 利润   D. 税金

5. 某工业建设项目，需要引进国外先进设备，其离岸价 1000 万元，国际运费 60 万元，运输保险费 3.8 万元，银行财务费率为 5‰，外贸手续费 1.5%，关税税率为 22%，增值税税率为 17%，无消费税和车辆购置税，则该进口设备的抵岸价为( )万元。

A. 1538.468　　　　B. 1539.744　　　　C. 1539.425　　　　D. 1538.579

6. 建设单位通过市场机制取得建设用地，不仅应承担征地补偿费用、拆迁补偿费用，还需向土地所有者支付(　　)。

　　A. 安置补助费　　B. 土地出让金　　C. 青苗补偿费　　D. 土地管理费

7. 下列费用中，属于基本预备费支出范围的是(　　)。

　　A. 超规超限设备运输增加费　　　　B. 人工、材料、施工机具的价差费

　　C. 建设期内利率调整增加费　　　　D. 未明确项目的准备金

8. 某工程为了验证设计参数，按设计规定在施工过程中必须对一新型结构进行测试，该项费用由建设单位支出，应计入(　　)。

　　A. 建设单位管理费　　　　　　　　B. 勘察设计费

　　C. 检验试验费　　　　　　　　　　D. 研究实验费

9. 关于预备费的表述错误的是(　　)。

　　A. 按我国现行规定，预备费包括基本预备费和价差预备费

　　B. 基本预备费=(工程费用+工程建设其他费)×基本预备费费率

　　C. 竣工验收时为鉴定工程质量对隐蔽工程进行必要的挖掘和修复的费用属于预备费

　　D. 基本预备费是建设项目在建设期间由于材料、人工、设备等价格可能发生变化引起工程造价变化，而事先预留的费用。

10. 某新建项目建设期为4年，分年均衡进行贷款，第一年贷款1000万元，以后各年贷款均为500万元，年贷款利率为6%，建设期内利息只计利息不支付，该项目建设期利息为(　　)。

　　A. 76.8万元　　　　B. 106.8万元　　　　C. 366.3万元　　　　D. 389.35万元

二、多选题

1. 根据我国现行的建设工程项目投资构成，建设工程项目总投资由(　　)两部分构成。

　　A. 固定资产投资　　　　　　　　　B. 流动资产投资

　　C. 无形资产投资　　　　　　　　　D. 递延资产投资

　　E. 递延资产投资

2. 根据现行建筑安装工程费用项目组成规定，下列费用项目包括在人工日工资单价内的有(　　)。

　　A. 节约奖　　　　　　　　　　　　B. 流动施工津贴

　　C. 高温作业临时津贴　　　　　　　D. 劳动保护费

　　E. 探亲假期间工资

3. 按我国现行建筑安装工程费用项目组成的规定，下列属于企业管理费内容的有(　　)。

　　A. 企业管理人员办公用的文具、纸张等费用

　　B. 企业施工生产和管理使用的属于固定资产的交通工具的购置、维修费及摊销费

　　C. 对建筑以及材料、构件和建筑安装进行特殊鉴定检查所发生的检验试验费

　　D. 按全部职工工资总额比例计提的工会经费

　　E. 为施工生产筹集资金、履约担保所发生的财务费用

4. 根据我国现行《建安工程造价计价方法》，下列情况可用简易计税方法的是(　　)。

    A. 小规模纳税人发生的应税行为

    B. 一般纳税人以清包工方式提供的建筑服务

    C. 一般纳税人为甲供工程提供的建筑服务

    D. 《施工许可证》注明的开工日期在 2016 年 4 月 30 日前

    E. 实际开工日期在 2016 年 4 月 30 日前的新建项目

5. 下列费用中，应计入工程建设其他费用中用地与工程准备费的有(　　)。

    A. 建设场地大型土石方工程费

    B. 土地使用费和补偿费

    C. 场地准备费

    D. 建设单位临时设施费

    E. 施工单位平整场地费

三、思考题

1. 简述建筑安装工程费的构成。

2. 我国现行建设项目总投资构成包括哪些内容？

四、计算题

1. 某建设项目建安工程费 6000 万元，设备购置费 5000 万元，工程建设其他费 3000 万元，基本预备费率 5%，项目建设前期为 1 年，建设期为 3 年，各年投资计划额为：第一年完成投资 20%，第二年完成投资 60%，第三年完成投资 20%。年均投资加工上涨率为 6%，求建设项目建设期间的价差预备费。

2. 某新建项目，建设期为 3 年，分年均衡进行贷款，第一年贷款为 1000 万元，第二年贷款为 1800 万元，第三年贷款为 1200 万元，年贷款利率为 10%，建设期间只计息不支付，则该项目建设期利息为多少？

学 习 小 结

　　结合个人的学习情况进行回顾、总结：要求体现自己在本项目学习过程中所获得的知识、学习目标的实现情况以及个人收获。

　　(撰写总结：要求层次清楚、观点明确，建议采用思维导图和表格的形式对所学知识和学习目标的实现情况进行总结。)

项目三　工程造价的计价依据

能力目标	知识目标	素质目标
(1) 能够掌握建筑工程定额的概念及分类； (2) 能够查找施工定额，确定规定计量单位的施工过程或工序所需消耗的人工、材料和机械台班的时间定额； (3) 能结合工程实际项目和预算定额的工程量计算规则、定额表，计算确定对应工程的工程量、人工、材料、机械的消耗量和专业工程造价等； (4) 能描述施工定额、预算定额、概算定额、概算指标、估算指标之间的区别与联系	(1) 掌握施工定额的含义和组成，以及劳动消耗定额、材料消耗定额、机械台班消耗定额的含义、表现形式，计算和编制流程； (2) 掌握预算定额的编制与应用； (3) 熟悉概算定额，概算指标的含义、作用和内容； (4) 熟悉投资估算指标的含义	(1) 培养学生严谨、求实的工作学习作风； (2) 引导学生牢固树立知法、守法、依法意识； (3) 培养学生团结协作精神

【导学问题】

通过前面章节的学习，我们了解到一个项目从投资决策到项目施工，到最后竣工验收、交付使用需要多次计价，从投资估算、设计概算、施工图预算，到承包合同价、结算价、竣工决算都离不开工程造价计价依据。那么如何确定不同阶段合理的计价依据，从而提高投资决策、项目成本管理的科学性呢？

任务一　认识工程定额

一、定额概念

定额可以理解为规定的限额，是社会物质生产部门在生产经营活动中，

导学任务一
工程定额

根据一定的技术组织条件,在一定的时间内,为完成一定数量的合格产品所规定的各种资源消耗的数量标准。由于不同的产品有不同的质量和安全要求,因此定额不单纯是一种合理的数量标准,而是数量、质量和安全要求的统一体。

建筑工程定额是指工程建设中,在正常的施工条件和合理劳动组织、合理使用材料及机械的条件下,完成单位合格建筑产品所必须消耗的人工、材料、机械、资金等资源的数量标准。例如,每砌筑 1 m² 砖基础消耗人工综合工日数 1.097 工日,煤矸石普通砖 0.53 千块,M5.0 水泥砂浆 0.24 m²,水 0.106 m³,200 L 灰浆搅拌机 0.03 台班。建设工程定额是质与量的统一体。不同的产品有不同的质量要求,因此,建设工程定额除规定各种资源消耗的数量标准外,还要规定应完成的产品规格、工作内容以及应达到的质量标准和安全要求。

二、定额水平

定额水平就是为完成单位合格产品由定额规定的各种资源消耗应达到的数量标准,它是衡量定额消耗量高低的指标。

建筑工程定额是动态的,它反映的是当时的生产力发展水平。定额水平是一定时期社会生产力水平的反映,它与一定时期生产的机械化程度,操作人员的技术水平,生产管理水平,新材料、新工艺和新技术的应用程度以及全体人员的劳动积极性有关,所以,它不是一成不变的,而是随着社会生产力水平的变化而变化的。一般来说,定额水平与生产力水平成正比,与资源消耗量成反比。随着科学技术和管理水平的进步,生产过程中的资源消耗减少,相应地,定额所规定的资源消耗量降低,意味着定额水平提高。但是,在一定时期内,定额水平又必须是相对稳定的。定额水平是制订定额的基础和前提,定额水平不同,定额所规定的资源消耗量也就不同。在确定定额水平时,应综合考虑定额的用途、生产力发展水平、技术经济合理性等因素。需要注意的是,不同的定额编制主体,定额水平是不一样的,目前定额水平有社会平均水平和平均先进水平两类。政府或行业编制的定额水平,采用的是社会平均水平,而企业编制的定额水平反映的是自身的技术和管理水平,一般为平均先进水平。

三、定额的特性

1. 定额的科学性和系统性

定额的科学性,首先,表现在用科学的态度制定定额,在研究客观规律的基础上,采用可靠的数据,用科学的方法编制定额;其次,表现在制定定额的技术方法上,利用现代科学管理形成一套行之有效的、完整的方法;最后,表现在定额制定与贯彻的一体化上。

建设工程定额是相对独立的系统,它是由多种定额结合而成的有机的整体,它的结构复杂,有着鲜明的层次和明确的目标。

2. 定额的法令性

定额的法令性是指定额一经国家或授权机关批准颁发,在其执行范围内必须严格遵守和执行,不得随意变更定额内容与水平,以保证全国或某一地区范围有一个统一的核算尺度，从而使比较、考核经济效果和有效地监督管理有了统一的依据。

3. 定额的群众性

定额的群众性是指定额的制定和执行都是建立在广大生产者和管理者的基础上的。首先，群众是生产消费的直接参加者，他们了解生产消耗的实际水平，所以通过管理科学的方法和手段对群众中的先进生产经验和操作方法，进行系统的分析、测定和整理，充分听取群众的意见，并邀请专家及技术熟练工人代表直接参加定额制定活动；其次，定额要依靠广大生产者和管理者积极贯彻执行，并在生产消费活动中检验定额水平，分析定额执行情况，为定额的调整与修订提供新的基础资料。

4. 定额的相对稳定性和时效性

任何一种定额都是一定时期社会生产力发展水平的反映，在一定时期内应是稳定的。保持定额的稳定性，是定额的法令性所必需的。同时，也是更有效地执行定额所必需的。如果定额处于经常修改的变动状态中，势必造成执行中的困难与混乱，使人们对定额的科学性与法令性产生怀疑。另外，由于定额的修改与编制是一项十分繁重的工作，它需要动用和组织大量的人力和物力，而且需要收集大量资料、数据，需要反复地研究、试验、论证等，这些工作的完成周期很长，所以也不可能经常性地修改定额。然而，定额的稳定性又是相对的，任何一种定额仅能反映一定时期的生产力水平，生产力始终处在不断地发展变化之中，定额水平就会与之不相适应，定额就无法再发挥其作用，此时就需要有更高水平的定额来适应新生产力水平下企业生产管理的需要。所以，从一个长期的过程来看，定额又是不断变动的，具有时效性的。

四、建筑工程定额的分类

建设工程定额概述

建设工程定额是工程建设中各类定额的总称，它包括许多种类的定额。为了对工程建设定额能有一个全面的了解，可以按照不同的原则和方法对它进行科学的分类，建筑工程定额的分类如表 3-1 所示。

表 3-1 建筑工程定额的分类

序号	分类依据	定额种类		备注
1	定额反映的物质消耗	劳动定额	时间定额	基本定额
			产量定额	
		材料消耗定额		
		机械台班消耗定额	时间定额	
			产量定额	
2	定额编制的程序和用途	施工定额		由劳动定额、材料消耗定额、机械台班消耗定额组成
		预算定额		
		概算定额		
		概算指标		
		投资估算指标		

续表

序号	分类依据	定额种类	备注
3	专业性质	建筑工程定额	
		安装工程定额	
		市政工程定额	
		园林绿化定额	
		矿山工程定额	
4	管理权限和适用范围	全国统一定额	
		行业统一定额	
		地区统一定额	
		企业定额	
		补充定额	

1. 按定额反映的物质消耗内容分类

按定额反映的物质消耗内容分类，可分为劳动定额、材料消耗定额和机械台班消耗定额，如图 3-1 所示。

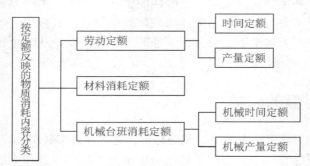

图 3-1　按定额反映的物质消耗内容分类

(1) 劳动定额。劳动定额是指在正常的生产条件下，完成单位合格工程建设产品所需消耗的活劳动的数量标准。劳动定额反映的是活劳动的消耗，按照反映方式的不同，劳动定额有时间定额和产量定额两种形式。时间定额是指为完成单位合格产品所消耗的生产工人的工作时间标准；产量定额是指生产工人在单位时间里必须完成的合格产品的产量标准。为了便于核算，劳动定额大多采用时间定额的形式。

(2) 材料消耗定额。材料消耗定额是指在正常的生产条件下，完成单位合格产品所需消耗的材料的数量标准。其包括工程建设中使用的各类原材料、成品、半成品、配件、燃料以及水、电等动力资源等。材料作为劳动对象构成工程的实体，需用数量大、种类多。所以材料消耗量多少，消耗是否合理，不仅关系到资源的有效利用，影响市场供求状况，而且直接关系到建设工程的项目投资、建筑产品的成本控制。

(3) 机械台班消耗定额。机械台班消耗定额是指在正常的生产条件下，完成单位合格产品所需消耗的机械的数量标准。按反映机械消耗的方式不同，机械台班消耗定额同样有时间定额和产量定额两种形式，但以时间定额为主要形式。

我国习惯以一台机械一个工作班为机械消耗的计量单位。任何工程建设都要消耗大量人工、材料和机械，所以将劳动消耗定额、材料消耗定额、机械台班消耗定额称为三大基本定额。

2. 按定额编制的程序和用途分类

按照定额编制的程序和用途，可以将工程定额分为施工定额、预算定额、概算定额、概算指标、投资估算指标等，其区别与联系如表 3-2 所示。

表 3-2　各种定额之间关系比较

	施工定额	预算定额	概算定额	概算指标	投资估算指标
对象	施工过程或基本工序	分部分项工程或措施项目	扩大分部分项工程或扩大结构构件	单位工程	建设项目、单项工程、单位工程
用途	编制施工预算	编制施工图预算	编制扩大初步设计概算	编制初步设计概算	编制投资估算
项目划分	最细	细	较粗	粗	很粗
定额水平	平均先进	平均			
定额性质	生产性定额	计价性定额			

(1) 施工定额。施工定额是施工企业内部用来进行组织生产和加强管理的一种定额，它是以同一性质的施工过程为标定对象编制的计量性定额。施工定额反映了企业的施工与管理水平，是编制预算定额的重要依据。

(2) 预算定额。预算定额是以各分部分项工程为标定对象编制的计价性定额，是由政府工程造价主管部门根据社会平均的生产力发展水平，综合考虑施工企业的整体情况，以施工定额为基础组织编制的一种社会平均资源消耗标准。

(3) 概算定额。概算定额是在预算定额基础上的综合和扩大，是以扩大结构构件、分部工程或扩大分项工程为标定对象编制的计价性定额，其定额水平一般为社会平均水平。主要用于在初步设计阶段进行设计方案技术经济比较和编制设计概算，是投资主体控制建设项目投资的重要依据。

概算定额

(4) 概算指标。概算指标是以每个建筑物或构筑物为对象，规定人工、材料、机械台班消耗量及资金消耗的数量标准，主要用于编制投资估算或设计概算，是初步设计阶段编制概算、确定工程造价的依据，是进行经济分析、衡量设计水平、考核建设成本的标准。

概算指标

(5) 投资估算指标。投资估算指标是以独立的单项工程或完整的工程项目为计算对象，是在项目建议书和可行性研究阶段编制投资估算、计算投资总额时使用的一种定额。

投资估算指标

3. 按专业分类

按照专业分类，工程定额可分为建筑工程定额、安装工程定额、市政定额、园林绿化定额、矿山工程定额等。

(1) 建筑工程定额。建筑工程定额是建筑工程的施工定额、预算定额、概算定额、概算指标的统称。在我国的固定资产投资中，建筑工程投资的比例占 60%左右，因此，建筑工程定额在整个工程定额中是一种非常重要的定额。

(2) 安装工程定额。安装工程定额是安装工程的施工定额、预算定额、概算定额和概算指标的统称。在工业性项目中，机械设备安装工程、电气设备安装工程以及热力设备安装工程占有重要地位；非生产性项目中，随着社会生活和城市设施的日益现代化，设备安装工程量也在不断增加。所以，安装工程定额也是工程定额的重要组成部分。

(3) 市政工程定额。市政工程是指城市的道路、桥涵和市政管网等公共设施及公用设施的建设工程。市政工程定额是指市政工程人工、材料及机械的消耗标准。

(4) 园林绿化定额。园林绿化工程定额是指园林绿化工程人工材料机械的消耗标准。

(5) 矿山工程定额。矿山工程定额是指矿山工程人工材料机械的消耗标准。

4. 按照管理权限和适用范围分类

按照定额管理权限和适用范围，工程定额可以分为全国统一定额、行业统一定额、地区统一定额、企业定额以及补充定额五种。

(1) 全国统一定额。全国统一定额是由国家住房城乡建设主管部门，综合全国工程建设的技术和施工组织管理水平编制，并在全国范围内执行的定额，如全国统一建筑工程基础定额、全国统一安装工程预算定额等。

(2) 行业统一定额。行业统一定额是由国务院行业行政主管部门制定发布的，一般只在本行业和相同专业性质的范围内使用，如冶金工程定额、水利工程定额等。

(3) 地区统一定额。地区统一定额由省、自治区、直辖市住房城乡建设主管部门制定发布的，在规定的地区范围内使用。它一般是考虑各地区不同的气候条件、资源条件、各地区的建设技术与施工管理水平等编制的。

(4) 企业定额。企业定额由施工企业根据自身的管理水平、技术水平、机械装备能力等情况制定的，只在企业内部范围内使用，企业定额水平一般应高于国家和地区的现行定额。

(5) 补充定额。补充定额指随着设计、施工技术的发展，现行定额不能满足实际需要的情况下，有关部门为了补充现行定额中变化和缺项部分而进行修改、调整和补充制定的。

五、工程定额的体系

在工程定额的分类中，可以看出各种定额之间相互区别、相互交叉、相互补充、相互联系，形成与建设程序各个阶段工程造价深度相适应的工程定额体系。定额体系与工程造价关系如图 3-2 所示。

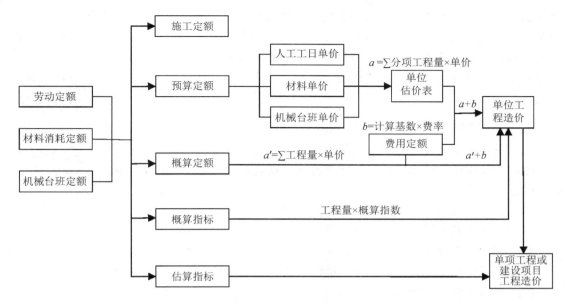

图 3-2 定额体系与工程造价关系图

【工程案例】

最佳文化类建筑——哈尔滨大剧院

哈尔滨大剧院(Harbin Grand Theatre)坐落于我国黑龙江省哈尔滨市松北区的文化中心岛内，总面积 7.9 万平方米，包括大剧院(1600 座)、小剧场(400 座)，建筑采用了异型双曲面的外形设计，考虑到旅游观光的需求设计者采用世界首创将自然光引入剧场的环保设计，在非演出时段减少照明用电，建筑整体风格也与周围湿地环境风格统一。

2016 年 2 月，哈尔滨大剧院被 ArchDaily 评选为"2015 年世界最佳建筑"之"最佳文化类建筑"。

讨论：关于哈尔滨大剧院，设计者采用世界首创将自然光引入剧场的环保设计，针对这一举动，你有怎样的想法？

我的回答是：

_____

_____

_____

_____

任务二 施工定额的编制与应用

一、施工定额的概述

1. 施工定额的概念

施工定额是以同一性质的施工过程或工序为制订对象，确定完成一定计量单位的某一

导学任务二
施工定额

施工过程或工序所需人工、材料和机械台班消耗的数量标准。施工定额的标准，一方面反映国家对建筑安装企业在增收节约和提高劳动生产率的要求下，为完成一定的合格产品必须遵守和达到的最高限额；另一方面也是衡量建筑安装企业工人或班组完成施工任务多少和取得个人劳动报酬多少的重要尺度。因此，施工定额是建筑行业和基本建设管理中最重要的定额之一。

2. 施工定额的作用

(1) 施工定额是企业编制施工组织设计和施工作业计划的依据。

(2) 施工定额是项目经理部与施工班组签发施工任务单和限额领料单的基本依据。

(3) 施工定额是计算工人劳动报酬的依据。

(4) 施工定额是提高生产率的手段。

(5) 施工定额有利于推广先进技术。

(6) 施工定额是编制施工预算，加强企业成本管理和经济核算的基础。

(7) 施工定额是编制预算定额的基础。

3. 施工定额的编制

1) 施工定额的编制原则

(1) 平均先进性原则。所谓平均先进水平，就是在正常的施工条件下，大多数施工班组和大多数生产者经过努力能够达到或超过的水平。一般情况下，它应低于先进水平，而略高于平均水平。

(2) 简明适用性原则。简明适用性原则要求施工定额内容要具有多方面的适应性，能满足组织施工生产和计算工人劳动报酬等各种需要，同时又简单明了，容易为使用者所掌握，便于查阅、便于计算、便于携带。

(3) 贯彻专群结合，以专为主的原则。施工定额的编制工作量大、工作周期长，这项工作又具有很强的技术性和政策性，这就要求有一支经验丰富、技术与管理知识全面、有一定政策水平的稳定的专家队伍，负责组织协调，掌握政策，制订编制定额工作方案，系统地积累和分析整理定额资料，调查现行定额的执行情况以及新编定额的试点和征求各方面意见等工作。贯彻以专家为主编制施工定额的原则，必须注意走群众路线，因为广大建筑安装工人既是施工生产的实践者，又是定额的执行者。

2) 施工定额编制依据

施工定额的编制原则确定后，确定定额的编制依据是关系到定额编制质量和贯彻定额编制原则的重要问题。其主要编制依据如下。

(1) 经济政策和劳动制度方面的依据。

① 建筑安装工人技术等级标准；

② 建筑安装工人及管理人员的工资标准；

③ 工资奖励制度；

④ 用工制度及劳动保护制度等。

(2) 技术依据。技术依据主要是指各类技术规范、规程、标准和技术测定数据、统计资料等。

(3) 经济依据。经济依据主要是指各类定额，特别是现行的施工定额、劳动定额及各省、自治区、直辖市乃至企业现行和历史定额的有关资料、数据。其次要依据日常积累的有关材料、机械台班、能源消耗等资料、数据。

3) 施工定额的编制程序

由于编制施工定额是一项政策性强、专业技术要求高、内容繁杂的细致工作，为了保证编制质量和计算的方便，必须采取各种有效的措施、方法，拟定合理的编制程序。

(1) 拟定编制方案。

① 明确编制原则、方法和依据。

② 确定定额项目。

③ 选择定额计量单位。定额计量单位包括定额产品的计量单位和定额消耗量中的人工、材料、机械台班的计量单位。定额产品的计量单位和人工、材料、机械消耗的计量单位，都可能使用几种不同的单位。

(2) 拟定定额的适用范围。

① 应明确定额适用于何种经济体制的施工企业，不适用于何种经济体制的施工企业，对适用范围应给予明确的划定和说明，使编制定额有所依据。

② 应结合施工定额的作用和一般工业民用建筑安装施工的技术经济特点，在定额项目划分的基础上，对各类施工过程或工序定额，拟定出适用范围。

(3) 拟定定额的结构形式。

① 定额结构是指施工定额中各个组成部分的配合组织方式和内容构造。定额结构形式必须贯彻简明、适用性原则，适合计划、施工和定额管理的需要，并应便于施工班组的执行。

② 定额结构形式的内容主要包括定额表格形式式样，定额中的册、章、节的安排，项目划分，文字说明，计算单位的选定以及附录等内容。

③ 确定人工、材料、机械台班消耗标准。

(4) 定额水平的测算。在新编定额或修订单项定额工作完成之后，均需进行定额水平的测算对比，以便上级有关部门及时了解新定额的编制过程，并能对新编定额水平或降低的幅度等变化情况，做出分析和说明。只有经过新编定额与现行旧定额可比项目的水平测算对比，才能对新编定额的质量和可行性做出评价，决定能否颁布执行。

二、劳动定额

1. 劳动定额的概念

劳动定额也称人工定额，它是建筑安装工人在正常的施工技术组织条件下，在平均先进水平上制订的、完成单位合格产品所必须消耗的活劳动的数量标准。劳动定额按其表现形式和用途不同，可分为时间定额和产量定额。

(1) 时间定额。时间定额是指某种专业、某种技术等级的工人班组或个人，在合理的劳动组织、合理的使用材料和合理的施工机械配合条件下，完成某单位合格产品所必需的工作时间，包括准备与结束时间、基本生产时间、辅助生产时间、不可避免的中断时间以及工人必要的休息时间。

时间定额的计量单位以完成单位产品(以 m^3、m^2、m、t、个等计量单位)所消耗的工日来表示，每工日按 8 小时计算。

$$单位产品时间定额(工日)=\frac{需要消耗的工日数}{生产的产品数量} \tag{3-1}$$

(2) 产量定额。产量定额是指在合理的使用材料和合理的施工机械配合条件下，某一工种、某一等级的工人在单位工日内完成的合格产品的数量。产量定额的单位以"m^2""m^3""m""台""套""块""根"等自然单位或物理单位来表示。

$$单位产品产量定额=\frac{生产的产品数量}{消耗的工日数} \tag{3-2}$$

时间定额与产量定额的关系时间定额与产量定额互为倒数，即

$$产量定额=\frac{1}{时间定额} \tag{3-3}$$

或

$$时间定额×产量定额=1 \tag{3-4}$$

2. 劳动定额的工作时间

劳动定额中可将工人的工作时间分为定额时间和非定额时间，如图 3-3 所示。

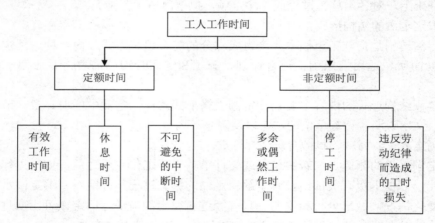

图 3-3　工人工作时间

1) 定额时间

定额时间是作业者在正常施工条件下，为完成一定产品(或工作任务)所必须消耗的时间。这部分时间属于定额时间，它包括有效工作时间、休息时间和不可避免的中断时间，是制定定额的主要根据。

(1) 有效工作时间。有效工作时间是与产品生产直接有关的工作时间，包括基本工作时间、辅助工作时间、准备与结束时间。

① 基本工作时间是指在施工过程中，工人完成基本工作所消耗的时间，也就是完成能生产一定产品的施工工艺过程所消耗的时间，是直接与施工过程的技术作业发生关系的时间消耗。基本工作时间的消耗与生产工艺、操作方法、工人的技术熟练程度有关，并与任务的大小成正比。

② 辅助工作时间是指与施工过程的技术作业没有直接关系，而是为保证基本工作的顺利进行而做的辅助性工作所需消耗的时间。辅助工作不能使产品的形状、性质、结构位置等发生变化。例如，工作过程中工具的校正和小修；搭设小型的脚手架等所消耗的时间均为辅助工作时间。

③ 准备与结束时间是指基本工作开始前或完成后进行准备与整理等所需消耗的时间。通常与工程量大小无关，而与工作性质有关。一般可分为班内准备与结束时间、任务内准备与结束时间。班内准备与结束工作通常会导致工作时间的经常性消耗，如每天领取材料和工具、工作地点布置、检查安全技术措施、工地交接班等。任务内的准备与结束时间，与每个工作日交替无关，仅与具体任务有关，多由工人接受任务的内容决定。

(2) 休息时间。休息时间是工人在工作过程中，为了恢复体力所必需的短暂休息，以及由于本身生理需要(喝水、上厕所等)所消耗的时间。这种时间是为了保证工人精力充沛地进行工作，所以应作为定额时间。休息时间的长短与劳动条件、劳动强度、工作性质等有关。

(3) 不可避免的中断时间。不可避免的中断时间是由于施工过程中技术、组织或施工工艺特点的原因，以及独有的特性而引起的不可避免的或难以避免的工作中断所必需消耗的时间，如地面抹水泥砂浆和压光，抹灰工等待收水而造成的工作中断等。

2) 非定额时间

非定额时间是指与产品生产无关，而与施工组织、技术上的缺陷有关，与工人在施工过程中的个人过失或某些偶然因素有关的时间消耗，包括多余或偶然工作时间、停工时间、违反劳动纪律而造成的工时损失。

(1) 多余或偶然工作时间。多余或偶然工作时间是在正常施工条件下，作业者进行了多余的工作，或由于偶然情况下，作业者进行任务以外的作业(不一定是多余的)所消耗的时间。所谓多余工作，是指工人进行任务以外的而又不能增加产品数量的工作，如质量不合格而返工造成的多余时间消耗。

(2) 停工时间。停工时间是由于工作班内停止工作而造成的工时损失。停工时间按其性质可分为施工本身造成的停工时间和非施工本身造成的停工时间两种。因施工本身造成的停工时间是指由于施工组织不当，材料供应不及时，准备工作不充足，工作地点组织不良等情况引起的停工时间；非施工本身造成的停工时间是指由于气候条件以及水源、电源中断引起的停工时间。

(3) 违反劳动纪律而造成的工时损失。违反劳动纪律而造成的工时损失是工人不遵守劳动纪律而造成的时间损失，如上班迟到、下班早退、擅自离开工作岗位、工作时间内聊天或办私事以及由于个别人违章操作而引起别的工人无法正常工作的时间损失。违反劳动纪律的工时损失是不应存在的，所以在定额中也是不予考虑的。

3. 劳动定额中工作时间的确定方法

确定劳动定额的工作时间通常采用技术测定法、经验估计法、统计分析法和类推比较法。

(1) 技术测定法。技术测定法是根据先进合理的生产技术、操作工艺、合理的劳动组织和正常的施工条件，对施工过程中的具体活动进行实地观察，详细记录施工中工人和机械的工作时间消耗，完成产品的数量以及有关影响因素，将记录结果加以整理，客观地分析各种因素对产品的工作时间消耗的影响，获得各个项目的时间消耗资料，通过分析计算

来确定劳动定额的方法。这种方法准确性和科学性较高，是制定新定额和典型定额的主要方法。技术测定通常采用的方法有测时法、写实记录法、工作日写实法、简易测定法。

(2) 经验估计法。经验估计法是根据有经验的工人、技术人员和定额专业人员的实践经验，参照有关资料，通过座谈讨论，反复平衡来制定定额的一种方法。

(3) 统计分析法。统计分析法是根据过去一定时间内，实际生产中的工时消耗量和产品数量的统计资料或原始记录，经过整理，并结合当前的技术、组织条件，进行分析研究制定定额的方法。

(4) 类推比较法。类推比较法也称典型定额法，它是以同类型工序、同类型产品的典型定额项目水平为标准，经过分析比较，类推出同一组定额中相邻项目定额水平的一种方法。

4. 劳动定额的应用

时间定额和产量定额是同一个劳动定额的两种不同的表达方式，但其用途各不相同。

(1) 时间定额便于综合，便于计算劳动量、编制施工计划和计算工期。

(2) 产量定额具有形象化的优点，便于分配施工任务、考核工人的劳动生产率和签发施工任务单。

【应用案例 3-1】

某土方工程用二类土，挖基槽的工程量为 450m³，每天有 20 名工人负责施工，时间定额为 0.205 工日/m³，试计算完成该分项工程的施工天数。

解：

(1) 计算完成该分项工程所需总劳动量为：

$$450×0.205=92.25(工日)$$

(2) 计算施工天数为：

$$92.25÷20=4.61(工日) \quad 取 5 天$$

【应用案例 3-2】

有 140m³ 二砖混水外墙，由 10 人砌筑小组负责施工，产量定额为 0.862m³/工日，试计算其施工天数。

解：

(1) 计算小组每日完成工程量为：

$$10×0.862=8.62(m³/工日)$$

(2) 计算施工天数为：

$$140÷8.62=16.24(工日) \quad 取 17 天$$

三、材料消耗定额

1. 材料消耗定额的概念

施工材料消耗定额是指在确保合理使用材料的前提下，生产单位合格产品所必需消耗的一定品种和规格的原材料、燃料、半成品、配件和水、动力等资源的数量标准。在我国的建设工程成本构成中，材料费比重最高，平均占 60%左右。材料消耗量多少，消耗是否合理，不仅关系到资源的有效利用，影响市场供求状况，而且对建设项目的投资及建筑产品的成本控制都起着决定性影响。因此，制定合理的材料消耗定额是组织材料的正常供应和合理利用资源的必要前提。

必需消耗的材料是指在合理用料的条件下，完成单位合格工程建设产品所必需消耗的材料，包括直接用于工程的材料(即直接构成工程实体或有助于工程形成的材料)、不可避免的施工废料、不可避免的材料损耗。其中，直接用于工程的材料，称为材料净用量，编制材料净用量定额；不可避免的施工废料及材料损耗，称为必要的材料损耗量，编制材料损耗定额。

材料消耗定额包括材料的净用量和必要的材料损耗量两部分。材料净用量是指直接用于产品上的，构成产品实体的材料消耗量。材料必要的材料损耗量是指材料从工地仓库、现场加工堆放地点至操作或安放地点的运输损耗、施工操作损耗和临时堆放损耗等。

材料的损耗一般按损耗率计算，其计算公式为：

$$损耗率=损耗量/净用量×100% \tag{3-5}$$

$$消耗量=净用量+损耗量=净用量×(1+材料损耗率) \tag{3-6}$$

2. 主要材料消耗定额的确定

主要材料消耗定额是通过在施工过程中对材料消耗进行观测、试验以及根据技术资料的统计与计算等方法确定的，主要有以下四种方法。

(1) 现场观测法。现场观测法是对施工过程中实际完成产品的数量与所消耗的各种材料数量进行现场观测、计算，而确定各种材料消耗定额的一种方法。观测法适宜制订材料的损耗定额。

采用现场观测法来确定工程材料消耗量，观察对象的选择应满足以下几个方面。

① 建筑物应具有代表性。

② 施工技术和条件符合操作规范的要求。

③ 建筑材料的规格和质量符合技术规范的要求。

④ 被观测对象的技术操作水平、工作质量和节约用料情况良好。

(2) 实验室试验法。实验室试验法是在实验室内通过专门的试验仪器设备，制订材料消耗定额的一种方法。由于试验具有比施工现场更好的工作条件，可更深入细致地研究各种因素对材料消耗的影响。缺点是无法估计到施工现场某些因素对材料消耗量的影响。在定额实际运用中，应考虑施工现场条件和各种附加的损耗数量。

(3) 资料统计法。资料统计法是根据施工过程中材料的发放和退回数量及完成产品数量的统计资料，进行分析计算以确定材料消耗定额的方法。统计分析法简便易行，容易掌握，适用范围广，但用统计法得出的材料消耗包含有不合理的材料浪费，其准确性不高，它只能反映材料消耗的基本规律。

(4) 理论计算法。理论计算法是通过对工程结构、图纸要求、材料规格及特性、施工规范、施工方法等进行研究，用理论计算拟定材料消耗定额的一种方法。其适用于不易产生损耗，且容易确定废料的规格材料，如块料、锯材、油毡、玻璃、钢材、预制构件等的消耗定额，材料的损耗量仍要在现场通过实测取得。

$1m^3$ 砖砌体材料消耗量的计算公式为：

$$标准砖净用量(块)=(墙厚的砖数×2)÷[墙厚×(砖长+灰缝)×(砖厚+灰缝)] \quad (3-7)$$

$$砖的消耗量(块)=砖的净用量×(1+材料损耗率) \quad (3-8)$$

$$砂浆净用量(m^3)=1-砖净用量×每块砖的体积 \quad (3-9)$$

$$砂浆的消耗量(m^3)=砂浆净用量×(1+材料损耗率) \quad (3-10)$$

【应用案例3-3】

砌筑 $1m^3$ 砖墙，采用标准砖(长度为240mm、宽度为115 mm、厚度为53mm)，灰缝宽为10mm，试计算每立方米标准砖砌体中普通砖和砂浆的消耗量(砖和砂浆损耗率均为1%)。

解：$1m^3$ 砌体中砖的净用量(块)=2×1/[0.24×(0.24+0.01)×(0.053+0.10)]=529(块)

$1m^3$ 砌体中砂浆的净用量=1-529×(0.24×0.115×0.053)=0.226(m^3)

$1m^3$ 砌体中标准砖用量=529×(1+1%)=534(块)

$1m^3$ 砌体中砂浆用量=0.226×(1+1%)=0.228(m^3)

上述四种建筑材料预算定额的制定方法，都有一定的优缺点，在实际工作中应根据所测定的材料的不同，分别选择其中的一种或一种以上的方法结合使用。

3. 周转材料消耗定额的确定

周转材料是指在建筑安装工程中不直接构成工程实体，可多次周转使用的工具性材料，如脚手架、模板和挡土板等。这类材料在施工中都是一次投入多次使用，每次使用后都有一定程度的损耗，经过修复再投入使用。

周转材料消耗定额一般是按多次使用，分次摊销的方法确定。一般根据完成一定分部分项工程的一次使用量，根据现场调研、观测、分析确定的周转使用量。

四、施工机械台班定额

施工机械消耗定额是指在合理使用机械和合理的施工组织条件下，完成单位合格产品所需机械消耗的数量标准。其计量单位以台班表示，每台班按8小时计算。

按反映机械台班消耗方式的不同，机械消耗定额同样有时间定额和产量定额两种形式。时间定额表现为完成单位合格产品所需消耗机械的工作时间标准；产量定额表现为机械在单位时间里所必须完成的合格产品的数量标准。从数量上看，时间定额与产量定额互为倒数关系。

1. 施工机械台班定额的表现形式

机械台班定额与劳动定额的表现形式类似，可分为时间定额和产量定额两种形式。

(1) 机械时间定额。机械时间定额是指在正常施工生产条件下，某种机械完成单位合格产品所必须消耗的工作时间。

$$机械时间定额=\frac{1}{机械台班产量定额} \quad (3-11)$$

$$配合机械的工人小组人工时间定额=\frac{台班内小组成员工日数}{机械台班产量定额} \quad (3-12)$$

【应用案例 3-4】

斗容量 1m³ 反铲挖土机挖二类土，深度为 2m 以内，装车小组 2 人，其台班产量 500m³，试计算机械时间定额和人工时间定额。

解：挖土机械时间定额=1/5=0.2(台班/100m³)

人工时间定额=2/5=0.4(工日/100m³)

(2) 机械台班产量定额。机械台班产量定额是指在合理的施工组织和正常的施工生产条件下，某种机械在每台班内完成合格产品的数量。

$$机械台班产量定额=\frac{1}{机械时间定额} \qquad (3\text{-}13)$$

或

$$机械台班产量定额=\frac{台班内小组成员工日数}{人工时间定额} \qquad (3\text{-}14)$$

【应用案例 3-5】

已知用塔式起重机吊运混凝土。测定塔节 50s，运行 60s，卸料 40s，返回 30s，中断 20s，每次装混凝土 0.50m³，机械利用系数为 0.85。求该塔式起重机的机械台班产量定额。

解：

(1) 计算一次循环时间为：50+60+40+30+20=200(s)

(2) 计算每小时循环次数为：60×60/200 =18(次/h)

(3) 塔式起重机产量定额为：18×0.50× 8× 0.85=61.20(m³/台班)

下面介绍机械台班定额的表示方法。在《全国建筑安装工程统一劳动定额》中，机械台班定额通常以复式表示。同时表示时间定额和台班产量定额，形式为：时间定额/台班产量。

运输机械台班定额除同时表示时间定额和产量定额外，还应表示台班车次，形式为时间定额/台班产量/台班车次。其中，台班车次是指完成定额台班产量每台班内每车需要往返次数。

2. 施工机械台班定额的确定

施工机械台班定额是编制机械需用量计划和考核机械工作效率的依据，也是对操作机械的工人班组签发施工任务书，实行计件奖励的依据。

确定施工机械台班定额，具体确定步骤如下。

(1) 拟定机械工作的正常条件。机械操作和人工操作相比，劳动生产率受施工条件的影响更大。因此，编制机械消耗定额时更应重视确定出机械工作的正常条件。拟定机械工作正常条件，主要是拟定工作地点的合理组织和合理的工人编制。

(2) 确定机械纯工作 1 h 正常生产率。机械纯工作时间，就是指机械的必需消耗时间，包括在满负荷和有根据地降低负荷下的工作时间、不可避免的无负荷工作时间和必要的中断时间。机械 1 h 纯工作正常生产率，就是在正常施工组织条件下，具有必需的知识和技能的技术工人操纵机械 1 h 的生产率。

(3) 确定施工机械的正常利用系数。施工机械的正常利用系数是指机械在工作班内对工作时间的利用率。机械的利用系数和机械在工作班内的工作状况有着密切关系。所以，要确定施工机械的正常利用系数，必须拟定机械工作班的正常状况，关键是保证合理利用工时。

(4) 计算施工机械的产量定额。确定了机械工作正常条件、机械纯工作 1 h 正常生产率、机械的正常利用系数之后采用以下公式计算施工机械的产量定额：

台班产量定额=机械纯工作 1 h 正常生产率×工作班延续时间×正常利用系数　　(3-15)

【应用案例 3-6】

已知 400L 混凝土搅拌机每一次搅拌循环：装料用时 50s，运行用时 180s，卸料用时 40s，中断用时 20s，机械利用系数为 0.9，混凝土损耗率为 1.5%。某工程混凝土工程量为 100m³，试计算混凝土搅拌机台班产量定额、时间定额及该工程需混凝土搅拌机台班数。

解：

(1) 一次循环持续时间为：50+180+40+20=290(s)

(2) 每小时循环次数为：60×60/290=12(次)

(3) 每台班产量为：8×0.9×12×0.4=34.56(m³)

(4) 时间定额为：1/34.56=0.029(台班)

(5) 该工程需混凝土搅拌机台班数为：100×(1+1.5%)×0.029=2.94(台班)

【思考讨论】

世界在建最高斜拉桥桥塔——江苏常泰长江大桥

江苏常泰长江大桥是长江经济带综合立体交通走廊的重要项目。大桥全长为 10.03 公里，公铁合建段长度为 5.3 公里，位于泰州大桥和江阴大桥之间，是世界首座集高速公路、城际铁路和普通公路为一体的过江通道。大桥建成后将创下"四个世界首创""六项世界之最"的纪录，其中，大桥主跨为 1208 米，是世界最大跨度斜拉桥；主塔高度为 350 米，是目前世界在建最高斜拉桥桥塔。

思考：关于江苏常泰长江大桥，你还知道哪些？

我的回答是：

_____

_____

_____

任务三　预算定额的编制与应用

一、预算定额的概述

导学任务三
预算定额

1. 预算定额的概念

预算定额是完成一定计量单位质量合格的分项工程或结构构件的人工、材料、机械台班的数量标准，也是计算建筑安装工程产品造价的基础，是国家及地区编制和颁发的一种法令性指标。

2. 预算定额的作用

预算定额在我国工程建设中具有以下重要作用。

(1) 预算定额是编制施工图预算、确定和控制建筑安装工程造价的基本依据。预算定额是确定一定计量单位工程分项人工、材料和机械消耗量的依据，也是计算分项工程单价的基础。

(2) 预算定额是施工企业编制人工、材料和机械台班需要量的计划，统计完成工程量，考核工程成本，实行经济核算的依据。

(3) 预算定额是对设计方案进行技术经济比较，对新结构、新材料进行技术经济分析的依据。

(4) 预算定额是合理编制招标控制价、投标报价的依据。

(5) 预算定额是建设单位和银行拨付工程价款、建设资金贷款和竣工结(决)算的依据。

(6) 预算定额是编制地区单位估价表、概算定额和概算指标的基础资料。

3. 预算定额的编制

1) 预算定额的编制原则

预算定额的编制要遵循以下几项原则。

(1) 按社会平均水平编制。预算定额是确定和控制建筑安装工程造价的主要依据，因此，它必须依据生产过程中所消耗的社会必要劳动时间来确定定额水平。预算定额所表现的平均水平，是在正常的施工条件，即合理的施工组织和工艺条件、平均劳动熟练程度和劳动强度下，完成单位分项工程基本构造要素所需要的劳动时间。预算定额的水平是以施工定额水平为基础，但是，预算定额中包含了更多的可变因素。因此，预算定额是平均水平，施工定额是平均先进水平，两者相比，预算定额水平相对要低一些。

(2) 简明适用的原则。预算定额通常将建筑物分解为分部、分项工程。对于主要的、常用的、价值量大的项目分项工程划分要细；对于那些次要的、不常用的、价值量相对较小的项目则可以放粗一些。要注意补充那些因采用新技术、新结构、新材料和先进经验而出现新的定额项目。项目不全，缺漏项多，将使建筑安装工程价格缺少充足可靠的依据。

对定额的"活口"要设置适当。所谓活口，是指在定额中规定当符合一定条件时，允许该定额另行调整。在编制中尽量不留活口，对实际情况变化较大、影响定额水平幅度大的项目，确实需要留的，也应该从实际出发尽量少留；即使留有活口，也要注意尽量规定换算方法，避免采取按实计算。

合理确定预算定额的计算单位，简化工程量的计算，尽可能避免同一种材料用不同的计量单位。尽量减少定额附注和换算系数。

(3) 统一性和差别性相结合的原则。统一性是指计价定额的制定规划和组织实施由国务院建设行政主管部门归口，并负责全国统一定额的制定与修订，颁发有关工程造价管理的规章制度与办法等；差别性是指各部门和省、自治区、直辖市主管部门可以在自己的管辖范围内，根据本部门和地区的具体情况制定部门和地区性定额、补充性管理办法，以适应我国地区间、部门间发展不平衡和差异大的实际情况。

2) 预算定额的编制依据

编制预算定额主要依据以下资料。

(1) 现行施工定额。预算定额是在现行施工定额的基础上编制的。预算定额中人工、材料、机械台班消耗水平，需要根据施工定额取定(指选取确定)；预算定额的计量单位的选择，也要以施工定额为参考，从而保证两者的协调和可比性，减轻预算定额的编制工作量，缩短编制时间。

(2) 现行设计规范、施工及验收规范、质量评定标准和安全操作规程。预算定额在确定人工、材料、机械台班消耗数量时，必须考虑上述各项规范的要求和规定。

(3) 具有代表性的典型工程施工图及有关标准图。对这些图纸进行仔细分析研究，并计算出工程数量，作为编制定额时选择施工方法、确定定额含量的依据。

(4) 新技术、新结构、新材料和先进的施工方法等。这类资料是调整定额水平和增加新的定额项目所必需的依据。

(5) 有关科学试验、技术测定的统计、经验资料。这类工作是确定定额水平的重要依据。

(6) 现行的预算定额、材料预算价格及有关文件规定等。包括过去定额编制过程中积累的基础资料，也是编制预算定额的依据和参考。

3) 预算定额的编制程序

预算定额的编制，大致可分为五个阶段，即准备阶段、收集资料阶段、编制定额初稿阶段、审核报批阶段和定稿整理资料阶段。

(1) 准备阶段。这个阶段的主要任务是：拟定编制方案，抽调人员组成专业组，确定编制定额的目的和任务；确定定额编制范围及编制内容；明确定额的编制原则、水平要求、项目划分和表现形式及定额的编制依据；提出编制工作的规划及时间安排等。

(2) 收集资料阶段。这个阶段的主要任务是：在已确定的编制范围内，采用表格化收集基础资料，以统计资料为主，注明所需要的资料内容，填表要求和时间范围；邀请建设单位、设计单位、施工单位和管理部门有经验的专业人员，开座谈会，专门收集他们的意见和建议；收集现行的法律、法规资料，现行的施工及验收规范、设计标准、质量评定标准、安全操作规程等；收集以往的预算定额及相关解释，定额管理部门积累的相关资料、专项测定及科学试验，这主要是指混凝土配合比和砌筑砂浆试验资料等。

(3) 编制定额初稿。这个阶段的主要任务是：确定编制细则，包括统一编制表格及编制方法、统一计量单位和小数点位数的要求、统一名称、统一符号、统一用字等；确定项目划分及工程量计算规则；定额人工、材料、机械台班耗用量的计算、复核和测算。

(4) 审核报批阶段。这个阶段的主要任务是：审核定稿；测算总水平；准备汇报材料。

(5) 定稿整理资料阶段。这个阶段的主要任务是：印发征求意见稿；修改整理报批；撰写编制说明；立档、成卷。

4) 预算定额的编制方法

在基础资料完备可靠的条件下，编制人员应反复熟悉各项资料，确定各项目名称、工作内容、施工方法以及预算定额的计量单位等，在此基础上计算各个分部分项工程的人工、材料和机械的消耗量。

(1) 确定各项目的名称、工作内容及施工方法。在编制预算定额时，应根据有关编制参考资料，参照施工定额分项项目，进一步综合确定预算定额的名称、工作内容和施工方法，使编制的预算定额简明、适用。同时，还要使施工定额和预算定额两者之间协调一致。

(2) 确定预算定额的计量单位。预算定额的计量单位，应与工程项目内容相适应，主要是根据分项工程的形体和结构构件特征及变化规律来确定的。预算定额的计量单位按公制或自然计量单位确定。物体的截面有一定形状和大小，一般情况下只有长度有变化(如管道、电线、木扶手、装饰线等)才以 m(米)为计量单位。

当物体的厚度一定,只是长度和宽度有变化(如楼地面、墙面、门窗等)应以 m²(平方米)(投影面积或展开面积)为计量单位。如果物体的长、宽、高都变化不定(如挖土、混凝土等)应以 m³(立方米)为计量单位。定额单位确定以后,在列定额表时,一般都采用扩大单位,以10 为倍数,以保证定额的准确度要求。定额小数位数的保留,有规定按规定执行,没有规定的按下列规定取定:人工以"工日"为单位,取两位小数;机械以"台班"为单位,取三位小数;主要材料及半成品,木料以 m³(立方米)为单位,钢材、水泥以 t(吨)为单位,红砖以"千块"为单位,砂浆、混凝土等半成品,以 m³(立方米)为单位,取三位小数。

(3) 按典型设计图纸和资料计算工程量。预算定额是在施工定额的基础上编制的一种综合性定额,一个分项工程包含了必须完成的全部工作内容。例如,砖柱预算定额中包括了砌砖、调制砂浆、材料运输等工作内容;而施工定额中上述三项内容是分别单独列项的。因此,为了能利用施工定额编制预算定额,就必须分别计算典型设计图纸所包括的施工过程的工程量,才能综合出预算定额中每一个项目的人工、材料、机械消耗指标。

二、预算定额消耗量的确定

预算定额中的人工消耗量(定额人工工日)是指完成某一计量单位的分项工程或结构构件所需的各种用工量总和。

定额人工工日不分工种、技术等级一律以综合工日表示,包括基本用工和其他用工。其中,其他用工又包括超运距用工、辅助用工和人工幅度差。

1. 预算定额人工消耗量的确定方法

(1) 基本用工。基本用工是指完成一定计量单位的分项工程或结构构件的主要用工量。

$$\text{基本用工} = \sum(\text{工序工程量} \times \text{时间定额}) \tag{3-16}$$

(2) 超运距用工。超运距用工是指预算定额取定的材料、成品、半成品等运距超过劳动定额规定的运距应增加的用工量。计算时,先求每种材料的超运距,然后在此基础上根据劳动定额计算超运距用工。

$$\text{超运距} = \text{预算定额规定的运距} - \text{劳动定额规定的运距} \tag{3-17}$$

$$\text{超运距用工} = \sum(\text{超运距材料数量} \times \text{时间定额}) \tag{3-18}$$

(3) 辅助用工。辅助用工是指劳动定额中未包括的各种辅助工序用工,如材料加工等的用工,可根据材料加工数量和时间定额进行计算。

$$\text{辅助用工数量} = \sum(\text{加工材料数量} \times \text{时间定额}) \tag{3-19}$$

(4) 人工幅度差。人工幅度差是指在劳动定额中未包括,而在一般正常施工条件下不可避免的,但又无法计量的用工。人工幅度差一般包括以下几个方面内容:

① 在正常施工条件下,土建各工种工程之间的工序搭接以及土建工程与水电安装工程之间的交叉配合所需停歇时间;

② 在施工过程中,移动临时水电线路而造成的影响工人操作的时间;

③ 同一现场内单位工程之间因操作地点转移而影响工人操作的时间;

④ 工程质量检查及隐蔽工程验收而影响工人操作的时间;

⑤ 施工中不可避免的少量零星用工等。

在确定预算定额用工量时,人工幅度差按基本用工、超运距用工、辅助用工之和的一

定百分率计算。

$$人工幅度差=(基本用工+超运距用工+辅助用工)×人工幅度差系数 \quad (3-20)$$

国家现行规定人工幅度差系数为10%~15%。另外，在编制人工消耗量时，由于各种基本用工和其他用工的工资等级不一致，为了准确求出预算定额用工的平均工资等级，必须根据劳动定额规定的劳动小组成员数量、各种用工量和相应等级的工资系数，求出各种用工的工资等级总系数，然后与总用工量相除，可得出平均工资等级系数，进而可以确定预算定额用工的平均工资等级，以便正确计算人工费用和编制地区单位估价表。目前，国家现行建筑工程基础定额和安装工程预算定额均以综合工日表示。

$$
\begin{aligned}
预算定额人工消耗量 &=基本用工+其他用工 \\
&=基本用工+(超运距用工+辅助用工+人工幅度差) \quad (3-21) \\
&=(基本用工+超运距用工+辅助用工)×(1+人工幅度差系数)
\end{aligned}
$$

【应用案例3-7】

某砌筑工程，工程量为10m³，每立方米料砌体需要基本用工0.85工日，辅助用工和超运距用工分别是基本用工的25%和15%，人工幅度差系数为10%，试求该砌筑工程的人工工日消耗量。

解：人工工日消耗量 $=[(1+25\%+15\%)×0.85×(1+10\%)]×10 =13.09(工日)$

2. 预算定额材料消耗量的确定

(1) 预算定额主要材料消耗量的确定。预算定额材料消耗量的确定方法与施工定额材料消耗量的确定方法基本相同，常用的方法主要有现场观测法、实验室试验法、资料统计法和理论计算法等。

(2) 预算定额周转性材料消耗量的确定。编制预算定额时，对于周转性材料的消耗定额，与施工定额一样，也是按多次使用，分次摊销的方法计算。

(3) 次要零星材料消耗指标的确定。在编制预算定额时，次要零星材料在定额中若是以"其他材料费"表示，其确定方法有两种：一是可直接按其占主要材料的百分比计算；二是如同主要材料，先分别确定其消耗数量，然后乘以相应的材料单价，并汇总后求得"其他材料费"。

3. 预算定额机械台班消耗量的确定

(1) 预算定额机械台班消耗定额的概念。预算定额机械台班消耗定额是指在合理使用机械和合理的施工组织条件下，按机械正常使用配置综合确定的完成定额计量单位合格产品所必须消耗的机械台班数量标准。

机械台班消耗量是以"台班"为单位计算的，一台机械工作8小时为一个台班。预算定额机械台班消耗量是确定定额项目基价的基础。

(2) 机械台班消耗量的确定方法。预算定额中的施工机械台班消耗量是在劳动定额或施工定额中相应项目的机械台班消耗量指标基础上确定的，在确定过程中还应考虑增加一定的机械幅度差。机械幅度差是指在劳动定额或施工定额中所规定的范围内没有包括的，而在实际施工中又不可避免产生的影响机械效率或使机械停歇的时间。其内容包括以下几项。

① 施工中机械转移工作面及配套机械互相影响损失的时间。

② 在正常施工条件下，机械在施工中不可避免的工序间歇。

③ 工程开工或收尾时工程量不饱满所损失的时间。

④ 检查工程质量影响机械操作的时间。

⑤ 临时停机、停电影响机械操作的时间。

⑥ 机械维修引起的停歇时间等。

在确定预算定额机械台班消耗量指标时，机械幅度差以机械幅度差系数表示。大型机械幅度差系数通常为：土方机械 25%；打桩机械 33%；吊装机械 30%。其他中小型机械幅度差系数一般取 10%。

三、预算定额的组成

《山东省建筑工程消耗量定额(2016 版)》(简称《16 预算定额》)分上、下两册，由总说明、分部定额、附录三部分组成。

1. 总说明

总说明主要阐述了定额的编制原则、指导思想、编制依据、适用范围以及定额的作用。同时说明编制时已经考虑和没有考虑的因素，使用方法及有关规定等。因此，使用定额前应首先了解和掌握总说明。

(1) 定额编制依据。预算定额是以国家或有关部门发布的现行国家设计规范、施工验收规范、技术操作规程、质量评定标准、产品标准和安全操作规程，现行工程量清单计价规范、计量规范，并参考了有关地区和行业标准定额编制。

(2) 定额编制原则。预算定额是按照正常的施工条件，合理的施工工期、施工组织设计编制的，反映建筑行业平均水平。

(3) 定额适用范围。预算定额适用于山东省行政区域内的一般工业与民用建筑的新建、扩建和改建工程及新建装饰工程。

(4) 定额作用。预算定额是完成规定计量单位分部分项工程所需人工、材料、机械台班消耗量的标准；是编制招标标底(招标控制价)的依据；是编制施工图预算，确定工程造价以及编制概算定额、估算指标的基础。

(5) 定额内容。

① 人工：人工工日消耗量内容包括：基本用工、辅助用工、超运距用工以及人工幅度差。

② 材料：材料包括主要材料、辅助材料及周转材料。

③ 机械：机械台班消耗量包括机械台班消耗量和机械幅度差。

定额使用过程中注意事项：定额总说明中还载明了使用定额时应注意的问题。例如，本定额的工作内容仅对其主要施工工序进行了说明，次要工序虽未说明，但均已包括在定额中。本定额中凡注有×××以内或×××以下者，均包括×××本身；凡注明×××以外或×××以上者，则不包括×××本身。

2. 分部定额

《16 预算定额》共分二十章，其内容包括：土石方工程；地基处理与边坡支护工程；桩基础工程；砌筑工程；钢筋及混凝土工程；金属结构工程；木结构工程；门窗工程；屋

面及防水工程；保温、隔热及防腐工程；楼地面装饰工程；墙柱面装饰与隔断、幕墙工程；天棚工程；油漆、涂料及裱糊工程；其他装饰工程；构筑物及其他工程；脚手架工程；模板工程；施工运输工程；建筑施工增加。其中每一个分部定额均由分部说明、工程量计算规则及定额项目表组成。

(1) 分部说明。主要介绍了分部工程所包括的主要项目及工作内容，编制中有关问题的说明，执行中的一些规定，特殊情况的处理等。它是定额的重要部分，是执行定额和进行工程量计算的基准，必须全面掌握。

(2) 工程量计算规则。主要介绍了分部工程包括的主要项目在计算工程量时的计算方法及规则。它规定了一些项目的计算规则，以及计算过程中的一些规定、单位等，是进行工程量计算的主要依据，必须全面掌握。

(3) 定额项目表。定额项目表是定额的核心，在整个定额中占用篇幅最大。定额项目表由工作内容、定额单位、定额编号、项目名称、消耗量和附注等组成，见表 3-3 和表 3-4(摘自《16 预算定额》)。

表 3-3　定额项目表

工作内容：调、运、铺砂浆，运、砌砖，立门窗框，安放木砖、垫块等　　计量单位：$10m^3$

定额编号		4-2-1	4-2-2	4-2-3
项目名称		加气混凝土砌块墙	轻骨料混凝土小型砌块墙	承重混凝土小型空心砌块墙
名　称	单　位	消耗量		
人工　综合工日	工日	15.43	14.9	15.05
材料　蒸压粉煤灰加气混凝土砌块 600×200×240	m^3	9.464		
陶粒混凝土小型砌块 390×190×190	m^3		8.977	
烧结页岩空心砌块 290×190×190	m^3			8.8210
烧结煤矸石普通砖 240×115×53	m^3	0.434	0.434	0.434
混合砂浆 M5.0	m^3	1.019	1.357	1.529
水	m^3	1.485	1.4117	1.3883
机械　灰浆搅拌机 200L	台班	0.127	0.1696	0.1911

表 3-4　定额项目表

工作内容：混凝土浇注、振捣、养护等　　计量单位：m^3

定额编号		5-1-14	5-1-15	5-1-16	5-1-17
项目名称		矩形柱	圆形柱	异形柱	构造柱
名　称	单　位	消耗量			
人工　综合工日	工日	17.22	19.02	19.23	29.79
材料　C30现浇混凝土碎石<31.5	m^3	9.8691	9.8691	9.8691	—
C20现浇混凝土碎石<31.5	m^3	—	—	—	9.8691
水泥抹灰砂浆 1：2	m^3	0.2343	0.2343	0.2343	0.2343
塑料薄膜	m^2	5.0000	4.3000	4.2000	5.1500

名　称		单　位	消耗量			
材料	阻燃毛毡	m³	1.0000	0.8600	0.8400	1.0300
	水	m³	0.7913	0.5700	0.7130	0.6000
灰浆搅拌机 200L		台班	0.0400	0.0400	0.0400	0.0400
混凝土振捣器插入式		台班	0.6767	0.6767	0.6700	1.2400

① 工作内容。工作内容一般列在定额项目表的表头左上方，是指本分项工程所包括的工作范围。

例如 4-2-1 加气混凝土砌块墙项目的工作内容：调、运、铺砂浆，运、砌砖，立门窗框，安放木砖、垫块等。5-1-14 现浇混凝土柱的工作内容：混凝土浇注、振捣、养护。

② 定额单位。定额单位一般列在定额项目表右上方，是指该项目的单位。《16 预算定额》的定额单位除金属项目以 t 为单位外，其他大多为 10 倍的扩大单位，如 10m、10m²、10m³ 等。

③ 定额编号。为了编制工程造价文件时便于查对，章、节、项都有固定的编号，称为定额编号。《16 预算定额》采用三符号编码，如 4-2-1 表示第四章第二节第一项；5-1-14 表示第五章第一节第十四项。现行的清单计价规范采用 12 位的数字编码，如 010101003001。其他各省如北京、河南定额采用的是二符号编码。如 3-26、6-35 等。

④ 项目名称。项目名称是指分项工程的名称，项目名称包括该项目使用的材料、部位或构件名称、内容、项目特征等。例如，4-2-1 M5.0 混合砂浆砌加气混凝土砌块墙，5-1-14 C30 现浇混凝土矩形柱。

⑤ 消耗量。定额消耗量包括人工工日、材料数量和机械台班的消耗量。是定额项目表的主要部分(见定额项目表 3-3 和表 3-4)。

⑥ 附注。有些定额项目表下方带有附注，说明设计与定额规定不符时，进行调整的方法。

(4) 附录。附录在定额的最后部分，包括附表混凝土及砂浆配合比表等，供定额换算、补充时使用。

四、单位估价表(定额基价)的编制

建筑工程预算定额在各地区的价格表现形式为单位估价表，单位估价表又称工程预算单价表，是以货币的形式确定定额计量单位某分部分项工程或者结构构件直接费用的文件。它是根据预算定额所确定的人工、材料和机械台班消耗数量，乘以人工工资单价、材料预算价格以及机械台班预算价格汇总而成。

单位估价表最明显的特点是地区性强，所以也称为地区单位估价表，不同地区分别使用各自的单位估价表，不能互通互用。单位估价表的地区特点是由人工单价和材料、机械台班预算价格的地区性决定的。

1. 单位估价表的编制依据

(1) 全国统一建筑工程基础定额或消耗量定额。

(2) 本地区现行人工工资水平。

(3) 本地区现行(一般选取省会城市)建筑工程材料预算定额。

(4) 全国统一施工机械台班费用定额和地区调整费用定额。

(5) 省(自治区、直辖市)近期编制的补充定额。

(6) 国家或地区有关规定。

2. 单位估价表的作用

(1) 单位估价表是编制和审查建筑安装工程施工图预算、清单计价,确定工程造价的主要计价依据。

(2) 单位估价表是建设单位拨付工程进度款和工程价款结算的依据。

(3) 在招标投标阶段,单位估价表是编制标底及投标报价的依据。

(4) 单位估价表是设计单位对设计方案进行技术经济分析比较的依据。

(5) 单位估价表是施工单位实行经济核算,考核工程成本的依据。

(6) 单位估价表是制定概算定额、概算指标的依据。

3. 单位估价表的编制方法

编制单位估价表就是把三种量、价分别结合起来,得出各分项工程人工费、材料费和施工机械使用费,最后汇总起来就是工程预算单价,即基价。

每一定额计量单位分项工程预算单价计算公式如下:

$$预算单价=\sum(工、料、机消耗量×相应的预算价格)$$
$$=人工费+材料费+机械使用费 \tag{3-22}$$
$$材料费=\sum(材料数量×相应的材料预算价格) \tag{3-23}$$
$$机械使用费=\sum(机械台班数量×相应的施工机械台班预算价格) \tag{3-24}$$

地区统一单位估价表编制出来以后,就形成了地区统一的工程预算单价。这种单价是根据现行定额和当地的价格水平编制的,具有相对的稳定性。但是为了适应市场价格的变动,在编制预算时,必须根据工程造价管理部门发布的调价文件对固定的工程预算单价进行修正。修正后的工程单价乘以根据图纸计算出来的工程量,就可以获得符合实际市场情况的工程的基本直接费。

【应用案例 3-8】

山东省单位估价表如表 3-5 所示,试确定计算定额子目 4-1-2 的定额基价。

解: 如表 3-5 所示,其中定额子目 4-1-2 的定额基价计算过程为。

定额人工费=2036.32(元/10m³)

定额材料费=5.5692×737.86+2.1423×377.59+1.1138×6.36=4925.28(元/10m³)

定额机械费=0.268×202.44=54.25(元/10m³)

定额基价=2036.32+4925.28+54.25=7015.86(元/10m³)

表 3-5 某单位估价表

工作内容：调、运、铺砂浆，运、砌砖，安放木砖、垫块等 　　　　　　　　　计量单位：10m³

定额编号			4-1-2	4-1-3	4-1-4
项目名称			M5.0 混合砂浆 方形砖柱	M5.0 混合砂浆 异型砖柱	M5.0 混合砂浆 实心砖墙
基价/元			7015.86	8495.17	7205.01
其中	人工费		2036.32	2111.2	2178.8
	材料费		4925.28	6316.56	4995.84
	机械费		54.25	67.41	30.37
	名　称	单　位	单　价		
材料	烧结煤矸石普通砖 240×115×53	千块	737.86	5.5692	7.1855	6.1464
	M5.0 水泥砂浆	m³	377.59	2.1423	2.663	1.1993
	水	m³	6.36	1.1138	1.4371	1.2293
机械	干混砂浆罐式搅拌机 200 L	台班	202.44	0.268	0.333	0.15

五、预算定额的应用

预算定额是编制施工图预算、确定工程造价的主要依据，定额应用得正确与否直接影响建筑工程预算的结果。为了熟练、正确应用预算定额编制施工图预算，必须对组成定额的各个部分全面了解，充分掌握定额的总说明、章说明、各章的工程内容与计算规则，从而达到正确使用预算定额的要求。

预算定额的使用方法有：预算定额的直接套用、预算定额的换算及预算定额的补充。

1. 预算定额的直接套用

当施工图纸的设计要求与预算定额的项目内容完全一致时，可以直接套用预算定额。列举以下可以套用的几个项目。

(1) 挖掘机挖槽坑土方，土质为坚土：1-2-43。

(2) 素混凝土基础垫层：2-1-28。

(3) 用 M5.0 混合砂浆砌砖 240 多孔砖墙：4-1-13。

(4) 用 M5.0 混合砂浆砌筑加气混凝土砌块墙：4-2-1。

(5) 强度等级为 C30 的现浇混凝土带型基础：5-1-3。

(6) 钢质防火门的安装：8-2-7。

(7) 2mm 厚屋面聚氨酯防水涂膜：9-2-47。

(8) 全隐框玻璃幕墙：12-4-8。

(9) 弧形不锈钢管栏杆(带扶手)成品安装：15-3-5。

(10) 钢筋混凝土独立基础复合木模板：18-1-15。

2. 预算定额的换算

(1) 强度等级换算。在预算定额中用到的砂浆及混凝土等均列了几种常用强度等级，当设计图纸的强等级定额规定的强度等级不同时，允许换算。其换算公式为：

$$换算后的基价=定额基价+(换入半成品的单价-换出的半成品单价)×$$
$$相应换算材料的定额用量度 \tag{3-25}$$

(2) 系数换算。在预算定额中，由于施工条件和方法不同，某些项目定额规定可以乘以系数调整。

(3) 用量换算。在预算定额中，定额与实际消耗量不同时，允许调整其用量。

(4) 运距调整。在预算定额中，对各种项目运输定额，一般可分为基本定额和增加定额，即超过基本运距时，进行调整运距。

(5) 其他换算。定额允许换算的项目是多种多样的，除上面介绍的几种外，还有由于材料的品种、规格发生变化而引起的定额换算，由于砌筑、浇筑或抹灰等厚度发生变化而引起的定额换算等，这些换算可以参照以上介绍的换算方法灵活进行。

3. 预算定额的补充

当工程项目在预算定额中没有对应子目可以套用，也无法通过对某子目进行换算得到时，就只有按照定额编制的方法编制补充项目，经建设单位或监理单位审查认可后，可用于本项目预算的编制，也称为临时定额或一次性定额。编制的补充定额项目应在定额编号的部位注明"补"字，以示区别。

【思考讨论】

知名教授尹贻林老师点评电视连续剧《理想之城》

电视剧《理想之城》以建筑行业为背景，讲述了工程造价师苏筱经历职场的历练和洗礼，始终秉承造价师职业操守，最终迎来事业高光时刻和人生理想新感悟的故事，剧中台词"造价表的干净就是工程的干净"更是引起造价人的强烈共鸣。

知名教授尹贻林老师点评电视连续剧《理想之城》，称为"小专业管着大事业"。

思考：你觉得工程造价专业人员的职业使命是什么？

我的回答是：

_____

_____

_____

任务四　概算定额的编制与应用

概算定额是以扩大的分部分项工程为对象编制的，计算和确定该工程项目的劳动、机械台班、材料消耗量所使用的定额，也是一种计价性定额。概算指标比概算定额更加综合扩大，是以每平方米或每 $100m^2$、或每栋建筑物、

导学任务四
概算定额

或每座构筑物、或每千米道路为计量单位，规定完成相应计量单位的建筑物或构筑物所需人工、材料和施工机械台班消耗量与相应费用的指标。投资估算指标具有较强的综合性、概括性，往往以独立的单项工程或完整的工程项目为计算对象。它的概略程度与可行性研究阶段相适应。它的主要作用是为项目决策和投资控制提供依据，是一种扩大的技术经济指标。

一、概算定额的概述

(一)概算定额的定义

概算定额是指生产一定计量单位的经扩大的建筑工程构件或分部分项工程所需要的人工、材料和机械台班的消耗数量及费用的标准。换言之，概算定额是在预算定额的基础上，根据有代表性的建筑工程通用图和标准图等资料，进行综合、扩大和合并而成。因此，建筑工程概算定额又称扩大结构定额。

概算定额是以扩大的分部分项工程为对象编制的，计算和确定该工程项目的劳动、机械台班、材料消耗量所使用的定额，也是一种计价性定额。概算定额是编制扩大初步设计概算、确定建设项目投资额的依据。

例如：砖基础带钢筋混凝土基础定额项目综合考虑了场地平整、挖槽(坑)、基底夯实、铺设垫层、钢筋混凝土基础、砖基础、防潮层、填土、运土等预算定额中的分项工程，又如现浇钢筋混凝土阳台定额项目综合包括了现浇钢筋混凝土结构的模板、钢筋、捣混凝土、阳台面上找平层、面层、板底抹灰、刷浆等预算定额中的分项工程。

(二)概算定额的分类

1. 建筑工程概算定额

(1) 土建工程概算定额。

(2) 给水、排水、采暖通风概算定额。

(3) 通信工程概算定额。

(4) 电气、照明工程概算定额。

(5) 工业管道工程概算定额。

2. 设备安装工程概算定额

(1) 机械设备与安装工程概算定额。

(2) 电气安装工程概算定额。

(3) 工器具及生产工具购置概算定额。

(三)概算定额的作用

1. 概算定额是初步设计阶段编制建设项目概算和技术设计阶段编制修正概算的依据

工程建设程序规定：采用两阶段设计时，其初步设计阶段必须编制概算；采用三阶段设计时，其技术设计阶段还需编制修正概算，对拟建项目进行总估价，以控制工程建设投资额，而概算定额是编制初步设计概算和技术设计修正概算的重要依据。

2. 概算定额是建设项目进行设计方案比较的依据

所谓设计方案比较，就是对设计方案的可行性、技术先进性和经济合理性进行评估；在满足使用功能的条件下，尽可能降低造价和资金消耗。概算定额的综合性及其所反映的实物消耗量指标，为设计方案比较提供了方便的条件。概算定额是建设项目进行技术经济分析和比较的基础材料之一。

3. 概算定额是编制主要材料需要量的重要依据

根据概算定额所列的材料消耗量指标，可计算出工程材料的需求量。这样，在施工图设计之前就可以提出材料供应计划，为材料的采购和供应及做好施工准备提供充裕的时间。

4. 概算定额是编制概算指标的依据

概算指标是从设计概算或施工图预(决)算文件中取出有关数据和资料进行编制的，而概算定额是编制概算文件的主要依据，因此，概算定额也是编制概算指标的重要依据。

5. 概算定额是实行工程总承包时作为已完工程价款结算的依据

实行工程总承包时，概算定额是已完工程价款结算的依据。概算定额也是编制招标控制价和投标报价的依据。

(四)概算定额的内容

概算定额的内容一般由总说明、分部说明、概算定额项目表以及有关附录组成。

1. 总说明是对定额的使用方法及共同性的问题所做的综合说明和规定

总说明一般包括如下几点。
(1) 概算定额的性质和作用。
(2) 定额的适用范围、编制依据和指导思想。
(3) 有关定额的使用方法的统一规定。
(4) 有关人工、材料、机械台班的规定和说明。
(5) 有关定额的解释和管理。

2. 建筑面积计算规范

建筑面积是以 m^2(平方米)为计量单位，反映房屋建设规模的实物量指标。建筑面积计算规范由国家统一编制，是计算工业与民用建筑面积的依据。

3. 扩大分部工程定额

每一扩大分部定额均有章节说明、工程量计算规则和定额表。例如《山东省建筑工程概算定额》(2018 版)将单位工程分成 9 个扩大分部。其顺序如下：

第一章 土方工程　　　　　　　第七章 装饰工程
第二章 地基与基础工程　　　　第八章 构筑物工程
第三章 墙体工程　　　　　　　第九章 脚手架及其他工程
第四章 柱梁板工程
第五章 门窗工程
第六章 屋面、防水、保温工程

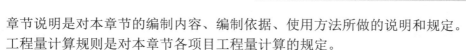

章节说明是对本章节的编制内容、编制依据、使用方法所做的说明和规定。

工程量计算规则是对本章节各项目工程量计算的规定。

4. 概算定额项目表

概算定额项目表是定额最基本的表现形式，内容包括计量单位、定额编号、项目名称、项目消耗量、定额基价及工料指标等。表 3-6 是《山东省概算定额表》(2018)的表格样式。

表 3-6　石墙概算定额表

工作内容：调、运、铺砂浆，运、砌石，墙角洞口处石料加工等。剔缝、洗刷、调运砂浆、勾缝、修补等。

计量单位：10m³

定额编号				GJ-3-12	GJ-3-13	GJ-3-14
项目				毛石墙	方整石墙	方整石零星砌体
基价/元				4464.23	8231.62	9890.44
其中	人工费/元			1622.5	2190.1	3511.2
	材料费/元			2352.56	5476.23	5806.3
	机械费/元			489.17	565.29	572.94
名　称		单　位	单　价	数　量		
人工	综合工日(土建)		110	14.75	19.91	31.92
材料	毛石	m³	91.02	11.22		
	方整石 400×220×200	m³	504.85		9.6172	
	方整石 400×220×100	m³	503.23			10.1
	混合砂浆 M5.0	m³	299.51.87	3.9862	1.4289	1.771
	水泥抹灰砂浆 1:2	m³	463.65	0.0362	0.0738	0.0738
	石料切割锯片	片	66.97	1.72	2.29	2.29
	水	m³	5.87	0.9262	0.9271	0.9646
机械	灰浆搅拌机 200L	台班	178.82	0.5039	0.1875	0.2303
	石料切割机	台班	48.43	8.24	10.98	10.98

二、概算定额的编制

(一)概算定额的编制依据

(1) 现行的全国通用设计规范、施工验收规范、标准图集等。

(2) 现行的建筑安装工程预算定额或综合预算定额。

(3) 现行的人工工资标准、机械台班费用、材料预算价格等。

(4) 现行的建筑安装工程统一劳动定额；标准设计和代表性的设计图纸。

(5) 现行的有关规定及有关设计预算、施工结算等建筑经济资料。

(二)概算定额的编制原则

(1) 概算定额的编制深度，要适应设计、计划、统计和拨款的要求。在保证具有一定的准确性的前提下，应做到简明易懂、项目齐全、计算简单、准确可靠。

(2) 概算定额在综合过程中，应使概算定额与预算定额之间留有余地，即两者之间将产生一定的允许幅度差，一般应控制在5%以内，这样才能使设计概算起到控制施工图预算的作用。

(3) 为了稳定概算定额水平，统一考核和简化计算工作量，并考虑到扩大初步设计图的深度条件，概算定额的编制尽量不留余地或少留余地。对于设计和施工变化多而影响工程量多、价差大的，应根据有关资料进行测算，综合取定常用数值，对个性数值，可适当留余地。

(三)编制概算定额的一般要求

(1) 概算定额的编制深度，要适应设计深度的要求，因为概算定额的编制是在初步设计阶段进行的，所以要与设计深度相适应，才能保证概算的准确性。

(2) 概算定额水平的确定应与预算定额、综合预算定额的水平基本一致。它必须反映在正常条件下，大多数企业的设计、生产、施工和管理水平。

(3) 概算定额是在预算定额或综合预算定额的基础上，适当地进行扩大、综合和简化，因而在工程标准、施工方法和工程量取值等方面要进行综合。

(4) 概算定额与预算定额或综合预算定额之间必将产生并允许留有一定的幅度差，以便根据概算定额编制的概算能够控制施工图预算。

(四)概算定额的编制步骤

概算定额的编制一般分三阶段进行，即准备阶段、编制初稿阶段以及审查定稿阶段。

1. 准备阶段

准备阶段首先成立编制小组，确定编制机构和人员组成，进行调查研究，拟定工作方案，了解现行概算定额执行情况和存在的问题，明确编制的目的，制定概算定额的编制方案和确定概算定额的项目。

2. 编制初稿阶段

编制初稿阶段是根据已经确定的编制方案和概算定额项目，收集和整理各种编制依据，对各种资料进行深入细致的测算和分析，确定人工、材料和机械台班的消耗量指标，最后编制概算定额初稿。

该阶段要测算概算定额水平，内容包括两个方面：一方面是新编概算定额与原概算定额的水平测算；另一方面是概算定额与预算定额的水平测算。

3. 审查定稿阶段

审查定稿阶段的主要工作是测算概算定额水平，即测算新编制概算定额与原概算定额及现行预算定额之间的水平。测算的方法既要分项进行测算，又要通过编制单位工程概算以单位工程为对象进行综合测算。概算定额水平与预算定额水平之间应有一定的幅度差，幅度差一般在5%以内。

【工程案例】

亚洲第一大单体建筑——成都环球中心

新世纪环球中心(成都环球中心)，位于四川省成都市武侯区天府大道北段1700号，占地面积约1300亩，总建筑面积约176万平方米，是集游艺、展览、商务、购物、酒店等于一体的多功能建筑。新世纪环球中心于2012年主体工程竣工；于2013年9月正式开业，由中深建筑设计，整体以"飞翔的海鸥，起伏的海浪"为造型，在阳光和水景的映衬下，形成"水上聚宝盆"样式。距离成都南站3公里，距双流国际机场约50分钟的大巴车程，距成都东客站约20分钟的车程。新世纪环球中心被誉为亚洲第一大单体建筑(另一说法为世界第一大)，可容纳20个悉尼歌剧院，3个五角大楼。

思考：从建造方面，谈一谈成都环球中心为何被誉为亚洲第一大单体建筑。

我的回答是：

_____

_____

_____

_____

任务五 概算指标的编制与应用

导学任务五
概算指标

一、概算指标的概述

(一)概算指标的定义

概算指标是以每平方米或每100平方米、或每幢建筑物、或每座构筑物、或每千米道路为计量单位，规定完成相应计量单位的建筑物或构筑物所需人工、材料和施工机械台班消耗量与相应费用的指标。

如一幢公寓或一幢办公楼，当其结构选型和主要构造已知时，它的消耗指标是多少？如果是公寓$1m^2$的造价是多少？如果是工业厂房$1000m^2$的造价和消耗指标是多少？20m宽的高速公路，$1km$的造价和消耗指标是多少？故概算指标又比概算定额进一步综合和扩大了。由此可知，用概算指标可以更为简便地编制概算。但它的准确性更差一些。

(二)概算指标的作用

(1) 概算指标是编制固定资产投资计划，确定投资额的依据。

(2) 概算指标是编制投资估算的依据。

(3) 概算指标是进行设计技术经济分析，衡量设计水平，考核工程建设成本的一个标准。

(4) 概算指标是建筑企业编制劳动力、材料计划，实行经济核算的依据。

(三)概算指标的特点

概算指标与概算定额、预算定额相比,具有以下几个特点。

(1) 概算指标核算对象是成品即建筑物或构筑物,是可供使用的最终产品,如多层混合结构住宅、单层排梁结构工业厂房、20 层框剪结构商住楼等;而概算定额、预算定额核算对象是不能提供使用效益的半成品即分项工程,如钢筋混凝土独立基础、水刷石墙面等。

(2) 概算指标对工程建设产品提供的核算尺度。其内容有两部分:实物指标包括人工、材料和施工机械台班消耗量;经济指标包括直接费用标准和其他费用(包括间接费、利润和税金)标准。

(3) 概算指标不仅列出多种指标,而且还需写出工程概况和主要构造特征,必要时还需画出示意图。

(4) 由于概算指标是用来规定完成一定计量的建筑物或构筑物所得全部施工过程的经济指标和实物消耗指标,所以它具有较高的综合性:利用概算指标编制投资估算或初步设计概算,能满足时效性要求极强的工作的需要,但其精确程度稍低。

(四)概算指标的内容

概算指标比概算定额更加综合扩大,其主要内容包括五部分。

(1) 总说明:说明概算指标的编制依据、适用范围、使用方法等。

(2) 工程示意图:说明工程的结构形式,工业项目中还应标示出吊车规格等技术参数。

(3) 结构特征:详细说明主要工程的结构形式、层高、层数和建筑面积等。

(4) 经济指标:说明该项目每 $100m^2$ 或每座构筑物的造价指标,以及其中土建、水暖、电器照明等单位工程的相应造价。

(5) 分部分项工程构造内容及工程量指标:说明该工程项目各分部分项工程的构造内容,相应计量单位的工程量指标,以及人工、材料消耗指标。

表 3-7 为某民用建筑工程综合形式概算指标参考示例。

表 3-7　某项目工程费用概算指标

序号	工程或费用名称	经济指标			建筑工程费用/万元	安装工程费用	合计/万元
		单位	数量	单价/元			
一	工程费用	m^2					
1	土建工程	m^2	50000	3200	16000		16000
2	装饰工程	m^2	50000	1100	5500		5500
3	安装工程	m^2	50000	850		4250	4250
3.1	给排水工程	m^2	50000	130		650	650
3.2	暖通工程	m^2	50000	150		750	750
3.3	消防工程	m^2	50000	180		900	900
3.4	强电工程	m^2	50000	230		1150	1150
3.5	弱电工程	m^2	50000	160		800	800
	合计				21500	4250	25750

二、概算指标的编制

(一)概算指标的编制依据

(1) 标准设计图纸和各类工程典型设计。

(2) 国家颁发的建筑标准、设计规范、施工规范等。

(3) 各类工程造价资料。

(4) 现行的概算定额和预算定额及补充定额。

(5) 人工工资标准、材料预算价格、机械台班预算价格及其他价格资料。

(6) 国家及地方现行的工程建设政策、法令和规章。

(二)概算指标编制方法

下面以房屋建筑工程为例,对每 $100m^2$ 建筑面积概算指标编制方法作简要概述。

(1) 首先要根据选择好的设计图纸,计算工程量。根据审定的图纸和消耗量定额计算出建筑面积及各分部分项工程量,然后按编制方案规定的项目进行归并,并以每 $100m^2$ 建筑面积为计算单位,换算出所对应的工程量指标。

例:计算某民用住宅的工程量,知道其中条形毛石基础的工程量为 $152.1m^3$,该建筑物建筑面积为 $1060m^2$,则 $100m^2$ 的该建筑物的条形毛石基础工程量指标为:

$$152.1/1060×100=14.35m^3$$

(2) 在计算工程量指标的基础上,确定人工、材料和机械的消耗量。确定的方法是按照所选择的设计图纸,现行的概预算定额,各类价格资料,编制单位工程概算或预算,并将各种人工、材料和机械的消耗量汇总,计算出人工、材料和机械的总用量。

(3) 最后再计算出每平方米建筑面积和每立方米建筑物体积的单位造价,计算出该计量单位所需要的主要人工、材料和机械实物消耗量指标,次要人工、材料和机械的消耗量、综合为其他人工、其他机械、其他材料,用金额"元"表示。

(三)概算指标的编制步骤

以房屋建筑工程为例,概算指标可按以下步骤进行编制。

(1) 成立编制小组,拟定工作方案,明确编制原则和方法,确定指标的内容及表现形式,确定基价所依据的人工工资单价、材料预算价格、机械台班单价。

(2) 收集整理编制指标所必需的标准设计、典型设计以及有代表性的工程设计图纸、设计预算等资料,充分利用有使用价值的已经积累的工程造价资料。

(3) 按指标内容及表现形式的要求进行具体的计算分析,工程量尽可能利用经过审定的工程竣工结算的工程量,以及可以利用的可靠的工程量数据。按基价所依据的价格要求计算综合指标,并计算必要的主要材料消耗指标,用于调整价差的万元人工、材料和机械消耗指标,一般可按不同类型工程划分项目进行计算。

(4) 最后经过核对审核、平衡分析、水平测算、审查定稿。随着有使用价值的工程造价资料积累制度和数据库的建立,以及电子计算机、网络的充分发展利用,概算指标的编制工作将得到根本改观。

每百平方米或万元工业建筑工程平均综合材料耗用量示例见表 3-8。

表 3-8　每百平方米或万元工业建筑工程平均综合材料耗用量

序号	结构类型	计量单位	钢筋/t	型钢/t	水泥/t	木材/m³	砖/千块	瓦/千张
1	钢混	100m²	2.8	0.9	15.3	4.5	16.4	
		万元	2.29	0.94	16	4.68	17.1	
2	混合	100m²	2.31	1.05	10.9	4.28	13.4	
		万元	2.71	1.24	12.2	5.04	15.8	
3	砖木	100m²	0.181		4.9	8.88	15.7	19.2
		万元	0.278		7.54	13.7	24.1	2.95

(四)概算指标的应用

概算指标主要适用初步设计概算编制阶段的建筑物工程土建、给排水、暖通、照明等，以及较为简单或单一的构筑工程这类单位工程编制，计算出的费用精确度不高，通常起到控制性作用。

(1) 拟建结构特征与概算指标应基本相同。

$$拟建单位工程概算造价=拟建工程建筑面积(体积)×概算指标 \qquad (3-26)$$

(2) 拟建结构特征与概算指标存在着一定差异。

① 调整概算指标的单方造价。

换入拟建工程，换出概算指标依据的工程。

② 调整概算指标的人材机消耗量。

换入拟建部分的人材机消耗量，换出差异部分的人材机消耗量，然后再计算人材机费用。

$$单位造价修正指标=原指标单价-换出结构构件的价值+换入结构构件的价值 \qquad (3-27)$$

【应用案例 3-9】

某拟建工程为二层砖混结构，一砖外墙，层高 3.3m，该工程建筑面积及外墙工程量分别为 265.07m²，77.933m³。原概算指标为每 100m² 建筑面积(一砖半外墙)25.71m³，每平方米概算造价 120.5 元(砖砌一砖外墙概算单价按 23.76 元，砖砌一砖半外墙按 30.31 元)。试求修正后的单方造价和概算造价。

解: 换入砖砌一砖外墙每 100m² 数量=77.933×100÷265.07=29.40(m³)

换入价值: 29.4×23.76 = 698.54(元)

换出价值: 25.71×30.31= 779.27(元)

每平方米建筑面积造价修正指标= 120.5 + 698.54÷100-779.27÷100=119.70(元/m²)

单位工程概算造价=265.07×119.7= 31728.88(元)

【工程案例】

世界上最大的钢结构建筑——鸟巢

鸟巢即国家体育场，它是 2008 年北京奥运会的主场所，因外形酷似孕育生命的"巢"而得名，该建筑用差不多 4.2 万吨的钢材建造，是世界上最大的钢结构建筑。

鸟巢位于北京奥林匹克公园中心区南部，为 2008 年北京奥运会的主体育场，占地20.4

万平方米，建筑面积 25.8 万平方米，可容纳观众 9.1 万人。举行了奥运会、残奥会开闭幕式、田径比赛及足球比赛决赛。奥运会后成为北京市民参与体育活动及享受体育娱乐的大型专业场所，并成为地标性的体育建筑和奥运遗产。

思考：鸟巢的成功建设离不开什么？请想一想。

我的回答是：

_____

_____

_____

任务六　投资估算指标的编制与应用

导学任务六
投资估算指标

一、投资估算指标的概述

(一)投资估算指标的定义

投资估算指标，是在编制项目建议书、可行性研究报告和编制设计任务书阶段进行投资估算、计算投资需要量时使用的一种定额。也是确定和控制建设项目全过程各项投资支出的技术经济指标。其范围涉及建设前期、建设实施期和竣工验收交付使用期等各个阶段的费用支出。

(二)投资估算指标的特点

投资估算指标具有较强的综合性、概括性，往往以独立的单项工程或完整的工程项目为计算对象。它的概略程度与可行性研究阶段相适应。它的主要作用是为项目决策和投资控制提供依据，是一种扩大的技术经济指标。投资估算指标虽然往往根据历史的预、决算资料和价格变动等资料编制，但其编制基础仍离不开预算定额、概算定额。

(三)投资估算指标的意义

工程建设投资估算指标是编制建设项目建议书、可行性研究报告等前期工作阶段投资估算的依据，也可以作为编制固定资产长远规划投资额的参考。投资估算指标为完成项目建设的投资估算提供依据和手段，它在固定资产的形成过程中起着投资预测、投资控制、投资效益分析的作用，是合理确定项目投资的基础。投资估算指标中的主要材料消耗量也是一种扩大材料消耗量指标，可以作为计算建设项目主要材料消耗量的基础。估算指标的正确制定对于提高投资估算的准确度，对建设项目的合理评估、正确决策具有重要意义。

二、投资估算指标的分类

投资估算指标是确定和控制建设项目全过程各项投资支出的技术经济指标，其范围涉及建设前期、建设实施期和竣工验收交付使用期等各个阶段的费用支出，内容因行业不同而各异，一般可分为建设项目综合指标、单项工程指标以及单位工程指标三个层次。

1. 建设项目综合指标

建设项目综合指标是指按规定应列入建设项目的总投资额，即从立项筹建开始至竣工验收、交付使用的全部投资额，包括单项工程投资、工程建设其他相关费用以及预备费等。

建设项目综合指标一般以项目的综合生产能力单位投资表示，如："元/t"；或以使用功能表示，如医院："元/床"。

2. 单项工程指标

单项工程指标是指按规定应列入能独立发挥生产能力或使用效益的单项工程内的全部投资额，包括建筑工程费、安装工程费、设备、工器具及生产家具购置费和其他费用。单项工程一般划分原则如下。

(1) 主要生产设施。主要生产设施是指直接参加生产产品的工程项目，包括生产车间或生产装置。

(2) 辅助生产设施。辅助生产设施是指为主要生产车间服务的工程项目，包括集中控制室、中央实验室、机修、电修、仪器仪表修理及木工(模)等车间，原材料、半成品、成品及危险品等仓库。

(3) 公用工程。公用工程包括给排水系统(给排水泵房、水塔、水池及全厂给排水管网)、供热系统(锅炉房及水处理设施、全厂热力管网)、供电及通信系统(变配电所、开关所及全厂输电、电信线路)以及热电站、热力站、煤气站、空压站、冷冻站、冷却塔和全厂管网等。

(4) 环境保护工程。环境保护工程包括废气、废渣、废水等处理和综合利用设施及全厂性绿化。

(5) 总图运输工程。总图运输工程包括厂区防洪、围墙大门、传达及收发室、汽车库、消防车库、厂区道路、桥涵、厂区码头及厂区、大型土石方工程。

(6) 厂区服务设施。厂区服务设施包括厂部办公室、厂区食堂、医务室、浴室、哺乳室、自行车棚等。

(7) 生活福利设施。生活福利设施包括职工医院、住宅、生活区食堂、俱乐部、托儿所、幼儿园、子弟学校、商业服务点以及与之配套的设施。

(8) 厂外工程。厂外工程包括水源工程、厂外输电、输水、排水、通信、输油等管线以及公路、铁路专用线等。

单项工程指标一般表示方式：变配电站以"元/(千伏·安)"表示；锅炉房以"元/蒸汽吨"表示；供水站以"元/m^2"表示；办公室、仓库、宿舍、住宅等房屋则依据不同结构形式以"元/m^2"表示。

3. 单位工程指标

单位工程指标是指按规定应列入能独立设计、施工的工程项目的费用，即建筑安装工程费用。

单位工程指标一般表示方式：房屋区别不同结构形式以"元/m^2"表示；道路区别不同结构层、面层以"元/m^2"表示；水塔区别不同结构层、容积以"元/座"表示；管道区别不同材质、管径以"元/m"表示。

【工程案例】

世界上最高的户外电梯——百龙天梯

　　百龙天梯位于世界自然遗产湖南张家界武陵源风景名胜区内，高度为335米，是世界上最高的户外电梯，坐在里面能一览无余观看张家界的美景，乘坐它不需要爬山5个小时。于1999年9月动工，2002年4月竣工投入营运使用，耗资1.8亿元。

　　百龙天梯气势恢宏，垂直高差335米，运行高度326米，由154米的山体内竖井和172米的贴山钢结构井架组成，采用三台双层全暴露观光并列分体运行。以"最高户外电梯"荣誉而被载入吉尼斯世界纪录，是自然美景和人造奇观的完美结合。

　　讨论：关于百龙天梯，你还知道哪些？

　　我的回答是：

_____

_____

_____

_____

任务七　工程造价指数的编制与应用

**导学任务七
工程造价指数**

一、工程造价指数的概述

(一)工程造价指数的定义

　　工程造价指数是反映建设工程投入要素在某一时期因价格变化而对工程造价带来影响程度的指标，反映了报告期价格水平相对于基期价格水平的变动程度和趋势，它也是调整工程造价价差并对建设工程造价实施动态管理的重要依据。

(二)工程造价指数的作用

工程造价指数

　　工程造价指数反映了报告期与基期相比的价格变动趋势，利用它来研究以下实际工作中的问题很有意义。

　　(1)　可以利用工程造价指数分析价格变动趋势及其原因。

　　(2)　可以利用工程造价指数估计工程造价变化对宏观经济的影响。

　　(3)　工程造价指数是工程承发包双方进行工程估价和结算的重要依据。

(三)工程造价指数的分类

1. 按照工程范围、类别、用途分类

　　(1)　单项价格指数。单项价格指数是分别反映各类工程的人工、材料、施工机械及主要设备报告期价格对基期价格的变化程度的指标，如人工费价格指数、主要材料价格指数、施工机械台班价格指数。

　　(2)　综合造价指数。综合造价指数是综合反映各类项目或单项工程人工费、材料费、

施工机械使用费和设备费等报告期价格对基期价格变化而影响工程造价程度的指标,它是研究造价总水平变化趋势和程度的主要依据,如建筑安装工程造价指数、建设项目或单项工程造价指数、建筑安装工程直接费造价指数、其他直接费及间接费造价指数、工程建设其他费用造价指数等。

2. 按造价资料期限长短分类

(1) 时点造价指数。时点造价指数是不同时点(例如 2022 年 9 月 9 日 0 时对上一年同一时点)价格对比计算的相对数。

(2) 月指数。月指数是不同月份价格对比计算的相对数。

(3) 季指数。季指数是不同季度价格对比计算的相对数。

(4) 年指数。年指数是不同年度价格对比计算的相对数。

3. 按不同基数分类

(1) 定基指数。定基指数是各时期价格与某固定时期的价格对比后编制的指数。

(2) 环比指数。环比指数是各时期价格都以其前一期价格为基础计算的造价指数。例如,与上月对比计算的指数,为月环比指数。

二、工程造价指数的编制

工程造价指数一般应按各主要构成要素(建安工程造价、设备工器具购置费、工程建设其他费用等)分别编制价格指数,然后经汇总得到工程造价指数。

(一)建安工程造价指数

建安工程造价指数是一种综合性很强的价格指数,其计算公式如下:

建安工程造价指数=人工费指数×基期人工费占建安工程造价比例+
$$\sum(单项材料价格指数×基期该单项材料费占建安工程造价比例)+$$
$$\sum(单项施工机械台班指数×基期该单项机械费占建安工程造价比例)+$$
其他直接费、间接费综合指数×基期其他直接费、间接费占建安
工程造价比例   (3-28)

其中,各项人工费、材料费、机械费指数的计算均按报告期人工、材料、机械的预算价格与基期人工、材料、机械的预算价格之比进行。

(二)设备、工器具价格指数

设备、工器具价格指数一般可按下列公式计算:

设备、工器具价格指数=$\sum$(报告期设备、工器具单价×报告期购置数量)/(基期设备、
工器具单价×报告期购置数量)   (3-29)

(三)工程建设其他费用指数

工程建设其他费用指数可以按照每万元投资额中的其他费用支出定额计算,计算公式为:

工程建设其他费用指数=报告期每万元投资支出中其他费用/基期每万元投资

支出中其他费用　　　　　　　　　　　　　　　　　　(3-30)

(四)工料机价格指数

工料机价格指数即人工、材料和机械台班等要素的价格指数，是编制建安工程造价指数的基础，其计算公式为：

$$工料机价格指数 = P_n/P_0 \qquad\qquad (3-31)$$

式中：P_n——报告期人工费、材料预算价格、施工机械台班费；

P_0——基期人工费、材料预算价格、施工机械台班费。

(五)经综合可得到单项工程造价指数

单项工程造价指数的计算公式为：

单项工程造价指数=建安工程造价指数×基期建安工程费占总造价的比例+

$\sum$(单项设备价格指数×基期该项设备费占总造价的比例)+

$\sum$(单项施工机械台班指数×基期该单项机械费占建安工程造价比例) +

工程建设其他费用指数×基期工程建设其他费用占总造价的比例

(3-32)

三、工程造价指数的应用

工程造价指数反映了报告期与基期相比的价格变动趋势，是研究造价总水平变化趋势和程度的主要依据。可以在以下几方面得到充分的应用：

(一)分析价格变动趋势及原因

由于工程造价指数是通过计算各分项指数加权而成的，而各分项指数的变化势必影响到总的工程造价指数，为此，可以逐项分析各分项指数的变化对工程造价的影响。

(二)工程造价指数是工程承发包方进行工程估算和结算的重要依据

由于建筑市场供求关系的变化及物价水平的不断上涨，单靠原有定额编制概预算、标底及投标报价已不能适应形势发展的需要，而合理编制的工程造价指数正是对传统定额的重要补充。依靠工程造价指数可对工程概预算作适当的调整，使之与现实造价水平相适应，从而克服了定额静态与僵化的弱点。

【应用案例3-10】

某建筑工程项目的投资额及分项价格指数资料如表3-9表示，求该项目的工程造价指数。

解：经分析可知

建筑工程造价指数=(2600/5920)×107.4%+(2380/5920)×105.6%+(940/5920)×105.0%=106.3%

所以，报告期内投资价格比基期上涨了6.3%。

表 3-9　某建设项目的投资额和价格指数

费用项目	投资额/万元	分类指数/%
投资额合计	5920	
建安工程投资	2600	107.4
设备工器具投资	2380	105.6
工程项目其他投资	940	105.0

【应用案例3-11】

(1) 某建设项目需购置甲、乙两种生产设备，设备甲基期购置数量3台，单价2万元/台；报告期购置数量2台，单价2.5万元/台。设备乙基期购置数量2台，单价4万元/台；报告期购置数量3台，单价4.5万元/台。求该建设项目设备价格指数。

解：设备价格指数=报告期÷基期=(2×2.5+3×4.5)÷(3×2+2×4)=1.32

【工程案例】

世界第一长桥——丹昆特大桥

丹昆特大桥坐落于江苏，是世界上最长的高铁动车组大桥，全长164.8千米，开车通过需要2个小时，总投资300亿，由4500多个900吨箱梁构成。2008年4月7日开始灌注首根桩；2009年5月24日完成桥梁架设；2010年11月6日完成铺轨工作(有超过10000位工人付出3年时长)；2011年6月30日随全线正式开通运营。

讨论：丹昆特大桥，有何建设成果及价值意义？

我的回答是：

_____

_____

_____

_____

任务八　工期定额的编制与应用

《建筑安装工程工期定额》(TY 01-89-2016)是国有资金投资工程在可行性研究、初步设计、招标阶段确定工期的依据，非国有资金投资工程参照执行，是签订建筑安装工程施工合同的基础。建筑面积是重要的技术经济指标，在全面控制建筑、装饰工程造价和建设过程中起着重要的作用。

导学任务八
工期定额

工期定额

一、工期定额的概念

工期定额是指在一定的经济和社会条件下，在一定时期内建设行政主管部门制定并发布的工程项目建设消耗的时间标准。工程质量、工程造价、工程进度是工程项目管理的三大目标，而工程进度的控制就必须依据工期定额，它是具体指导工程建设项目工期的法律性文件。

二、工期定额的作用

(1) 工期定额是编制招标文件的依据。

工期在招标文件中是主要内容之一，是业主对拟建工程时间上的期望值。而合理的工期是根据工期定额来确定的。

(2) 工期定额是签订建筑安装工程施工合同、确定合理工期的基础。

建设单位与施工安装单位双方在签订合同时可以是定额工期，也可以与定额工期不一致。因为确定工期的条件、施工方案不同都会影响工期。工期定额是按社会平均建设管理水平、施工装备水平和正常建设条件来制定的，它是确定合理工期的基础，合同工期一般围绕定额工期上下波动来确定。

(3) 工期定额是施工企业编制施工组织设计，确定招标工期，安排施工进度的参考依据。

(4) 工期定额是施工企业进行施工索赔的基础。

(5) 工期定额是工程工期提前时，计算赶工措施费的基础。

三、工期定额的编制原则

(一)合理性与差异性原则

工期定额从有利于国家宏观调控、有利于市场竞争以及当前工程设计、施工和管理的实际出发，既要坚持定额水平的合理性，又要考虑各地区自然条件等差异对工期的影响。

(二)地区类别划分的原则

由于我国幅员辽阔，各地自然条件差别较大，同类工程在不同地区的实物工程量和所采用的建筑机械设备等存在差异，所需的施工工期也就不同。为此新定额按各省省会所在地近十年的平均气温和最低气温，将全国划分为Ⅰ、Ⅱ、Ⅲ类地区。

Ⅰ类地区：包括上海、江苏、浙江、安徽、福建、江西、湖北、湖南、广东、广西、四川、贵州、云南、重庆、海南。

Ⅱ类地区：包括北京、天津、河北、河南、山西、山东、陕西、甘肃、宁夏。

Ⅲ类地区：包括内蒙古、辽宁、吉林、黑龙江、西藏、青海、新疆。

设备安装和机械施工工程执行本定额时不区分地区类型。

(三)定额水平应遵循平均、先进、合理的原则

确定工期定额水平，应从正常的施工条件、多数施工企业装备程度、合理的施工组织、劳动组织和社会平均时间消耗水平的实际出发，又要考虑近年来设计、施工技术进步情况，确定合理工期。

(四)简明适用原则

定额的编制要遵循社会主义市场经济原则，从有利于建立全国统一市场，有利于市场

竞争出发，简明适用，规范建筑安装工程工期的计算。

四、影响工期定额的主要因素

(一)时间因素

春、夏、秋、冬开工时间不同对施工工期有一定的影响，冬季开始施工的工程，有效工作天数相对较少，施工费用高，工期也较长。春、夏季开工的项目可赶在冬天到来之前完成主体，冬天则进行辅助工程和室内工程施工，可以缩短建设工期。

(二)空间因素

空间因素也就是地区不同的因素。如北方地区冬季较长，南方则较短，南方雨量较多，而北方雨量少些。一般将全国划分为Ⅰ、Ⅱ、Ⅲ类地区。

(三)施工对象因素

施工对象因素是指结构、层次、面积不同对工期的影响。在工程项目建设中，同一规模的建筑由于其结构形式不同，如采用钢结构、预制钢筋混凝土结构、现浇钢筋混凝土结构或砖混结构，其工期不同。同一结构的建筑，由于层次、面积的不同，工期也不相同。

(四)施工方法因素

机械化、工厂化施工程度不同，也影响着工期的长短。机械化水平较高时，相应的工期会缩短。

(五)资金使用和物资供应方式的因素

一个建设项目批准后，其资金使用方式和物资供应方式是不同的，因而对工期也将产生不同的影响。政府投资建设的工程，由于资金提供的时间和数量的不同，而对建设工程带来不同的影响。资金提供及时，项目能顺利进行，否则就会影响工期。自筹资金项目在发生资金筹措困难时，或在资金提供拖延时，将直接延缓建设工期。

五、工期定额编制的方法

(一)网络法——关键线路法(CPM)

运用网络技术，建立网络模型，揭示建设项目在各种因素的影响下，建设过程中工程或工序之间相互连接、平行交叉的逻辑关系，通过优化确定合理的建设工期。

(二)计划评审技术法(PERT)

对于不确定的因素较多、分项工程较复杂的工程项目，主要根据实际经验，结合工程实际，估计某一项目最大可能完成时间，最乐观、最悲观可能完成时间，用经验公式求出建设工期，通过评审技术法，可以将一个非确定性的问题，转化为一个确定性的问题，达到了取得一合理工期的目的。

(三)曲线回归法

通过对单项工程的调查整理、分析处理，找出一个或几个与工程密切相关的参数与工期，建立平面直角坐标系，再把调查来的数据经过处理后反映在坐标系内，运用数据回归的原理，求出所需要的数据，用以确定建设工期。

(四)专家评审法(德尔菲法)

给工期预测的专家发调查表，用书面方式联系。根据专家的数据，进行综合、整理后，再匿名反馈给各专家，请专家再提出工期预测意见。经多次反复与循环，使意见趋于一致，作为工期定额的依据。

六、现行《建筑安装工程工期定额》(TY 01-89-2016)简介

(一)适用范围

《建筑安装工程工期定额》(TY 01-89-2016)适用于新建、扩建的建筑安装工程。

(二)定额工期

本定额工期是指自开工之日起，到完成各章、节所包含的全部工程内容并达到国家验收标准之日止的日历天数(包括法定节假日)。不包括三通一平、打试验桩、地下障碍物处理、基础施工前的降水和基坑支护时间、竣工文件编制所需的时间。

(三)章节划分

本定额章节总共有四大部分：第一部分为民用建筑工程；第二部分为工业及其他建筑工程；第三部分为构筑物工程；第四部分为专业工程。

(四)民用建筑工程工期定额基本结构和内容

民用建筑工程工期定额中，包括四个部分内容。
(1) ±0.000 以下工程。±0.000 以下工程又分为无地下室工程、有地下室工程。
(2) ±0.000 以上工程。±0.000 以上工程又分为居住建筑、办公建筑、旅馆酒店建筑、商业建筑、文化建筑、教育建筑、体育建筑、卫生建筑、交通建筑、广播电影电视建筑。
(3) ±0.000 以上钢结构工程。
(4) ±0.000 以上超高层工程。

(五)工业及其他建筑工程工期定额基本结构和内容

工业及其他建筑工程工期定额中，包括单层厂房工程、多层厂房工程、仓库、辅助附属设施、其他建筑工程。

(六)构筑物工程工期定额基本结构和内容

构筑物工程工期定额中，包括烟囱、水塔、钢筋混凝土贮水池、钢筋混凝土污水池、滑模筒仓、冷却塔。

(七)专业工程工期定额基本结构和内容

专业工程工期定额中,包括机械土方工程、桩基工程、装饰装修工程、设备安装工程、机械吊装工程、钢结构工程。

七、民用建筑工程工期定额应用

(一)民用建筑工程工期的计算

民用建筑工程工期计算的一般方法。

(1) ±0.000 以下工程工期(分两种情况)。

① 无地下室工程工期:按首层建筑面积计算。

② 有地下室工程工期:按地下室建筑面积总和计算。

(2) ±0.000 以上工程工期。按±0.000 以上部分建筑面积的总和计算。

(3) 工程总工期。按±0.000 以下工程工期与±0.000 以上工程工期之和计算。

(4) 单项工程±0.000 以下由两种或两种以上类型组成时,按不同类型部分的面积查出相应工期,相加计算。

(5) 单项工程±0.000 以上结构相同,使用功能不同。无变形缝时,按使用功能占建筑面积比重大的计算工期;有变形缝时,先按不同使用功能的面积查出相应工期,再以其中一个最长工期为基数,另加其他部分工期的 25%计算。

(6) 单项工程±0.000 以上由两种或两种以上结构组成。无变形缝时,先按全部面积查出不同结构的相应工期,再按不同结构各自的建筑面积加权平均计算;有变形缝时,先按不同结构各自的面积查出的相应工期,再以其中一个最大工期为基数,另加其他部分工期的 25%计算。

(7) 单项工程±0.000 以上层数(层)不同,有变形缝时,先按不同层数(层)各自的面积查出相应工期,再以其中一个最长工期为基数,另加其他部分工期的 25%计算。

(8) 单项工程中±0.000 以上分成若干个独立部分时,参照总说明第十二条,同期施工的群体工程计算工期。如果±0.000 以上有整体部分,将其并入工期最长的单项(位)工程中计算。

(9) 本定额工业化建筑中的装配式混凝土结构施工工期仅计算现场安装阶段,工期按照装配率 50%编制。装配率 40%、60%、70%按本定额相应工期分别乘以系数 1.05、0.95、0.9 计算。

(10) 钢-混凝土组合结构的工期,参照相应项目的工期乘以系数 1.1 计算。

(11) ±0.000 以上超高层建筑单层平均面积按主塔楼±0.000 以上总建筑面积除以地上总层数计算。

(二)民用建筑工程工期定额应用案例

某职业技术学院新建教学楼,为现浇框架结构,±0.000 m 以上 6 层,建筑面积 40000 m^2,±0.000 以下 1 层地下室,建筑面积 6000m^2,该工程地处山东,属于Ⅱ类地区,土壤类别为Ⅲ类土。试计算该工程施工工期。

【解】本项目属于教育建筑，施工工期为±0.000 以下工程工期、±0.000 以上工程工期两部分工期之和。

(1) ±0.000 m 以下工程工期。

有地下室工程层数 1 层，建筑面积 6000 m²，II 类地区，由此可查《工期定额》，如表 3-10 所示。

表 3-10　有地下室工程

编号	层数	建筑面积/m²	工期天数/d		
			I 类	II 类	III 类
1-25		1000 以内	80	85	90
1-26		3000 以内	105	110	115
1-27	1	5000 以内	115	120	125
1-28		7000 以内	125	130	135
1-29		10000 以内	150	155	160
1-30		10000 以外	170	175	180

从定额表可知，定额编号为 1-28，1 层地下室工程 T_1=130d。

(2) ±0.000 以上工程工期。

±0.000 以上工程共 6 层，现浇框架结构建筑面积 40000 m²，II 类地区，则此可查《工期定额》，如表 3-11 所示。

表 3-11　教育建筑

结构类型：现浇框架结构

编号	层数	建筑面积/m²	工期天数/d		
			I 类地区	II 类地区	III 类地区
1-693		1000 以内	150	160	170
1-694	3 层以下	3000 以内	165	175	185
1-695		5000 以内	180	190	200
1-696		5000 以外	200	210	220
1-697		3000 以内	205	215	235
1-698		5000 以内	220	230	250
1-699	5 层以下	7000 以内	235	245	265
1-700		10000 以内	255	265	285
1-701		10000 以外	270	280	300
1-702		8000 以内	270	285	310
1-703	8 层以下	12000 以内	290	305	330
1-704		15000 以内	310	325	350
1-705		15000 以外	335	350	375

从定额表中可知，定额编号 1-705，±0.000 以上工程施工工期 T_2=350d。综上所述，该住宅工程总工期：$T = T_1 + T_2 = 130 + 350 = 480$(d)。

【工程案例】

世界上最大的水力发电站——三峡大坝

三峡大坝,位于湖北省宜昌市夷陵区三斗坪镇三峡坝区三峡大坝旅游区内,地处长江干流西陵峡河段,三峡水库东端,控制流域面积约 100 万平方千米,始建于 1994 年,集防洪、发电、航运、水资源利用等于一体,是三峡水电站的主体工程、三峡大坝旅游区的核心景观、当今世界上最大的水利枢纽建筑之一。

讨论:三峡大坝还有哪些建筑特色?

我的回答是:

_____

_____

_____

_____

练 习 题

一、单选题

1. 编制人工定额时,应计入定额时间的是( )。

    A. 工人在工作时间内聊天时间   B. 工人午饭后迟到时间

    C. 材料供应中断造成的停工时间   D. 工作结束后的整理工作时间

2. 某机械台班产量为 $4m^3$,与之配合的工人小组由 5 人组成,则单位产品的人工时间定额为( )工日。

    A. 0.50   B. 0.80   C. 120   D. 1.25

3. 机械幅度差是指在施工定额中未曾包括的,而机械在合理的施工组织条件下必需的停歇时间,在编制预算定额时应予以考虑,下列不属于机械幅度差内容的是( )。

    A. 施工机械转移工作面及配套机械互相影响损失的时间

    B. 在正常的施工情况下,机械施工中不可避免的工序间歇

    C. 检查工程质量影响机械操作的时间

    D. 机械不可避免的无负荷工作时间

4. ( )是在扩大初步设计阶段编制设计概算的主要依据。它是反映完成扩大的分项工程需要的人工、材料、机械台班的消耗数量标准。

    A. 施工定额   B. 预算定额   C. 概算定额   D. 概算指标

5. 下列对概算定额的理解,正确的是( )。

    A. 概算定额是工程建设定额中定额子目最多的一种定额

    B. 概算定额是一种计价性定额

    C. 概算定额是以分项工程和结构构件为对象编制的定额

    D. 概算定额是以整个建筑物和构筑物为对象,以更为扩大的计量单位来编制的

6. 在项目建议书和可行性研究阶段编制、计算投资需要量时使用的一种定额,该定额

一般以独立的单项工程或完整的工程项目为对象，编制和计算投资需要量时使用。这种定额是(　　)。

    A. 投资估算指标　　B. 概算指标　　　　C. 概算定额　　　　D. 预算定额

7. 某瓦工班组 15 人，砌 1.5m 厚砖基础，需 6 天完成，砌筑砖基础的定额为 1.25 工日/m³，该班组完成的砌筑工程量是(　　)。

    A. 112.5m³　　　　B. 90m³/工日　　　C. 80m³/工日　　　D. 72m³

8. 某工程有 450m³ 一砖半内墙的砌筑任务，每天有两个班组来作业，每个班组人数为 8 人，共花费 18 天完成了任务，其时间定额为(　　)工日/m³。

    A. 1.56　　　　　B. 1.28　　　　　C. 0.64　　　　　D. 0.5

9. 已知某砖混结构建筑物体积为 900m³，其中毛石带形基础的工程量 110m³，假定 1m³ 毛石基础需要用砌石工 0.66 工日，且在该项单位工程中没有其他工程需要砌石工，则 1000m³ 建筑物需要砌石工为(　　)工日。

    A. 65.34　　　　　B. 80.67　　　　　C. 150.00　　　　D. 185.19

10. 地砖规格为 200mm×200mm，灰缝宽度为 1mm，其损耗率为 1.5%，则 100m² 地面地砖消耗量为(　　)块。

    A. 2475　　　　　B. 2513　　　　　C. 2500　　　　　D. 2462.5

二、多选题

1. 企业编制人工定额时要拟定施工作业的定额时间，应当包括在定额时间内的工人工作时间消耗有(　　)。

    A. 基本工作时间　　　　　　　　　　B. 施工组织不善造成的停工时间
    C. 辅助工作时间　　　　　　　　　　D. 不可避免的中断时间
    E. 准备与结束工作时间

2. 编制预算定额人工消耗指标时，下列人工消耗量属于人工幅度差用工的有(　　)。

    A. 施工过程中水电维修用工　　　　　B. 隐蔽工程验收影响的操作时间
    C. 现场材料水平搬运工　　　　　　　D. 现场材料加工用工
    E. 现场筛沙子增加的用工量

3. 下列阐述正确的是(　　)。

    A. 施工定额是以同一性质的施工过程——工序作为研究对象
    B. 预算定额是在编制施工图预算阶段，以工程中的分项工程和结构构件为对象编制
    C. 概算定额是一种生产性定额
    D. 投资估算指标是编制投资估算、计算投资需要量时使用的一种定额
    E. 预算定额的项目划分很细，是工程定额中分项最细，定额子目最多的一种定额

4. 分部分项工程的单位资源要素消耗量的数据经过长期的收集、整理和累计形成了工程建设定额，它是工程造价计价的重要依据。它与(　　)密切相关。

    A. 劳动生产率水平　　　　　　　　　B. 社会生产力水平
    C. 技术水平　　　　　　　　　　　　D. 管理水平
    E. 市场行情

5. 建筑工程定额按生产要素分类有(　　)。

    A. 劳动定额　　　　　　　　　　　　B. 材料消耗定额

C. 机械台班消耗定额   D. 费用定额

E. 概算定额

6. 机械台班消耗定额是在正常施工条件下，利用某种机械(   )。

    A. 生产单位合格产品所必需消耗的机械工作时间

    B. 在单位时间内机械完成合格产品的数量

    C. 生产单位产品所必需消耗的机械工作时间

    D. 在单位时间内机械完成产品的数量

    E. 生产合格产品所必需消耗的机械工作时间

7. 下列表述中属于施工定额特性的是(   )。

    A. 编制概算定额的基础   B. 企业定额

    C. 分项最细，定额子目最多   D. 基础性定额

    E. 以同一性质的施工过程为研究对象

8. 工程造价计价依据必须满足以下(   )要求。

    A. 准确可靠，符合实际   B. 可信度高，有权威性

    C. 数据化表达，便于计算   D. 定性描述清晰，便于正确利用

    E. 变化无常，符合市场规律

三、计算题

1. 用 1∶1 水泥砂浆贴 150mm×150mm×5mm 瓷砖墙面，结合层厚度为 10mm，试计算每 100m^2 瓷砖墙面中瓷砖和砂浆的消耗量(灰缝宽为 2mm)。假设瓷砖损耗率为 2%，砂浆损耗率为 1%。

2. 某单项工程报告期数据如下，建安费为 2592 万元，设备工器具费为 2040 万元，工程建设其他费为 262.5 万元，三项费用对应的价格指数分别为 105%、108%和 102%，求该工程造价指数。

3. 某住宅工程为全现浇剪力墙结构，±0.000 以上 22 层，建筑面积 27500 m^2，±0.000 以下 2 层，建筑面积 2500m^2，(该工程地处 II 类地区，土壤类别为 III 类土)，试计算项目施工工期。

四、简答题

1. 什么是建筑工程定额？它有哪些特性？

2. 施工定额、预算定额、概算定额、概算指标、投资估算指标之间有哪些区别与联系？

3. 预算定额的使用方法有哪几种，分别适用于什么情况？

学 习 小 结

　　结合个人的学习情况进行回顾、总结：要求体现自己在本项目学习过程中所获得的知识、学习目标的实现情况以及个人收获。

　　(撰写总结：要求层次清楚、观点明确，建议采用思维导图和表格的形式对所学知识和学习目标的实现情况进行总结。)

项目四　工程量清单编制

能力目标	知识目标	素质目标
(1) 能描述工程量清单的概念、作用及相关规定； (2) 能描述工程量清单的内容及编制的要求	(1) 掌握工程量清单的内容及编制； (2) 掌握《建设工程工程量清单计价规范》的有关规定； (3) 熟悉工程量清单及其计价格式	培养学生严谨细致、一丝不苟的大国工匠精神

【导学问题】

　　原建设部(现为住房和城乡建设部)于 2003 年 2 月 17 日以第 119 号公告的形式，发布了《建设工程工程量清单计价规范》(以下简称《计价规范》)。该规范为国家标准，编号为 GB 50500—2003，自 2003 年 7 月 1 日起执行。也就是说，在今后的建设工程施工招标投标过程中，都要采用工程量清单计价法。《计价规范》的实施，在建设工程计价领域，彻底改变了我国实施多年的以定额为依据的计价管理模式，从而走入了一个全新的阶段。为什么国家要全面推行工程量清单计价法呢？这种计价方式有什么优点呢？

任务一　认识工程量清单

一、工程量清单的概念

　　工程量清单是载明建设工程分部分项工程项目、措施项目、其他项目的名称和相应数量以及规费、税金项目等内容的明细清单，招标工程量清单是招标人按照《建设工程工程量清单计价规范》附录中统一的项目编码、项目名称、项目特征、计量单位和工程量计算规则进行编制。包括分部分项工程量清单、措施项目清单、其他项目清单、规费项目清单和税金项目清单。

导学任务一
认知工程量清单

工程量清单的
概念

二、工程量清单的作用

招标工程量清单是工程量清单计价的基础,应作为编制招标控制价、投标报价、计算工程量、支付工程款、调整合同价款、办理竣工结算以及工程索赔等的依据之一。

三、工程量清单编制的依据

(1) 国家标准《建设工程工程量清单计价规范》(GB 50522—2013)(以下简称《计价规范》)和《房屋建筑与装饰工程工程量计算规范》(GB 50854—2013)(以下简称《工程量计算规范》)。

(2) 国家或省级、行业建设主管部门颁发的计价依据和办法。

(3) 建设工程设计文件。

(4) 与建设工程有关的标准、规范、技术资料。

(5) 拟定的招标文件及其补充通知、答疑纪要。

(6) 施工现场情况、工程特点及常规施工方案。

(7) 其他相关资料。

四、《计价规范》一般规定

(1) 招标工程量清单应由具有编制能力的招标人或受其委托,具有相应资质的工程造价咨询人或招标代理人编制。

(2) 招标工程量清单必须作为招标文件的组成部分,其准确性和完整性由招标人负责。

(3) 招标工程量清单是工程量清单计价的基础,应作为编制招标控制价、投标报价、计算或调整工程量、施工索赔等的依据之一。

(4) 招标工程量清单应以单位(项)工程为单位编制,由分部分项工程项目清单、措施项目清单、其他项目清单、规费和税金项目清单组成。

(5) 分部分项工程和单价措施项目应采用综合单价计价。

五、工程量清单的相关表格

(1) 招标工程量清单封面,如表 4-1 所示。

表 4-1　招标工程量清单封面

_____工程

招标工程量清单

招　标　人：_____
(单位盖章)

造价咨询人：_____
(单位盖章)

年　　月　　日

(2) 招标工程量清单扉页，如表 4-2 所示。

表 4-2　招标工程量清单扉页

_____工程

招标工程量清单

招标人：_____　　　　工程造价咨询人：_____
　　　　　　(单位盖章)　　　　　　　　　　　　　　　(单位资质专用章)

法定代表人　　　　　　　　　　　　　法定代表人
或其授权人：_____　　或其授权人：_____
　　　　　(签字或盖章)　　　　　　　　　　　　(签字或盖章)

编制人：_____　　　　复核人：_____
　　　(造价人员签字并盖专用章)　　　　　　　(造价工程师签字并盖专用章)

编制时间：　年　月　日　　　　　　　复核时间：　年　月　日

（3）总说明，如表 4-3 所示。

表 4-3　总说明

工程名称：
　　　　　　　　　　　　　　　　　　　　　　　　　　　　　　　　　　　　　　第　页共　页

| |
| |

总说明应按下列内容填写。

①　工程概况：建设规模、工程特征、计划工期、合同工期、实际工期、施工现场及变化情况、施工组织设计的特点、自然地理条件、环境保护要求等。

②　清单计价范围、编制依据，如采用的材料来源及综合单价中风险因素、风险范围(或幅度)等。

（4）分部分项工程和单价措施项目清单与计价表，如表 4-4 所示。

表 4-4　分部分项工程和单价措施项目清单与计价表

工程名称：　　　　　　　　　标段：　　　　　　　　　　　　　第　页共　页

序号	项目编码	项目名称	项目特征描述	计量单位	工程量	金额/元		
						综合单价	合价	其中：暂估价
本页小计								
合计								

注：为计取规费等的使用，可在表中增设其中："定额人工费"。

(5) 总价措施项目清单与计价表，如表 4-5 所示。

表 4-5   总价措施项目清单与计价表

工程名称：　　　　　　　　　　　　标段：　　　　　　　　　　　　　第　页共　页

序号	项目编码	项目名称	计算基础	费率/%	金额/元	调整费率/%	调整后金额/元	备注
		安全文明施工费						
		夜间施工增加费						
		非夜间施工照明						
		二次搬运费						
		冬雨期施工						
		地上、地下设施，建筑物的临时保护设施						
		已完工程及设备保护						
合计								

编制人(造价人员)：　　　　　　　　　　　复核人(造价工程师)：

　　注：(1) "计算基础"中安全文明施工费可为"定额基价""定额人工费"或"定额人工费+定额机械费"，其他项目可为"定额人工费"或"定额人工费+定额机械费"。

　　(2) 按施工方案计算的措施费，若无"计算基础"和"费率"的数值，也可只填"金额"数值，但应在备注栏说明施工方案出处或计算方法。

(6) 其他项目清单与计价汇总表，如表 4-6 所示

表 4-6   其他项目清单与计价汇总表

工程名称：　　　　　　　　　　　　标段：　　　　　　　　　　　　　第　页共　页

序　号	项目名称	金额/元	结算金额/元	备　注
1	暂列金额			明细详见表 4-1
2	暂估价			
2.1	材料(工程设备)暂估价/结算价			明细详见表 4-2
2.2	专业工程暂估价/结算价			明细详见表 4-3
3	计日工			明细详见表 4-4
4	总承包服务费			明细详见表 4-5
5	索赔与现场签证			
合计				—

　　注：材料(工程设备)暂估单价进入清单项目综合单价，此处不汇总。

(7) 暂列金额明细表，如表 4-7 所示。

表 4-7　暂列金额明细表

工程名称：　　　　　　　　　　　标段：　　　　　　　　　　第　页　共　页

序　号	项目名称	计量单位	暂定金额/元	备　注
1				
2				
合计				

注：此表由招标人填写，如不能详列，也可只列暂定金额总额，投标人应将上述暂列金额计入投标总价中。

(8) 材料(工程设备)暂估单价及调整表，如表 4-8 所示。

表 4-8　材料暂估单价及调整表

工程名称：　　　　　　　　　　　标段：　　　　　　　　　　第　页　共　页

序号	材料(工程设备)名称、规格、型号	计量单位	数　量		暂估/元		确认/元		差额±/元		备注
			暂估	确认	单价	合价	单价	合价	单价	合价	

注：此表由招标人填写"暂估单价"，并在备注栏说明暂估价的材料、工程设备拟用在哪些清单项目上，投标人应将上述材料、工程设备暂估单价计入工程量清单综合单价报价中。

(9) 专业工程暂估价及结算价表，如表 4-9 所示。

表 4-9　专业工程暂估价及结算价表

工程名称：　　　　　　　　　　　标段：　　　　　　　　　　第　页　共　页

序　号	工程名称	工程内容	暂估金额/元	结算金额/元	差额±/元	备　注
合计						

注：此表"暂估金额"由招标人填写，投标人应将"暂估金额"计入投标总价中，结算时按合同约定结算金额填写。

(10) 计日工表, 如表 4-10 所示。

表 4-10 计日工表

工程名称:　　　　　　　　　　　标段:　　　　　　　　　　　第 页 共 页

编号	项目名称	单位	暂定数量	实际数量	综合单价/元	合价/元	
						暂定	实际
一	人工						
1							
2							
3							
人工小计							
二	材料						
材料小计							
三	施工机械						
施工机械小计							
四、企业管理费和利润							
总计							

注: 此表 "项目名称" 和 "暂定数量" 由招标人填写, 编制招标控制价时, 单价由招标人按有关计价规定确定; 投标时, 单价由投标人自主报价, 按暂定数量计算合价计入投标总价中。结算时, 按发承包双方确认的实际数量计算合价。

(11) 总承包服务费计价表, 如表 4-11 所示。

表 4-11 总承包服务费计价表

工程名称:　　　　　　　　　　　标段:　　　　　　　　　　　第 页 共 页

序号	项目名称	项目价值/元	服务内容	计算基础	费率/%	金额/元
1	发包人发包专业工程					
2	发包人供应材料					
	合计					

注: 此表 "项目名称" 和 "服务内容" 由招标人填写, 编制招标控制价时, 费率及金额由招标人按有关计价规定确定; 投标时, 费率及金额由投标人自主报价, 计入投标总价中。

(12) 索赔与现场签证计价汇总表，如表 4-12 所示。

表 4-12　现场签证与索赔计价汇总表

工程名称：　　　　　　　　　　　　　标段：　　　　　　　　　　第　页共　页

序号	签证及索赔项目名称	计量单位	数量	单价/元	合价/元	签证及索赔依据
—	本页小计	—	—	—	—	—
—	合计	—	—	—	—	—

注："签证及索赔依据"是指经双方认可的签证单和索赔依据的编号。

(13) 规费、税金项目计价表，如表 4-13 所示。

表 4-13　规费、税金项目计价表

工程名称：　　　　　　　　　　　　　标段：　　　　　　　　　　第　页共　页

序号	项目名称	计算基础	计算基数	计算费率/%	金额/元
1	规费	定额人工费			
1.1	社会保险费	定额人工费			
(1)	养老保险费	定额人工费			
(2)	失业保险费	定额人工费			
(3)	医疗保险费	定额人工费			
(4)	工伤保险费	定额人工费			
(5)	生育保险费	定额人工费			
1.2	住房公积金	定额人工费			
1.3	工程排污费	按工程所在地环境保护部门收费标准按实计入			
2	税金	分部分项工程费+措施项目费+其他项目费+规费-按规定不计税的工程设备金额			
	合计				

编制人(造价人员)：　　　　　　　　复核人(造价工程师)：

【工程案例】

建筑奇迹——上海中心大厦

上海中心大厦(Shanghai Tower)，位于上海市陆家嘴金融贸易区银城中路501号，是上海市的一座巨型高层地标式摩天大楼，始建于2008年11月29日，于2016年3月12日完成建筑总体的施工工程。

上海中心大厦被绿色建筑LEED-CS白金级认证，曾获得MIPIM"人民选择奖"、美国建筑奖(AAP)年度设计大奖、第十五届中国土木工程詹天佑奖、2019年"BOMA全球创新大奖"等重要奖项。

思考：你还了解哪些建筑奇迹？

我的回答是：

_____

_____

_____

任务二 工程量清单的编制

导学任务二
编制工程量清单

一、分部分项工程量清单的编制

分部分项工程项目清单必须根据国家计量规范规定的项目编码、项目名称、项目特征、计量单位和工程量计算规则进行编制。分部分项工程项目清单必须载明项目编码、项目名称、项目特征、计量单位和工程量。招标人必须按规范规定执行，不得因情况不同而变动。在设置清单项目时，以规范附录中项目名称为主体，考虑项目的规格、型号、材质等特征要求，结合拟建工程的实际情况，在工程量清单中详细地描述出影响工程计价的有关因素。

1. 分部分项工程量清单项目编码

计量规范对每一个分部分项工程清单项目均给定了一个项目编码。统一编码有助于统一和规范市场，方便用户查询和输入。同时，也为网络的接口和资源共享奠定了基础。

分部分项工程量
清单的编制

项目编码应采用十二位阿拉伯数字表示。第一至九位为全国统一编码。其中，第一、二位为专业工程代码(01为房屋建筑与装饰工程)，第三、四位为附录分类顺序码，第五、六位为分部工程顺序码，第七、八、九位为分项工程项目名称顺序码，第十到十二位为清单项目名称顺序码。前九位必须根据计量规范附录给定的编码编制，不得改动。第十至十二位由清单编制人根据拟建工程的工程量清单项目名称和项目特征设置，同一单位工程的项目编码不得有重码。

例如，在同一个工程中，强度等级为C30、C35的两种现浇混凝土矩形梁，根据计量规范规定，现浇混凝土矩形梁的项目编码为010503002，如编制人将C30混凝土矩形梁的项目编码编为010503002001，则C35现浇混凝土矩形梁的项目编码应编为010503002002。

随着科学技术的发展，新材料、新技术、新的施工工艺也伴随出现。此计量规范规定，编制工程量清单时，凡附录中的缺项编制人可做补充。补充项目应填写在工程量清单相应分部工程项目之后。补充项目的编码由 01 与 B 三位数字组成，并从 01B001 起顺序编制，同一招标工程的项目不得重码。工程量清单中须附有补充项目的名称、项目特征、计量单位、工程量计算规则、工程内容。

2. 分部分项工程量清单项目名称

分部分项工程量清单的项目名称应按《计量规范》附录给定的项目名称确定。编制工程量清单时，以附录中的项目名称为主体，考虑该项目的规格、型号、材质等特征要求，结合拟建工程的实际情况，使其工程量清单项目名称具体化、详细化，能够反映影响工程造价的主要因素。

3. 分部分项工程量清单项目特征的描述

分部分项工程量清单编制时，项目特征应按《计量规范》附录中规定的项目特征结合拟建工程项目的实际予以描述，以满足确定综合单价的需要。

工程量清单的项目特征是确定一个清单项目综合单价不可缺少的重要依据，在编制的工程量清单中必须对其项目特征进行准确和全面的描述。

(1) 项目特征是划分清单项目的依据。工程量清单项目特征既是用来表述分部分项清单项目的实质内容，也是用于区分《计价规范》附录中同一清单条目下各个具体的清单项目。没有对项目特征的准确描述，对于相同或相似的清单项目名称就无从划分。

(2) 项目特征是确定综合单价的前提。由于工程量清单项目特征决定了工程实体的实质内容，必然决定了工程实体的自身价值。因此，工程量清单项目特征描述准确与否，直接影响到工程量清单项目综合单价的成果确定。

(3) 项目特征是履行合同义务的基础。实行工程量清单计价制度，工程量清单及其综合单价是施工合同的组成部分，因此，如果工程量清单项目特征的描述不清，甚至漏项、错误，必然引起在施工过程中的更改，导致合同造价纠纷。

4. 分部分项工程量清单计量单位的确定

计量单位严格按照《计量规范》附录的规定计取，若有两个或两个以上计量单位的，应结合拟建工程的实际情况，选择其中一个作为计量单位。如"C.1 打桩"的"预制钢筋混凝土方桩"计量单位有"m"和"根"两个计量单位，但是没有具体的选用规定，在编制该项目清单时，清单编制人可以根据具体情况选择"m"和"根"其中之一作为计量单位。但在项目特征描述时，当以"根"为计量单位时，单桩长度应描述为确定值，只描述单桩长度即可；当以"m"为计量单位时，单桩长度可以按范围值描述，并注明根数。

5. 分部分项工程清单中工程量的计算

分部分项工程量清单中所列工程量应按《计量规范》附录中规定的工程量计算规则计算。其中，工程量的有效位数应遵守下列规定。

(1) 以 t 为单位，应保留小数点后三位数字，第四位小数四舍五入。

(2) 以 m、m²、m³、kg 为单位时应保留小数点后两位数字，第三位小数四舍五入。

(3) 以个、件、根、组及系统时为单位，应取整数。

【应用案例4-1】

某工程的混凝土独立基础共有 10 处，基础混凝土垫层宽度为 1.2m×1.2m，挖土深度为 1.1m。现场土层类别为二类土，现场无地面积水，采用人工挖土方，不考虑运输，无须支挡土板，考虑基底钎探。根据清单的编制要求编制"挖基坑土方"分部分项工程量清单。

解：编制"挖基坑土方"项目的分部分项工程量清单。根据案例描述结合实际，确定以下几项内容：

(1) 项目编码：010101004001。

(2) 项目名称：挖基坑土方。

(3) 项目特征：①土层类别：二类土；②挖土深度：1.1m；③弃土运距：不考虑。

(4) 计量单位：m^3。

(5) 工程数量：$1.2×1.2×1.1×10=15.84(m^3)$。

将上述结果及相关内容填入"分部分项工程量清单表"中，如表 4-14 所示。

表 4-14　分部分项工程量清单表

工程名称：某工程　　　　　　　　　标段：　　　　　　　　　第 1 页　共 1 页

序号	项目编码	项目名称	项目特征描述	计量单位	工程数量
1	010101004001	挖基坑土方	(1) 土层类别：二类土 (2) 挖土深度：1.1m	m^3	15.84

二、措施项目清单的编制

措施项目是指为完成工程项目施工，发生于该工程施工前和施工过程中技术、生活、安全等方面的非工程实体项目。规范将措施项目分成总价措施项目和单价措施项目。

(1) 总价措施项目清单应根据拟建工程的实际情况列项。总价措施项目包括：安全文明施工费(含环境保护、文明施工、安全施工、临时设施)；夜间施工费；非夜间施工照明费；二次搬运费；冬雨期施工费；地上设施、地下设施、建筑物的临时保护设施；已完工程及设备保护七项内容。总价措施项目应根据拟建工程的具体情况，以"项"为计量单位。某工程总价措施项目清单编制，如表 4-15 所示。

表 4-15　总价措施项目清单

工程名称：某工程　　　　　　　　　标段：　　　　　　　　　第 1 页　共 1 页

序号	项目编码	项目名称	计算基础	费率/%	金额/元
1	011707001	安全文明施工费			
2	011707002	夜间施工费			
3	011707003	非夜间施工照明			

续表

序号	项目编码	项目名称	计算基础	费率/%	金额/元
4	011707004	二次搬运费			
5	011707005	冬雨期施工			
6	011707006	地上设施、地下设施、建筑物的临时保护设施			
7	011707007	已完工程及设备保护			
合计					

（2）单价措施项目可按《计量规范》附录中规定的项目选择列项，如建筑工程包括混凝土、钢筋混凝土模板及支架、脚手架及垂直运输机械等，单价措施项目宜采用分部分项工程量清单的方式编制，列出项目编码、项目名称、项目特征、计量单位和工程量，如表 4-16 所示。

表 4-16　单价措施项目清单与计价表

工程名称：某工程　　　　　　　　　　　　标段：　　　　　　　　第1页　共1页

序号	项目编码	项目名称	项目特征描述	计量单位	工程量	综合单价	合价	其中暂估价
1	011702002001	现浇混凝土矩形柱模板及支架	(1) 截面形状：矩形柱 (2) 截面尺寸：500×600 (3) 材质：木模板钢支撑 (4) 支模高度：5m	m^2	1500			
本页小计								
合计								

三、其他项目清单的编制

（1）其他项目清单宜按照下列内容列项。

① 暂列金额。

② 暂估价(包括材料暂估价、专业工程暂估价)。

③ 计日工(包括用于计日工的人工、材料、施工机械)。

④ 总承包服务费。

(2) 暂列金额在国家标准《建设工程工程量清单计价规范》中的明确定义是"招标人在工程量清单中暂定并包括在合同价款中的一笔款项"。是由招标人根据工程项目的规模、范围、环境条件、资金状况等因素在清单编制时予以明确。为保证工程施工建设的顺利实施,应对施工过程中可能出现的各种不确定因素对工程造价的影响,在招标控制价中须估算一笔暂列金额。本规则规定暂列金额可根据工程的规模、范围、复杂程度、工程环境条件(包括地质、水文、气候条件等)进行估算,一般可按分部分项工程费的 10%～15%作为参考。某工程其他项目清单中暂列金额编制表格如表 4-17 所示。

表 4-17 某工程暂列金额表

序 号	项目名称	单 位	价格/元
1.1	工程量偏差及设计变更	项	100000
1.2	政策性调整及材料价格风险	项	100000
1.3	其他	项	100000
总计			300000

(3) 暂估价是指招标阶段直至签订合同协议时,招标人在招标文件中提供的用于支付必然发生但暂时不能确定价格的材料以及需要另行发包的专业工程金额。材料暂估价清单中,应包括由招标人提出的需要定为暂估价的和拟自行供应的材料明细及单价。材料暂估单价与编制期工程所在地工程造价管理机构发布的材料信息价相比,其差值幅度一般不得超过±5%。当地工程造价管理机构未发布信息价的材料单价,可由招标人根据市场状况合理估列。某工程材料暂估单价如表 4-18 所示。

表 4-18 材料暂估单价表

名 称	规格型号	单 位	暂估单价/元
所有商品混凝土		m^3	540
所有砌块		m^3	300
所有钢筋		t	4300

专业工程暂估价应由招标人列入总承包服务费清单与计价表中。专业工程暂估价应分不同的专业,由招标人按有关计价规定进行估算。某工程专业工程暂估价如表 4-19 所示。

表 4-19 某工程专业工程暂估价表

序 号	工程名称	工程内容	金额/元	备 注
1	铝合金窗	安装	70000	
2				
合计			70000	

(4) 计日工清单中,招标人应估列出完成合同约定以外零星工作所消耗的人工、材料和机械台班的种类、名称、规格及其数量。某工程计日工清单如表 4-20 所示。

表4-20 某工程计日工表

编 号	项目名称	单 位	暂定数量	综合单价	合 价
	人工				
1	普工	工日	100		
2	技工	工日	100		
3					
人工小计					
	材料				
1	钢筋	t	2		
2	水泥	t	20		
3	砂	m^3	30		
材料小计					
	施工机械				
1	自升式塔式起重机	台班	10		
施工机械小计					
合计					

(5) 总承包服务费清单中，招标人应以"项"列出拟由投标人对招标人另行发包的专业工程和其他事项履行总承包服务的工程名称、内容范围、暂估价及计价要求。某工程总承包服务费清单如表4-21所示。

表4-21 某工程总承包服务费清单

序号	工程名称	项目价值/元	服务内容	费率/%	金额/元
1	发包人发包专业工程	200000	(1) 提供施工工作面并对施工现场统一管理，对竣工资料进行统一整理汇总 (2) 为专业工程承包人提供垂直运输机械，并承担垂直运输机械费和电费		

四、规费、税金项目清单的编制

1. 规费

(1) 安全文明施工费。安全文明施工费包括安全施工费、环境保护费、文明施工费、临时设施费。

(2) 社会保险费。社会保险费包括养老保险费、失业保险费、医疗保险费、生育保险费、工伤保险费。

(3) 建设项目工伤保险费。

(4) 优质优价费。

(5) 住房公积金。

2. 税金

税金是增值税。

【榜样人物】

奖金 30 万元! 22 岁,他已留校任教

2022 年 12 月,江西省人民政府网站发布一份通报,表扬 2022 年世界技能大赛特别赛江西省获奖选手和为参赛工作做出突出贡献的单位及个人。

通报指出:2022 年 10 月 11 日至 14 日,2022 年世界技能大赛特别赛家具制作项目在瑞士巴塞尔举行,江西省选手李德鑫代表中国参加比赛,获得该项目金牌,这是中国代表团在本次赛事中取得的首枚金牌,也是中国自参加世界技能大赛以来家具制作项目的首枚金牌。

为表扬取得的优异成绩,省政府决定给予奖章及奖金奖励。

思考:如何规划自己的职业生涯,才能有所作为?

我的回答是:

_____

_____

_____

_____

练 习 题

一、单选题

1. 关于工程量清单中的计日工,下列说法中正确的是(　　)。

    A. 即指零星工作所消耗的人工工时

    B. 在投标时计入总价,其数量和单价由投标人填报

    C. 应按投标文件载明的数量和单价进行结算

    D. 在编制招标工程量清单时,暂定数量由招标人填写

2. 采用工程量清单计价的总承包服务费计价表中,应由投标人填写的内容是(　　)。

    A. 项目价值

    B. 服务内容

    C. 计算基础

    D. 费率和金额

3. 关于建筑安装工程费用中建筑业增值税的计算,下列说法中正确的是(　　)。

    A. 当事人可以自主选择一般计税法或简易计税法计税

    B. 一般计税法、简易计税法中的建筑业增值税税率均为 11%

    C. 采用简易计税法时,税前造价不包含增值税的进项税额

D. 采用一般计税法时，税前造价不包含增值税的进项税额

4. 根据《建设工程工程量清单计价规范》(GB 50500—2013)编制的分部分项工程量清单，其工程数量是按照(　　)计算的。

    A. 设计文件图示尺寸的工程量净值

    B. 设计文件结合不同施工方案确定的工程量平均值

    C. 工程实体量和损耗量之和

    D. 实际施工完成的全部工程量

5. 在编制工程量清单时，主要的步骤包括：①招标文件；②编制工程量清单；③计算工程量；④确定项目特征；⑤确定项目编码；⑥确定项目名称；⑦确定计量单位。下列排列顺序正确的是(　　)。

    A. ①③④⑤⑥⑦②　　　　　　　　B. ①③⑥⑤④⑦②

    C. ①⑥⑤④⑦③②　　　　　　　　D. ①⑦⑥⑤④③②

二、多选题

1. 根据《建设工程工程量清单计价规范》(GB 50500—2013)，关于工程量清单计价，下列说法中正确的有(　　)。

    A. 招标工程量清单可以委托具有相应资质的工程造价咨询人或招标代理人编制

    B. 事业单位自有资金投资的建设工程发承包，可以不采用工程量清单计价

    C. 招标工程量清单应以单位(项)工程为单位编制

    D. 不利于业主对投资的控制

    E. 招标工程量清单的准确性和完整性由清单编制人负责

2. 关于暂估价的计算和填写，下列说法中正确的有(　　)。

    A. 暂估价数量和拟用项目应结合工程量清单中"暂估价表"予以补充说明

    B. 材料暂估价应由招标人填写暂估单价，无须指出拟用于哪些清单项目

    C. 工程设备暂估价不应纳入分部分项工程综合单价

    D. 专业工程暂估价应分不同专业，列出明细表

    E. 专业工程暂估价由招标人填写，并计入投标总价

3. 根据《建设工程工程量清单计价规范》(GB 50500—2013)，在其他项目清单中，不能由投标人自主确定价格的有(　　)。

    A. 暂列金额　　　　　　　　　　B. 专业工程暂估价

    C. 材料暂估价单价　　　　　　　D. 计日工单价

    E. 总承包服务费

4. 工程量清单的编写过程中应满足下列原则(　　)。

    A. 遵守有关法律法规　　　　　　B. 按照国家规范进行清单编制

    C. 遵守招标文件相关要求　　　　D. 编制依据齐全

    E. 考虑投标人的技术水平

5. 安全文明施工费的计算基数可以是(　　)。

    A. 定额基价　　　　　　　　　　B. 定额人工费

    C. 定额机械费　　　　　　　　　D. 定额材料费

    E. 定额人工费+定额机械费

三、思考题

1. 招标工程量清单由哪几部分组成？应该由谁编制及负责？

2. 分部分项工程量清单由哪几部分组成？

3. 为什么编制工程量清单时需要准确描述项目特征？

4. 编制措施项目清单时，总价措施项目以什么为单位编制？单价措施项目怎么编制？

5. 其他项目清单按哪些内容列项？

学 习 小 结

　　结合个人的学习情况进行回顾、总结：要求体现自己在本项目学习过程中所获得的知识、学习目标的实现情况以及个人收获。

　　(撰写总结：要求层次清楚、观点明确，建议采用思维导图和表格的形式对所学知识和学习目标的实现情况进行总结。)

项目五　施工图预算的编制

能力目标	知识目标	素质目标
(1) 能描述施工图预算的含义及作用； (2) 能用定额计价法编制施工图预算； (3) 能用清单计价法编制施工图预算； (4) 能描述两种计价方法的区别与联系	(1) 掌握施工图预算的组成、编制依据、编制原则、编制方法及编制步骤； (2) 掌握定额计价法及清单计价法的计价特点、编制依据、编制原则、编制方法及编制步骤； (3) 掌握两种计价方法的特点、区别	培养学生刻苦钻研、团队协作、精益求精、一丝不苟的职业素质

【导学问题】

在每个建筑工地的工程概况展示牌上都明确有工程造价及单方造价的标识，那么工程造价是如何计算出来的？如果在前面的项目中，懂得了什么是工程造价，那么在本项目中，我们将了解到工程造价的计算过程，即建筑工程的造价是如何得出来的。

任务一　认识施工图预算

一、施工图预算的含义

导学任务一
认知施工图预算

施工图预算是以施工图设计文件为依据，按照规定的程序、方法和依据，在工程施工前对工程项目的工程费用进行的预测与计算。施工图预算的成果文件称为施工图预算书，它是在施工图设计阶段对工程建设所需资金做出的比较精确的计算文件。

施工图预算价格既可以是按照政府统一规定的预算定额中预算单价、取费标准、计价程序计算得到的属于计划或预期性质的施工图预算价格(定额计价法)，也可以是通过招标投标法定程序后施工企业根据自身的实力即企业定额、资源市场单价和市场供求及竞争状况计算得到的反映市场性质的施工图预算价格(清单计价法)。

二、施工图预算的作用

施工图预算作为工程建设程序中一个重要的技术经济文件，在工程建

施工图预算的
编制概述

设实施过程中具有十分重要的作用，可以归纳为以下几个方面。

1. 施工图预算对设计单位的作用

对设计单位而言，施工图预算价可以检验工程设计在经济上的合理性。其作用主要有以下几个方面。

(1) 根据预算进行投资控制。根据工程造价的控制要求，施工图预算不得超过设计概算，设计单位完成施工图设计后一般要将施工图预算与设计概算进行对比，突破概算时要决定该设计方案是否实施或是否需要修正。

(2) 根据施工图预算调整、优化设计。设计方案确定后一般以施工图预算作为其经济指标，通过对设计方案进行技术经济分析与评价，寻求进一步调整、优化设计方案。

2. 施工图预算对投资单位的作用

对业主而言，施工图预算是控制工程投资、编制标底和控制合同价格的依据。其主要作用有以下几个方面。

(1) 施工图预算是设计阶段控制工程造价的重要环节，是控制工程投资不突破设计概算的重要措施。

(2) 施工图预算是控制造价及资金合理使用的依据。投资方按施工图预算造价筹集建设资金，合理安排建设资金计划，确保建设资金的有效使用，保证项目建设顺利进行。

(3) 施工图预算是确定工程招标限价(或标底)的依据。建筑安装工程的招标限价(或标底)可按照施工图预算来确定。招标限价(或标底)通常是在施工图预算的基础上考虑工程的特殊施工措施、工程质量要求、目标工期、招标工程范围以及自然条件等因素进行编制的。

(4) 施工图预算可以作为确定合同价款、拨付工程进度款及办理工程结算的基础。

3. 施工图预算对承包商的作用

对承包商而言，施工图预算价是进行工程投标和控制分包工程合同价格的依据。其作用有以下几个方面。

(1) 施工图预算是承包商投标报价的基础。在激烈的建筑市场竞争中，承包商如果没有自己的企业定额，需要根据施工图预算，结合企业的投标策略，灵活确定投标报价。

(2) 施工图预算是建筑工程预算包干的依据和签订施工合同的主要内容。施工方通过与建设方协商，可在施工图预算的基础上，考虑设计或施工变更后可能发生的费用与其他风险因素，增加一定系数作为工程造价一次性包干价。同样，施工方与建设方签订施工合同时，其中工程价款的相关条款也必须以施工图预算为依据。

(3) 施工图预算是安排调配施工力量、组织材料设备供应的依据。施工企业在施工前，可以根据施工图预算的工人、材料、机械分析，编制资源计划，组织材料、机具、设备和劳动力供应，并编制进度计划，统计完成的工作量，进行经济核算并考核经营成果。

(4) 施工图预算是控制工程成本的依据。根据施工图预算确定的中标价格是施工方收取工程款的依据，企业只有合理利用各项资源，采取先进技术和管理方法，将成本控制在施工图预算价格以内，才能获得良好的经济效益。

(5) 施工图预算是进行"两算"对比的依据。可以通过施工预算与施工图预算对比分析，找出施工成本偏差过大的分部分项工程，调整施工方案，降低施工成本。

4. 施工图预算对其他有关方的作用

(1) 对于造价咨询企业而言，客观、准确地为委托方做出施工图预算，不仅体现出企业的技术和管理水平、能力，而且能够保证企业信誉、提高企业市场竞争力。

(2) 对于工程项目管理、监理等中介服务企业而言，客观准确的施工图预算是为业主方提供投资控制咨询服务的依据。

(3) 对于工程造价管理部门而言，施工图预算是监督、检查定额标准执行情况、测算造价指数以及审定工程招标限价(或标底)的重要依据。

(4) 如果在履行合同的过程中发生经济纠纷，施工图预算还是有关调解、仲裁、司法机关按照法律程序处理、解决问题的依据。

三、施工图预算的编制内容及依据

1. 编制内容

施工图预算分为单位工程施工图预算、单项工程施工图预算以及建设项目总预算。单位工程施工图预算，简称单位工程预算，是根据施工图设计文件、现行预算定额、单位估价表、费用定额以及人工、材料、设备、机械台班等预算价格资料，以单位工程为对象编制的建筑安装工程费用施工图预算；然后以单项工程为对象，汇总所包含的各个单位工程施工图预算，成为单项工程施工图预算(简称单项工程预算)；再以建设项目为对象，汇总所包含的各个单项工程施工图预算和工程建设其他费用估算，形成最终的建设项目总预算。

单位工程预算包括建筑工程预算和设备安装工程预算。建筑工程预算按其工程性质分为一般土建工程预算、装饰装修工程预算、给排水工程预算、采暖通风工程预算、煤气工程预算、电气照明工程预算、弱电工程预算、特殊构筑物(如炉窑等工程预算和工业管道)工程预算等。设备安装工程预算可分为机械设备安装工程预算、电气设备安装工程预算和热力设备安装工程预算等。

2. 编制依据

施工图预算的编制依据包括以下几内容。

(1) 国家、行业和地方政府主管部门颁布的有关工程建设和造价管理的法律、法规和规定。

(2) 经过批准和会审的施工图设计文件，包括设计说明书、设计图纸及采用的标准图、图纸会审纪要、设计变更通知单及经建设主管部门批准的设计概算文件。

(3) 工程地质、水文、地貌、交通、环境及标高测量等勘察、勘测资料。

(4) 《建设工程工程量清单计价规范》(GB 50500—2013)和专业工程工程量计算规范或预算定额(单位估价表)、地区材料市场与预算价格等相关信息以及颁布的人、机预算价格，工程造价信息，取费标准，政策性调价文件等。

(5) 当采用新结构、新材料、新工艺和新设备而定额缺项时，按规定编制的补充预算

定额，也是编制施工图预算的依据。

(6) 合理的施工组织设计和施工方案等文件。

(7) 招标文件、工程合同或协议书。它明确了施工单位承包的工程范围，应承担的责任、权利和义务。

(8) 项目有关的设备、材料供应合同、价格及相关说明书。

(9) 项目的技术复杂程度，以及新技术、专利使用情况等。

(10) 项目所在地区有关的全年季节性气候分布和最高、最低气温，最大降雨、降雪和最大风力等气象条件。

(11) 项目所在地区有关的经济、人文等社会条件。

(12) 预算工作手册、常用的各种数据、计算公式、材料换算表、常用标准图集及各种必备的工具书。

四、施工图预算的编制原则

(1) 施工图预算的编制应保证编制依据的合法性、全面性和有效性，以及预算编制成果文件的准确性、完整性。

(2) 完整、准确地反映设计内容的原则。编制施工图预算时，要认真了解设计意图，根据设计文件、图纸准确计算工程量，避免重复和漏算。

(3) 坚持结合拟建工程的实际，反映工程所在地当时价格水平的原则。编制施工图预算时，要求实事求是地对工程所在地的建设条件、可能影响造价的各种因素进行认真的调查研究。在此基础上，正确使用定额、费率和价格等各项编制依据，按照现行工程造价的构成，根据有关部门发布的价格信息及价格调整指数，考虑建设期的价格变化因素，使施工图预算尽可能地反映设计内容、实际施工条件和实际价格。

【工程案例】

亚洲最大高铁站落户中国——雄安高铁站

今天在我国大地上，一张以"八纵八横"为骨架，以区域连接线、城际铁路为补充的全球规模最大的高速铁路网，正日渐形成。

雄安高铁站，是目前全亚洲最大的高铁站，其面积相当于66个足球场，雄安站汇聚京雄、津雄、石雄三大主动脉，是我国庞大高铁交通网络中"八纵八横"的中心枢纽，也是未来全世界大型公共交通设施的范本。

思考：你了解雄安高铁站还应用了哪些高科技。

我的回答是：

_____

_____

_____

_____

任务二 定额计价法编制施工图预算

工程计价是指按照规定的程序、方法和依据，对工程造价及其构成内容进行估计或确定的行为。工程计价依据是指在工程计价活动中，所要依据的与计价内容、计价方法和价格标准相关的工程计量计价标准，工程计价定额及工程造价信息等。

导学任务二
定额计价法

新中国成立初期，我国引进和沿用了苏联建设工程的定额计价方式，该方式属于计划经济的产物。后由于种种原因，没有执行定额计价方式，而采用了包工不包料等方式与建设单位办理工程结算。

从 20 世纪 70 年代末起，我国开始加强工程造价的定额管理工作，要求严格按主管部门颁发的概预算定额和工料机指导价确定工程造价，这一要求具有典型的计划经济的特征。

随着我国改革开放的不断深入，在建立社会主义市场经济体制的要求下，定额计价方式产生了一些变革，如定期调整人工费，把计划利润变为竞争利润等。随着社会主义市场经济的进一步发展，主管部门又提出了"量价分离"的方法确定和控制工程造价。但上述做法，只是一些小改动，没有从根本上改变计划价格的性质，基本上还是属于定额计价的范畴。

到了 2003 年 7 月 1 日，国家颁发了《建设工程工程量清单计价规范》(GB 50500—2003)，在建设工程招标投标中实施工程量清单计价，之后，工程造价的确定逐步体现了市场经济规律的要求和特征。2008 年，国家有关部委对规范进行了修订，发布了《建设工程工程量清单计价规范》(GB 50500—2008)，进一步完善了工程量清单计价方式。2013 年 7 月 1 日，《建设工程工程量清单计价规范》(GB 50500—2013)正式生效。

根据工程造价计价依据的不同，目前我国处于工程定额计价和工程量清单计价两种计价模式并存的状态。

一、定额计价模式

定额计价模式是我国传统的计价模式，采用工料单价法。它是以预算定额、各种费用定额为基础依据，首先按照施工图内容及定额规定的分部分项工程量计算规则逐项计算工程量，套用定额基价或根据市场价格确定分部分项工程费，而后再按规定的费用定额计取其他各项费用，最后汇总形成工程造价。

定额计价法

二、定额计价模式的方法及程序

1. 定额计价的基本方法

工料单价法是目前建筑工程定额计价编制时普遍采用的方法。工料单价包括人工、材料、机械台班费用，是各种人工消耗量、各种材料消耗量、各类机械台班消耗量与其相应单价的乘积。用以下公式表示：

$$工料单价=\sum(人、材、机消耗量×人、材、机单价) \tag{5-1}$$

采用工料单价时在工料单价确定后,乘以相应定额项目工程量并汇总,得出相应分部分项工程费,再按照相应的取费程序计算其他各项费用,汇总后形成相应工程造价。即按预算定额规定的分部分项子目,逐项计算工程量,套用预算定额单价(或单位估价表)确定分部分项工程费,然后按规定的取费标准确定措施费、其他项目费、利润和税金等费用,经汇总后即为工程预算造价。用公式表示为:

① 分部分项工程费=人工费+材料费+施工机械使用费 (5-2)

其中:

$$人工费=\sum(人工工日数量×人工工日单价) \tag{5-3}$$

$$材料费=\sum(材料用量×材料预算价格) \tag{5-4}$$

$$机械使用费=\sum(机械台班用量×台班单价) \tag{5-5}$$

② 措施项目费=单价措施项目费+总价措施项目费 (5-6)

其中:单价措施项目费计算同分部分项工程费

总价措施费=计费基础×相应费率 (5-7)

③ 根据规定计算其他项目费、企业管理费、利润、规费、设备费、税金。

工程造价=分部分项费+措施项目费+其他项目费+企业管理费+

利润+规费+设备费+税金 (5-8)

定额计价的主要工作内容如下。

(1) 准备工作。准备工作阶段主要完成以下工作内容。

① 收集编制施工图预算的编制依据。其中主要包括现行建筑安装定额、取费标准、工程量计算规则、地区材料预算价格以及市场材料价格等各种资料。资料收集清单如表 5-1 所示。

表 5-1　工料单价法收集资料一览表

序号	资料类别	说　明
1	国家规范	国家或省级、行业建设主管部门颁发的计价依据和办法
2		预算定额
3	地方规范	××地区建筑工程消耗量标准
4		××地区建筑装饰工程消耗量标准
5		××地区安装工程消耗量标准
6	建设项目有关资料	建设工程设计文件及相关资料,包括施工图纸等
7		施工现场情况、工程特点及常规施工方案
8		经批准的初步设计概算或修正概算
9		工程所在地的劳资、材料、税务、交通等方面资料
10	其他有关资料	

② 熟悉施工图等基础资料。熟悉施工图纸、有关的通用标准图、图纸会审记录、设计变更通知等资料,并检查施工图纸是否齐全,尺寸是否清楚,了解施工图纸,掌握工程全貌。

③ 了解施工组织设计和施工现场情况。全面分析各分项工程,充分了解施工组织设计和施工方案,如工程进度、施工方法、人员使用、材料消耗、施工机械、技术措施等内

容，注意影响费用的关键因素；核实施工现场情况，包括工程所在地地质、地形、地貌等情况、工程实地情况、当地气象资料、当地材料供应地点及运距等情况；了解工程布置、地形条件、施工条件、料场开采条件、场内外交通运输条件等。

(2) 列项并计算工程量。工程量计算一般按下列步骤进行：首先将单位工程划分为若干分项工程，划分的项目必须和定额规定的项目一致，这样才能正确地套用定额。不能重复列项计算，也不能漏项少算。工程量应严格按照图纸尺寸和现行定额规定的工程量计算规则进行计算，分项子目的工程量应遵循一定的顺序逐项计算，避免漏算和重算。

① 根据工程内容和定额项目，列出须计算工程量的分项工程。

② 根据一定的计算顺序和计算规则，列出分项工程量的计算式。

③ 根据施工图纸上的设计尺寸及有关数据，代入计算式进行数值计算。

④ 对计算结果的计量单位进行调整，使之与定额中相应的分项工程的计量单位保持一致。

(3) 套用定额预算单价，计算直接费。核对工程量计算结果后，将定额子项中的基价填入预算表单价栏内，并将单价乘以工程量得出合价，将结果填入合价栏，汇总求出单位工程直接费。计算直接费时需要注意以下几个问题。

① 分项工程的名称、规格、计量单位与预算单价或单位估价表中所列内容完全一致时，可以直接套用预算单价；

② 分项工程的主要材料品种与预算单价或单位估价表中规定材料不一致时，不可以直接套用预算单价，需要按实际使用材料价格换算预算单价；

③ 分项工程施工工艺条件与预算单价或单位估价表不一致而造成人工机具的数量增减时，一般调量不调价。

(4) 编制工料分析表。工料分析是按照各分项工程，依据定额或单位估价表，首先从定额项目表中分别将各分项工程消耗的每项材料和人工的定额消耗量查出；再分别乘以该工程项目的工程量，得到分项工程工料消耗量，最后将各分项工程工料消耗量加以汇总，得出单位工程人工、材料的消耗数量，即：

$$人工消耗量=某工种定额用工量×某分项工程量 \tag{5-9}$$

$$材料消耗量=某种材料定额用量×某分项工程量 \tag{5-10}$$

分项工程工料分析表，如表 5-2 所示。

表 5-2　分项工程工料分析表

序号	定额编号	分项工程名称	单位	工程量	人工/工日	主要材料			其他材料费/元
						材料1	材料2	……	

编制人：　　　　　　　　　　　　　　　　　　　　审核人：

(5) 计算主材费并调整直接费。许多定额项目基价是不完全价格，即未包括主材费用在内。因此还需要计算出主材费，计算完成后将主材费加入直接费。主材费计算的依据是当时当地的市场价格。

(6) 按计价程序计取其他费用，并汇总造价。根据规定的税率、费率和相应的计取基础,分别计算企业管理费、利润、规费和税金。将上述费用累计后与直接费进行汇总,求出单位工程预算造价。与此同时,计算工程的技术经济指标,如单方造价。

(7) 复核。对项目填列、工程量计算公式、计算结果、套用单价、取费费率、数字计算结果、数据精确度等进行全面复核,及时发现差错并修改,以保证预算的准确性。

(8) 填写封面、编制说明。封面应写明工程编号、工程名称、预算总造价和单方造价等;撰写编制说明内容包括工程内容范围、依据的图纸编号、承包方式、有关部门现行的调价文件号、套用单价需要补充说明的问题及其他需说明的问题等。

将封面、编制说明、预算费用汇总表、材料汇总表、工程预算分析表,按顺序编排并装订成册。便完成了单位施工图预算的编制工作。

【应用案例 5-1】

某市一住宅楼土建工程,该工程主体设计采用七层轻框架结构、钢筋混凝土筏式基础,建筑面积为 $7670.22m^2$,限于篇幅,现取其基础部分来说明工料单价法编制施工图预算的过程。表 5-3 是该住宅采用工料单价法编制的单位工程(基础部分)施工图预算表。该单位工程预算是采用该市当时的建筑工程预算定额及单位估价表编制的。

表 5-3　某住宅楼建筑工程基础部分预算书

(工料单价法)

工程定额编号	工程或费用名称	计量单位	工程量	价值/元	
				单　价	合　价
(1)	(2)	(3)	(4)	(5)	(6)
1042	平整场地	m²	1393.59	3.04	4236.51
1063	挖土机挖土(砂砾坚土)	m³	2781.73	9.74	27094.05
1092	干铺土石屑层	m³	892.68	145.8	130152.74
1090	C10 混凝土基础垫层(10cm 内)	m³	110.03	388.78	42777.46
5006	C20 带形钢筋混凝土基础(有梁式)	m³	372.32	1103.66	410914.69
5014	C20 独立式钢筋混凝土基础	m³	43.26	929	40188.54
5017	C20 矩形钢筋混凝土柱(1.8m 外)	m³	9.23	599.72	5535.42
13002	矩形柱与异形柱差价	元	61		61
3001	M5 砂浆砌砖基础	m³	34.99	523.17	18305.72
5003	C10 带形无筋混凝土基础	m³	54.22	423.23	22947.53
4028	满堂脚手架(3.6m 内)	m²	370.13	11.06	4093.64
1047	槽底钎探	m²	1233.77	6.65	8204.57
1040	回填土(夯填)	m³	1260.94	30	37828.20
3004	基础抹隔潮层(有防水粉)	元	130		130
	人材机费小计				752370.07

注:其他各项费用在土建工程预算书汇总时计列。

2. 工程类别的划分标准及费率

1) 工程类别划分标准

(1) 根据山东省建设工程费用组成及计算规则(2016 年 12 月),工程类别的确定,以单位工程为划分对象。一个单项工程的单位工程,包括:建筑工程、装饰工程、水卫工程、暖通工程、电气工程等若干个相对独立的单位工程。一个单位工程只能确定一个工程类别。

(2) 工程类别划分标准中有两个指标的,确定工程类别时,须满足其中一项指标。

(3) 工程类别划分标准缺项时,拟定为 I 类工程的项目,由省工程造价管理机构核准;II、III 类工程项目,由市工程造价管理机构核准,并同时报省工程造价管理机构备案。

(4) 建筑工程类别划分标准如表 5-4 所示。

表 5-4　建筑工程类别划分标准

工程特征			单位	工程类别		
				I	II	III
工业厂房工程	钢结构	跨度	m	>30	>18	≤18
		建筑面积	m²	>25000	>12000	≤12000
	其他结构	单层 跨度	m	>24	>18	≤18
		单层 建筑面积	m²	>15000	>10000	≤10000
		多层 檐高	m	>60	>30	≤30
		多层 建筑面积	m²	>20000	>12000	≤12000
民用建筑工程	钢结构	檐高	m	>60	>30	≤30
		建筑面积	m²	>30000	>12000	≤12000
	混凝土结构	檐高	m	>60	>30	≤30
		建筑面积	m²	>20000	>10000	≤10000
	其他结构	层数	层	—	>10	≤10
		建筑面积	m²	—	>12000	≤12000
	别墅工程 (≤3 层)	栋数	栋	≤5	≤10	>10
		建筑面积	m²	≤500	≤700	>700
构筑物工程	烟囱	混凝土结构高度	m	>100	>60	≤60
		砖结构高度	m	>60	>40	≤40
	水塔	高度	m	>60	>40	≤40
		容积(单体)	m³	>100	>60	≤60
	筒仓	高度	m	>35	>20	≤20
		容积(单体)	m³	>2500	>1500	≤1500
	贮水池	容积(单体)	m³	>3000	>1500	≤1500
桩基础工程	桩长		m	>30	>12	≤12
单独土石方工程	土石方		m³	>30000	>12000	5000<体积 ≤12000

（5）建筑工程类别划分说明。工程类别划分标准中有两个指标的，确定工程类别时需满足其中一项指标。

① 建筑工程确定类别时，应首先确定工程类型。

建筑工程的工程类型，主要按工业厂房工程、民用建筑工程、构筑物工程、桩基础工程、单独土石方工程五个类型分列。

a. 工业厂房工程是指直接从事物质生产的生产厂房或生产车间。

工业建筑中，为物质生产配套和服务的实验室、化验室、食堂、宿舍、医疗、卫生及管理用房等独立建筑物，按民用建筑工程确定工程类别。

b. 民用建筑工程是指直接用于满足人们物质和文化生活需要的非生产性建筑物。

c. 构筑物工程是指与工业或民用建筑配套并独立于工业与民用建筑之外，如烟囱、水塔、贮仓、水池等工程。

d. 桩基础工程是指浅基础不能满足建筑物的稳定性要求而采用的一种深基础工艺，主要包括：各种现浇和预制混凝土桩以及其他材质的桩基础。桩基础工程适用于建设单位直接发包的桩基础工程。

e. 单独土石方工程是指建筑物、构筑物、市政设施等基础土石方以外的，挖方或填方工程量大于 $5000m^3$ 且需要单独编制概预算的工程。包括土石方的挖、运、填等。

同一建筑物工程类型不同时，按建筑面积大的工程类型确定其工程类别。

② 房屋建筑工程的结构形式。

a. 钢结构是指柱、梁(屋架)、板等承重构件用钢材制作的建筑物。

b. 混凝土结构是指柱、梁(屋架)、板等承重构件用现浇或预制的钢筋混凝土制作的建筑物。

c. 同一建筑物结构形式不同时，按建筑面积大的结构形式确定其工程类别。

③ 工程特征。

a. 建筑物檐高是指设计室外地坪至檐口滴水(或屋面板板顶)的高度。突出建筑物主体屋面楼梯间、电梯间、水箱间部分高度不计入檐口高度。

b. 建筑物的跨度是指设计图中轴线间的宽度。

c. 建筑物的建筑面积是按建筑面积计算规范的规定计算。

d. 构筑物高度是指设计室外地坪至构筑物主体结构顶坪的高度。

e. 构筑物的容积是指设计净容积。

f. 桩长是指设计桩长(包括桩尖长度)。

④ 与建筑物配套的零星项目。

如水表井、消防水泵井、合器井、热力入户井、排水检查井、雨水沉砂池等，按相应建筑物的类别确定工程类别。

其他附属项目，如场区大门、围墙、挡土墙、庭院甬路、室外管道支架等，按建筑工程Ⅲ类确定工程类别。

⑤ 工业厂房的设备基础。

单体混凝土体积＞$1000m^3$，按构筑物工程Ⅰ类；单体混凝土体积＞$600m^3$，按构筑物工程Ⅱ类；单体混凝土体积≤$600m^3$，且＞$50m^3$，按构筑物工程Ⅲ类；单体混凝土体积≤$50m^3$按相应建筑物或构筑物的工程类别确定工程类别。

⑥　强夯工程。

按单独土石方工程Ⅱ类确定工程类别。

(6)　装饰工程类别划分标准如表 5-5 所示。

表 5-5　装饰工程类别划分标准

工程特征	工程类别		
	Ⅰ	Ⅱ	Ⅲ
工业与民用建筑	特殊公共建筑,包括观演展览建筑、交通建筑、体育场馆、高级会堂等	一般公共建筑,包括办公建筑、文教卫生建筑、科研建筑、商业建筑等	居住建筑、工业厂房工程
	四星级及以上宾馆	三星级宾馆	二星级及以下宾馆
单独外墙装饰(包括幕墙、各种外墙干挂工程)	幕墙高度>50m	幕墙高度>30m	幕墙高度≤30m
单独招牌、灯箱、美术字等工程	—	—	单独招牌、灯箱、美术字等工程

(7)　装饰工程类别划分说明。

①　装饰工程是指建筑物主体结构完成后,在主体结构表面及相关部位进行抹灰、镶贴和铺装面层等施工,以达到建筑设计效果的施工内容。

a. 作为地面各层次的承载体,在原始地基或回填土上铺筑的垫层,属于建筑工程。附着于垫层或者主体结构的找平层仍属于建筑工程。

b. 为主体结构及其施工服务的边坡支护工程,属于建筑工程。

c. 门窗(不含门窗零星装饰),作为建筑物围护结构的重要组成部分,属于建筑工程。工艺门扇以及门窗的包框、镶嵌和零星装饰,属于装饰工程。

d. 位于墙柱结构外表面以外、楼板(含屋面板)以下的各种龙骨(骨架)、各种找平层、面层,属于装饰工程。

e. 具有特殊功能的防水层、保温层,属于建筑工程;防水层、保温层以外的面层属于装饰工程。

f. 为整体工程或主体结构工程服务的脚手架、垂直运输、水平运输、大型机械进出场,属于建筑工程;单纯为装饰工程服务的,属于装饰工程。

g. 建筑工程的施工增加(第二十章),属于建筑工程;装饰工程的施工增加,属于装饰工程。

②　特殊公共建筑,包括观演展览建筑(如影剧院、影视制作播放建筑、城市级图书馆、博物馆、展览馆、纪念馆等)、交通建筑(如汽车、火车、飞机、轮船的站房建筑等)、体育场馆(如体育训练、比赛场馆等)、高级会堂等。

③　一般公共建筑,包括办公建筑、文教卫生建筑(如教学楼、实验楼、学校图书馆、门诊楼、病房楼、检验化验楼等)、科研建筑、商业建筑等。

④　宾馆、饭店的星级,按《旅游涉外饭店星级标准》确定。

2)　建筑工程费率

为加强对工程造价的动态管理,适应建设工程计价的需要,根据国家有关规定,各地市都制定了本地区的各项取费标准,其中山东省的各项建筑工程费率如表 5-6～5-11 所示,它是计算工程造价的依据。

表 5-6 建筑、装饰、安装、园林绿化工程措施费

单位：%

一般计税方法下					
专业名称		费用名称			
		夜间施工费	二次搬运费	冬雨期施工增加费	已完工程及设备保护费
建筑工程		2.55	2.18	2.91	0.15
装饰工程		3.64	3.28	4.10	0.15
安装工程	民用安装工程	2.50	2.10	2.80	1.20
	工业安装工程	3.10	2.70	3.90	1.70
园林绿化工程		2.21	4.42	2.21	5.89
简易计税方法下					
专业名称		费用名称			
		夜间施工费	二次搬运费	冬雨期施工增加费	已完工程及设备保护费
建筑工程		2.80	2.40	3.20	0.15
装饰工程		4.0	3.6	4.5	0.15
安装工程	民用安装工程	2.66	2.28	3.04	1.32
	工业安装工程	3.30	2.93	4.23	1.87
园林绿化工程		2.40	4.80	2.40	6.40

注：建筑、装饰工程中已完工程及设备保护费的计费基础为省价人材机之和。

表 5-7 措施费中的人工费含量

单位：%

专业名称	费用名称			
	夜间施工费	二次搬运费	冬雨期施工增加费	已完工程及设备保护费
建筑工程、装饰工程	25			10
园林绿化工程				
安装工程	50	40		25

表 5-8 企业管理费、利润

单位：%

一般计税法下							
专业名称		企业管理费			利润		
		I	II	III	I	II	III
建筑工程	建筑工程	43.4	34.7	25.6	35.8	20.3	15.0
	构筑物工程	34.7	31.3	20.8	30.0	24.2	11.6
	单独土石方工程	28.9	20.8	13.1	22.3	16.0	6.8
	桩基础工程	23.2	17.9	13.1	16.9	13.1	4.8
装饰工程		66.2	52.7	32.2	36.7	23.8	17.3

续表

<table>
<tr><td colspan="7" align="center">简易计税法下</td></tr>
<tr><td rowspan="2" colspan="2">专业名称</td><td colspan="3" align="center">企业管理费</td><td colspan="3" align="center">利 润</td></tr>
<tr><td>Ⅰ</td><td>Ⅱ</td><td>Ⅲ</td><td>Ⅰ</td><td>Ⅱ</td><td>Ⅲ</td></tr>
<tr><td rowspan="4">建筑工程</td><td>建筑工程</td><td>43.2</td><td>34.5</td><td>25.4</td><td>35.8</td><td>20.3</td><td>15.0</td></tr>
<tr><td>构筑物工程</td><td>34.5</td><td>31.2</td><td>20.7</td><td>30.0</td><td>24.2</td><td>11.6</td></tr>
<tr><td>单独土石方工程</td><td>28.8</td><td>20.7</td><td>13.0</td><td>22.3</td><td>16.0</td><td>6.8</td></tr>
<tr><td>桩基础工程</td><td>23.1</td><td>17.8</td><td>13.0</td><td>16.9</td><td>13.1</td><td>4.8</td></tr>
<tr><td colspan="2">装饰工程</td><td>65.9</td><td>52.4</td><td>32.0</td><td>36.7</td><td>23.8</td><td>17.3</td></tr>
</table>

表 5-9 总承包服务费、采购保管费

单位：%

费用名称		费 率
总承包服务费		3.0
采购保管费	材料	2.5
	设备	1.0

表 5-10 建筑、装饰、安装、园林绿化工程规费

单位：%

<table>
<tr><td colspan="6" align="center">一般计税方法下</td></tr>
<tr><td rowspan="2">费用名称</td><td rowspan="2">建筑工程</td><td rowspan="2">装饰工程</td><td colspan="2" align="center">安装工程</td><td rowspan="2">园林绿化工程</td></tr>
<tr><td>民 用</td><td>工 业</td></tr>
<tr><td>安全文明施工费</td><td>4.47</td><td>4.15</td><td>4.98</td><td>4.38</td><td>2.92</td></tr>
<tr><td>其中：1.安全施工费</td><td>2.34</td><td>2.34</td><td>2.34</td><td>1.74</td><td>1.16</td></tr>
<tr><td>2.环境保护费</td><td>0.56</td><td>0.12</td><td>0.29</td><td></td><td>0.16</td></tr>
<tr><td>3.文明施工费</td><td>0.65</td><td>0.10</td><td>0.59</td><td></td><td>0.35</td></tr>
<tr><td>4.临时设施费</td><td>0.92</td><td>1.59</td><td>1.76</td><td></td><td>1.25</td></tr>
<tr><td>社会保险费</td><td>1.52</td><td></td><td></td><td></td><td></td></tr>
<tr><td>建设项目工伤保险</td><td>0.105</td><td></td><td></td><td></td><td></td></tr>
<tr><td rowspan="3">优质优价费</td><td>国家级</td><td>1.76</td><td></td><td></td><td></td></tr>
<tr><td>省级</td><td>1.16</td><td></td><td></td><td></td></tr>
<tr><td>市级</td><td>0.93</td><td></td><td></td><td></td></tr>
<tr><td>住房公积金</td><td colspan="5">按工程所在地设区市相关规定计算</td></tr>
<tr><td colspan="6" align="center">简易计税方法下</td></tr>
<tr><td rowspan="2">费用名称</td><td rowspan="2">建筑工程</td><td rowspan="2">装饰工程</td><td colspan="2" align="center">安装工程</td><td rowspan="2">园林绿化工程</td></tr>
<tr><td>民 用</td><td>工 业</td></tr>
<tr><td>安全文明施工费</td><td>4.29</td><td>3.97</td><td>4.86</td><td>4.31</td><td>2.84</td></tr>
<tr><td>其中：1.安全施工费</td><td>2.16</td><td>2.16</td><td>2.16</td><td>1.61</td><td>1.07</td></tr>
<tr><td>2.环境保护费</td><td>0.56</td><td>0.12</td><td>0.30</td><td></td><td>0.16</td></tr>
<tr><td>3.文明施工费</td><td>0.65</td><td>0.10</td><td>0.60</td><td></td><td>0.35</td></tr>
<tr><td>4.临时设施费</td><td>0.92</td><td>1.59</td><td>1.80</td><td></td><td>1.26</td></tr>
<tr><td>社会保险费</td><td>1.40</td><td></td><td></td><td></td><td></td></tr>
<tr><td>建设项目工伤保险</td><td>0.10</td><td></td><td></td><td></td><td></td></tr>
<tr><td rowspan="3">优质优价费</td><td>国家级</td><td>1.66</td><td></td><td></td><td></td></tr>
<tr><td>省级</td><td>1.10</td><td></td><td></td><td></td></tr>
<tr><td>市级</td><td>0.88</td><td></td><td></td><td></td></tr>
<tr><td>住房公积金</td><td colspan="5">按工程所在地设区市相关规定计算</td></tr>
</table>

注：表中安全施工费费率不包括安全生产责任保险费率。安全生产责任保险费用在招投标和合同签订阶段可暂按 0.15%计列，工程结算时按实际购买保险金额计入。

表 5-11　税金

单位：%

费用名称	税率
增值税(一般计税)	9
增值税(简易计税)	3

注：甲供材料、甲供设备不作为计税基础。

3. 定额计价计算程序

根据山东省建设工程费用组成及计算规则，工程量定额计价计算程序可以用表 5-12 计算。

表 5-12　工程量定额计价计算程序

序号	费用名称	计算方法
一	分部分项工程费	$\sum\{[$定额$\sum($工日消耗量×人工单价$)+\sum($材料消耗量×材料单价$)+\sum($机械台班消耗量×台班单价$)]×$分部分项工程量$\}$
	计费基础 JD1	详见计费基础说明
二	措施项目费	2.1+2.2
	2.1 单价措施费	$\{[$定额$\sum($工日消耗量×人工单价$)+\sum($材料消耗量×材料单价$)+\sum($机械台班消耗量×台班单价$)]×$单价措施项目工程量$\}$
	2.2 总价措施费	JD1×相应费率
	计费基础 JD2	详见计费基础说明
三	其他项目费	3.1+3.3+...+3.8
	3.1 暂列金额	
	3.2 专业工程暂估价	
	3.3 特殊项目暂估价	
	3.4 计日工	按项目二其他项目费的介绍计算
	3.5 采购保管费	
	3.6 其他检验试验费	
	3.7 总承包服务费	
	3.8 其他	
四	企业管理费	(JD1+JD2)×管理费费率
五	利润	(JD1+JD2)×利润率
六	规费	6.1+6.2+6.3+6.4+6.5
	6.1 安全文明施工费	(一+二+三+四+五)×费率
	6.2 社会保险费	(一+二+三+四+五)×费率
	6.3 建设项目工伤保险	(一+二+三+四+五)×费率
	6.4 优质优价费	(一+二+三+四+五)×费率
	6.5 住房公积金	按工程所在地设区市相关规定计算
七	设备费	$\sum($设备单价×设备工程量$)$
八	税金	(一+二+三+四+五+六+七)×税率
九	工程费用合计	一+二+三+四+五+六+七+八

注：① 单价措施费中的智慧工地费用、总价措施费中的疫情防控措施费，除税金外不参与其他费用的计取。

② 增值税一般计税法下，税前造价各构成要素均以不含税(可抵扣进项税额)价格计算；增值税简易计税法下，税前造价各构成要素均以含税价格计算。

根据山东省建设工程费用组成及计算规则，各专业工程计费基础的计算方法，如表 5-13 所示。

表 5-13　各专业工程计费基础的计算方法

计费基础			计算方法
建筑、装饰工程、园林绿化工程	人工费	定额计价	JD1	分部分项工程的省价人工费之和
				$\sum$[分部分项工程定额$\sum$(工日消耗量×省人工单价)×分部分项工程量]
			JD2	单价措施项目的省价人工费之和+总价措施费中的省价人工费之和
				$\sum$[单价措施项目定额$\sum$(工日消耗量×省人工单价)×单价措施项目工程量]+$\sum$(JD1×省发措施费费率×H)
			H	总价措施费中人工费含量(%)

【工程案例】

科学家精神在新时代薪火相传

我国工程院院士、建筑施工技术专家肖绪文，在燕子山质量大比拼中创造佳绩，在引黄济泉工程中勇挑重任，在济南石化项目中担纲设计。在世界高度最高、屋盖最重的钢筋混凝土结构单层厂房——酒泉火箭垂直测试厂房施工中，解决了超高重型屋盖的模架支撑难题；在索支穹顶结构"世界第一大跨"——武汉体育中心体育馆屋盖施工中，节约建设成本 50%以上……多年来，肖绪文主持和参与了百余项工程的设计和建设，多项工程获鲁班奖和詹天佑奖。

思考：你还了解哪些专家的事迹？

我的回答是：

_____

_____

_____

_____

任务三　清单计价法编制施工图预算

一、清单计价模式

**导学任务三
清单计价法**

工程量清单计价的基本原理可以描述为：按照工程量清单计价规范规定，在各相应专业工程计量规范规定的工程量清单项目设置和工程量计算规则基础上，针对具体工程的施工图纸和施工组织设计计算出各个清单项目的工程量，根据规定的方法计算出综合单价，并汇总各清单合价得出工程总价。

**清单计价的
特点**

二、工程量清单计价模式的方法和程序

1. 工程量清单计价模式的方法

综合单价法是目前工程量清单计价时采用的计价方法。综合单价包括人工费、材料费、机械台班费，还包括企业管理费、利润和风险因素。综合单价根据国家、地区、行业定额或企业定额消耗量和相应生产要素市场价格来确定。

采用综合单价时，在综合单价确定后，乘以相应项目工程量，经汇总即可得出分部分项工程费，再按相应的办法计取措施项目、其他项目、规费项目、税金项目费，各项目费汇总后得出相应工程造价。用公式表示为：

$$分部分项工程费=\sum(分部分项工程量×相应分部分项综合单价) \tag{5-11}$$

其中，综合单价由人工费、材料费、机械费、管理费、利润等组成，并考虑风险费用。

$$措施项目费=\sum 各措施项目费 \tag{5-12}$$

$$其他项目费=暂列金额+暂估价+计日工+总承包服务费 \tag{5-13}$$

$$单位工程报价=分部分项工程费+措施项目费+其他项目费+规费+税金 \tag{5-14}$$

2. 工程量清单计价模式的程序

根据山东省建设工程费用组成及计算规则，工程量清单计价模式可以根据表 5-14 计算。

表 5-14　工程量清单计价计算程序

序　号	费用名称	计算方法
一	分部分项工程费	$\sum(分部分项综合单价×分部分项工程量)$
	分部分项工程综合单价	1.1+1.2+1.3+1.4+1.5
	1.1　人工费	每计量单位 $\sum(工日消耗量×人工单价)$
	1.2　材料费	每计量单位 $\sum(材料消耗量×材料单价)$
	1.3　施工机械费	每计量单位 $\sum(机械台班消耗量×台班单价)$
	1.4　企业管理费	JQ1×管理费费率
	1.5　利润	JQ1×利润率
	计费基础 JQ1	详见三、计费基础说明
二	措施项目费	2.1+2.2
	2.1　单价措施费	$\sum\{[$ 每计量单位 $\sum(工日消耗量×人工单价)+\sum(材料消耗量×材料单价)+\sum(机械台班消耗量×台班单价)+JQ2×(管理费费率+利润率)]×单价措施项目工程量\}$
	计费基础 JQ2	详见三、计费基础说明
	2.2　总价措施费	$\sum[(JQ1×分部分项工程量)×措施费费率+(JQ1×分部分项工程量)×省发措施费费率×H×(管理费费率+利润率)]$
三	其他项目费	3.1+3.2+...+3.8
	3.1　暂列金额	按项目二其他项目费的介绍计算
	3.2　专业工程暂估价	
	3.3　特殊项目暂估价	
	3.4　计日工	

续表

序　号	费用名称	计算方法
三	3.5 采购保管费	按项目二其他项目费的介绍计算
	3.6 其他检验试验费	
	3.7 总承包服务费	
	3.8 其他	
四	规费	4.1+4.2+4.3+4.4+4.5
	4.1 安全文明施工费	(一+二+三)×费率
	4.2 社会保险费	(一+二+三)×费率
	4.3 建设项目工伤保险	(一+二+三)×费率
	4.4 优质优价费	(一+二+三)×费率
	4.5 住房公积金	按工程所在地设区市相关规定计算
五	设备费	$\sum$(设备单价×设备工程量)
六	税金	(一+二+三+四+五)×税率
七	工程费用合计	一+二+三+四+五+六

　　根据山东省建设工程费用组成及计算规则,各专业工程计费基础的计算方法,如表 5-15 所示。

表 5-15　各专业工程计费基础的计算方法

专业工程	计费基础		计算方法
建筑装饰、安装、园林绿化工程	人工费	JQ1	分部分项工程每计量单位的省价人工费之和
	工程量清单计价		分部分项工程每计量单位(工日消耗量×省人工单价)
		JQ2	单价措施项目每计量单位的省价人工费之和
			单价措施项目每计量单位$\sum$(工日消耗量×省人工单价)
		H	总价措施费中人工费含量(%)

　　单价措施项目是指消耗量定额中列有子目并规定了计算方法的单价措施项目,其中包括脚手架、垂直运输机械、构件吊装机械、混凝土泵送、混凝土模板及支架、大型机械进出场、施工降排水、智慧工地等项目;总计措施项目是指按项计费的措施项目,在措施费中规定了相应费率的项目,如夜间施工费、二次搬运费、冬雨期施工增加费、已完工程及设备保护费等项目。

　　其他项目费的计算介绍:见项目二中其他项目费介绍。

【应用案例 5-2】

　　某分部分项工程竣工结算金额 1600000.00 元,单价措施项目清单结算金额为 18000.00 元取定,安全文明施工费按分部分项工程结算金额的 3.50% 计取,其他项目费为零,人工费占分部分项工程及措施项目费的 13%,规费按人工费的 21% 计取,税金按 3.48% 计取。按《建设工程工程量清单计价规范》(GB 50500—2013)的要求,列式计算安全文明施工费、措施项目费、规费、税金并在表 5-16 所示"单位工程竣工结算汇总表"中编制该土建装饰工程结算(计算结果保留两位小数)。

表 5-16　单位工程竣工结算汇总表

序　号	项目名称	金额/元
1	分部分项工程费	1600000
2	措施项目费	74000
2.1	单价措施费	18000
2.2	安全文明施工费	56000
3	规费	45700.2
4	税金	59845.57
单位工程合计		1779545.77

【应用案例 5-3】

已知山东省日照某办公楼,框架剪力墙结构,檐高为 14.85m,建筑面积为 3155 m²,其中实体工程的人、材、机的市场价费用是 4281163.19 元,实体工程省价人工费用为 1272181.12 元,单价措施费市场价的人、材、机费用为 655343.6 元,单价措施费中省价人工费为 275530.26 元,暂列金额为 32 万元,专业工程暂估价为门窗工程暂估价为 15 万元,计日工费用按表表 5-17 计取,采购保管费及其他检验试验费不计,费率按山东省日照市相关费率计取,试计算建筑安装工程费。

表 5-17　计日工表

	数　量	单　位	综合单价/元
1.人工			
1.1 普工	100	工日	130
1.2 技工	80	工日	200
2.材料			
2.1 钢筋	1.3	t	4400
2.2 水泥	2.4	t	450
2.3 中砂	11	m³	150
3.机械			
灰浆搅拌机	6	台班	200

解:建筑安装工程费计算过程如表 5-18 所示。

表 5-18　建筑安装工程费计算过程

序号	费用名称	费率	计算方法	金额/元
一	分部分项工程费		1.1+1.2+1.3	4797668.73
	1.1 分部分项人材机费用			4281163.19
	1.2 企业管理费	25.6%	JQ1×分部分项工程量×管理费率 1272181.12×25.6%	325678.37
	3.利润	15%	JQ1×分部分项工程量×利润率 1272181.12×15%	190827.17

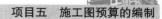

续表

序号	费用名称	费率	计算方法	金额/元
	措施项目费		2.1+2.2	876254.53
	2.1 单价措施费		$\sum${[每计量单位$\sum$(工日消耗数量×人工单价)+$\sum$(材料消耗数量×材料单价)+$\sum$(机械台班消耗量×机械台班单价)+JQ2×(管理费费率+利润率)]×单价措施项目工程量} 655343.6+275530.26×(25.6+15)%	767208.89
	2.2 总价措施费		(1)+(2)+(3)+(4)	109045.64
二	夜间施工费	2.55%	$\sum$[(JQ1×分部分项工程量)×措施费费率+(JQ1×分部分项工程量)×省发措施费费率×H×(管理费费率+利润率)] 1272181.12×2.55%+1272181.12×2.55%×25%×(25.6+15)%	35733.34
	(2)二次搬运费	2.18%	1272181.12×2.18%+1272181.12×2.18%×25%×(25.6+15)%	30548.5
	(3)冬雨期施工增加费	2.91%	1272181.12×2.91%+1272181.12×2.91%×25%×(25.6+15)%	40778.05
	(4)已完工程设备保护费	0.15%	1272181.12×0.15%+1272181.12×0.15%×10%×(25.6+15)%	1985.75
三	其他项目费			493150
	3.1 暂列金额			300000
	3.2 专业工程暂估价			150000
	3.3 计日工		计日工中人工费为：100×130+80×200=29000(元) 计日工中材料费为：1.3×4400+2.4×450+11×150=8450(元) 计日工机械费为：6×200=1200(元) 计日工费用为29000+8450+1200=38650(元)	38650
	3.4 总承包服务费	3%	专业分包工程费×费率 总承包服务费=专业工程暂估价(不含设备费)×相应费率=150000×3%=4500(元)	4500
四	规费		4.1+4.2+4.3+4.4+4.5	451738.12
	4.1 安全文明施工费	4.47%	(一+二+三)×费率	275668.18
	4.2 社会保险费	1.52%	(一+二+三)×费率	93739.51
	4.3 建设项目工伤保险	0.105%	(一+二+三)×费率	6475.43
	4.4 优质优价费	0.93%	(一+二+三)×费率	57353.78
	4.5 住房公积金	0.3%	(一+二+三)×费率	18501.22
五	税金	9%	(一+二+三+四)×费率	595693.02
六	工程费用合计		一+二+三+四+五	7214504.4

【工程案例】

武汉火神山医院展现中国速度

2020 年 1 月 23 日,武汉市城建局紧急召集中建三局等单位举行专题会议;2020 年 1 月 24 日,武汉火神山医院相关设计方案完成;2020 年 1 月 29 日,武汉火神山医院建设已进入病房安装攻坚期;2020 年 2 月 2 日上午,武汉火神山医院正式交付。从方案设计到建成交付仅用 10 天,被誉为中国速度。

思考:你认为"火神山"这个中国建造速度的里程碑事件是如何实现的?

我的回答是:

_____

_____

_____

_____

任务四 定额计价法与清单计价法的对比

一、定额计价与清单计价的特点

1. 定额计价的特点

(1) 定额计价必须按预算制度的规定来计算工程造价。预算制度包括内容如下。第一,计价时必须按计价基础的规定计价,如计价定额、生产要素价格和取费标准的选用,计费程序和有关费率的规定等。第二,动态调整依据和方法的制订,如工、料、机市场信息价格,必须由工程造价管理部门按照社会平均水平的原则发布。第三,定额编制和生产要素价格的确定,如预算定额(或消耗量定额)、材料预算价格(含定额取定价)必须由工程造价管理部门按社会平均水平的原则编制。第四,人工幅度差、机械幅度差、各种材料的损耗率(包括施工损耗、运输损耗、仓储损耗等)按国家有关部门的统一规定执行。

导学任务四
定额计价与
清单计价的对比

(2) 按照定额计价方法确定的工程造价,除了利润和税金外,剩下的就是预算成本。这里,预算成本不等于企业施工时发生的实际成本。假设预算成本减去实际成本等于 F,当 F 大于零时,增加企业利润;反之,冲减企业利润。因此,该工程造价不反映企业的实际情况。

定额计价与清单
计价的特点

2. 清单计价的特点

(1) 工程量清单计价方法是一个平台。在这个平台上,招标人提供工程量清单,承担着计算工程量义务和工程量误差及漏项的风险;投标人则承担着根据清单项目工程量,确定组价内容自主报价的义务和报价高低的风险,报价高了就不能中标,报价低于成本就会亏损。

定额计价与清单
计价的区别

(2) 以招标人提供的工程量清单作为平台。在这个平台上，各个投标人能够在同一起点上开展竞争，即在相同的清单项目和相同的清单项目工程量的基础上，自主报价。这时，清单项目及其工程量是一致的，投标人之间只存在报价的竞争。报价的高低，显示了企业综合生产能力的高低。

二、定额计价与清单计价的关系

无论是定额计价还是工程量清单计价，都是一种自下而上的分部组合的计价方法。每一个建设项目都需要按业主的需要进行单独设计、单独施工，不能批量生产，不能按整个项目确定价格。为了计算确定每个项目的造价，将整个项目进行分解，划分为若干个可以直接测算价格的基本构成要素(分项工程)，计算出各基本构成要素的价格，然后汇总为整个项目的造价。

工程造价计价的基本原理是：

$$建筑安装工程造价=\sum[基本构造要素工程量(分项工程量)\times相应单价] \qquad (5-15)$$

无论是定额计价还是清单计价，上面这个公式同样有效，只是公式中的各要素有不同的含义。

三、定额计价与清单计价的区别

1. 工程造价构成不同

按定额计价时，单位工程造价由人工费、材料(包括工程设备，下同)费、施工机具使用费、企业管理费、利润、规费和税金组成。计价时先计算人、材、机具费，再以人、材、机具费(或其中的人工费或人工费与机械费合计)为基数计算各项费用、利润和税金，最后汇总为单位工程造价；按工程量清单计价时，单位工程造价由分部分项工程费、措施项目费、其他项目费和规费、税金组成。

2. 分项工程单价构成不同

按定额计价时分项工程的单价是工料单价，即只包括人工、材料、机具费；按工程量清单计价分项工程单价一般为综合单价。清单计价的综合单价，从工程内容角度讲不仅包括组成清单项目的主体工程项目，还包括与主体项目有关的辅助项目。也就是说，一个清单项目可能包括多个分项工程，例如，砖基础这个清单项目，砖基础就是主体项目，而垫层、防潮层等就是辅助项目；从费用内容角度讲综合单价除了人工、材料、机具费外，还包括企业管理费、利润和必要的风险费。采用综合单价便于工程款支付、工程造价的调整和工程结算，也避免因为"取费"产生的一些无谓纠纷。

3. 计价依据不同

计价依据不同是清单计价和定额计价的最根本区别。按定额计价时唯一的依据就是定额，所报的工程造价实际上是社会平均价，反映的是社会平均成本，其本质还是政府定价；而工程量清单计价的主要依据是企业定额，包括企业生产要素消耗量标准、材料价格、施工机械配备及管理状况、各项管理费支出标准等，反映的是个别成本。目前可能多数企业

没有企业定额，但随着工程量清单计价形式的推广和报价实践的增加，企业将逐步建立起自身的定额和相应的项目单价，当企业都能根据自身状况和市场供求关系报出综合单价时，企业自主报价、市场竞争定价的计价格局也将形成。

4. 采用的生产要素价格不同

定额计价的建设工程，工、料、机价格一律采用取定价；对于材料的动态调整，其调整的依据也是平均的市场信息价格。不同的施工企业，均采用同一标准调价。生产要素价格不反映企业的管理技术能力。清单计价的建设工程，编制标底(含招标控制价)时，生产要素价格采用定额取定价。动态调整时，采用同一标准的、平均市场信息价调价；投标报价时，可以采用或参照定额取定价，也可采用企业自己的工、料、机价格报价，生产要素价格应反映企业实际的管理水平。

5. 风险承担不同

传统定额计价方式下，采用量价合一，量、价风险都由投标人承担；工程量清单计价方式下，实行的是量价分离，工程量上的风险由招标人承担，单价上的风险由投标人承担，这样对合同双方更加公平合理。

6. 项目的划分不同

在定额计价中，项目划分按施工工序列项，实体和措施相结合，施工方法、手段单独列项，人工、材料、机械消耗量已在定额中规定，不能发挥市场竞争的作用；在工程量清单计价中，项目划分以实体列项，实体和措施项目相分离，施工方法、手段不列项，不设人工、材料、机械消耗量。这样加大了承包企业的竞争力度，鼓励企业尽量采用合理的技术措施，提高技术水平和生产效率，市场竞争机制可以充分发挥。

7. 工程量来源不同

定额计价的建设工程，其工程量计算由承包商负责计算。计算规则采用的是计价定额(预算定额或消耗量定额)所规定的。清单计价的建设工程，其工程量来源于两个方面：第一，工程量清单上的工程数量，由招标人计算，计算规则是国家标准《建设工程工程量清单计价规范》(GB 50500—2013)规定的；第二，清单项目组价内容工程量，由投标人计算，计算规则是投标使用的计价定额所规定的。例如，砖基础清单项目工程量 A，由招标方计算并提供；砖基础清单项目的组价内容(砖基础工程量 a、垫层工程量 b、防潮层工程量 c)，由投标人计算并提供。

除上述不同外，工程量清单计价与定额计价还有计量单位不同、计价表格不同等其他差异。

综上所述，工程量清单计价方法的实行是我国建筑市场发展的必然趋势，是多年来我国市场经济发展的必然结果，也是我国与国际工程造价计价方法进行接轨的唯一选择，它对我国健全招标投标机制和改善建筑市场公平的竞争环境将起到非常大的作用。

【工程案例】

世界上最长的高速公路隧道——新疆天山胜利隧道

新疆天山胜利隧道，地处高寒、高海拔地区，穿越天山山脉。是世界最长在建高速公路隧道，是 G0711 乌鲁木齐至尉犁高速公路项目关键性控制工程，全长 22.1km，最大埋深 1112.6m，穿越天山山脉，地处高寒、高海拔地区，气候恶劣多变，地质条件复杂，施工难度大，施工组织复杂。为此，天山胜利隧道采用"三洞+四竖井"方案，其中中导洞采用 TBM(掘进机)掘进施工，双主洞采用钻爆法施工。

天山胜利隧道作为乌尉高速公路的"咽喉"工程，建成后将打通南北疆交通运输屏障，穿越天山仅需要约 20 分钟，乌鲁木齐与重要城市库尔勒的车程由 7 个多小时缩短至约 3 小时。

说一说：你还知道哪些我国奇迹工程？

我的回答是：

_____

_____

_____

_____

练 习 题

一、单选题

1. 定额计价法编制施工图预算采用的是(　　)。

　　A. 工料单价　　　　B. 全费用单价　　　C. 综合单价　　　　D. 投标报价的平均价

2. 建筑安装工程费计价过程中，采用的工程单价形式主要有工料单价、(　　)和全费用单价。

　　A. 概算单价　　　　B. 综合单价　　　　C. 费用单价　　　　D. 实际单价

3. 在用工料单价法编制工程造价的过程中，单价是指(　　)。

　　A. 人工日工资单价　　　　　　　　　B. 材料单价

　　C. 施工机械台班单价　　　　　　　　D. 人材机单价

4. 住房公积金是以(　　)为计算基础，根据工程所在地省、自治区、直辖市或行业建设主管部门规定费率计算。

　　A. 材料费　　　　B. 定额人工费　　　C. 施工机械施工费　　　D. 综合费用

5. 工料单价法编制施工图预算的工作有：①计算主材料；②套用工料单价；③计算措施项目人材机费用；④划分工程项目和计算工程量；⑤进行工料分析。下列工作排序正确的是(　　)。

　　A. ④②⑤①③　　　B. ④⑤①②③　　　C. ②④⑤①③　　　D. ④②③⑤①

二、多选题

1. 采用工程量清单报价，下列计算公式正确的是(　　)。

　　A. 分部分项工程费=∑分部分项工程量×分部分项工程定额单价

　　B. 措施项目费=∑措施项目工程量×措施项目综合单价

　　C. 单位工程报价=∑分部分项工程费

　　D. 单项工程报价=∑单位工程报价

E. 建设项目总报价=∑单项工程报价

2. 定额计价与清单计价的主要区别有(　　)。

    A. 工程造价构成不同　　　　　　　　B. 计价依据不同

    C. 分项工程单价构成不同　　　　　　D. 编制单位不同

    E. 风险承担不同

3. 施工图预算价格的编制方法主要采用(　　)。

    A. 工程量清单计价法　　　　　　　　B. 实物量法

    C. 定额计价法　　　　　　　　　　　D. 单位估价法

    E. 综合单价法

三、思考题

1. 定额计价程序中，计费基础 JD1 怎么取值？计费基础 JD2 怎么取值？

2. 清单计价程序中，计费基础 JQ1 怎么取值？计费基础 JQ2 怎么取值？

3. 定额计价与清单计价的区别有哪些？

四、计算题

1. 某分部分项工程竣工结算金额 16000000.00 元，单价措施项目清单结算金额为 440000.00 元取定，安全文明施工费为分部分项工程费的 3.82%，规费为分部分项工程费、措施项目费及其他项目费合计的 3.16%。税金费率为 3.48%，请按《建设工程工程量清单计价规范》(GB 50500—2013)的要求，编制表 5-19 所示的"单位工程竣工结算汇总表"。(计算结果保留两位小数)

表 5-19　单位工程竣工结算汇总表

序　号	项目名称	金额/元
1	分部分项工程费	
2	措施项目费	
2.1	单价措施费	
2.2	安全文明施工费	
3	其他项目费	
4	规费	
5	税金	
合计		

2. 假定该分部分项工程费为 185000.00 元；单价措施项目费为 25000.00 元；总价措施项目仅考虑安全文明施工费，安全文明施工费按分部分项工程费的 4.5%计取；其他项目费为零；人工费占分部分项工程及措施项目费的 8%，规费按人工费的 24%计取；增值税税率按 11%计取。按《建设工程工程量清单计价规范》(GB 50500—2013)的要求，列式计算安全文明施工费、措施项目费、规费、增值税，并在表 5-20 所示"单位工程招标控制价汇总表"中编制该单位工程招标控制价。

表 5-20　单位工程招标控制价汇总表

序　号	项目名称	金额/元
1	分部分项工程费	
2	措施项目费	
2.1	单价措施费	
2.2	安全文明施工费	
3	其他项目费	
4	规费	
5	税金	
合计		

3. 某工程采用工程量清单计价的招标，工程量清单中的工程量为 2600m³，投标人甲根据其施工方案估算的工程量为 4400m³，人、材、机费用合计为 76000 元，企业管理费为 18000 元，利润为 8000 元，规费为 9000 元，税金为 3000 元，则投标人甲填报的综合单价应为多少元/m³？

学 习 小 结

　　结合个人的学习情况进行回顾、总结：要求体现自己在本项目学习过程中所获得的知识、学习目标的实现情况以及个人收获。

　　(撰写总结：要求层次清楚、观点明确，建议采用思维导图和表格的形式对所学知识和学习目标的实现情况进行总结。)

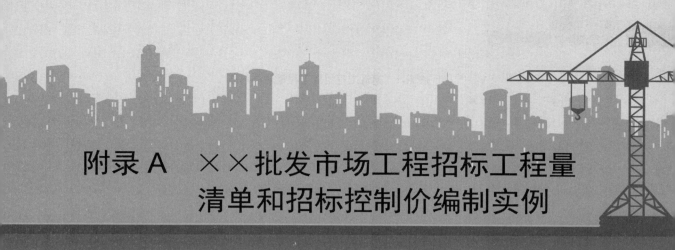

附录 A　××批发市场工程招标工程量清单和招标控制价编制实例

　　本案例是以××批发市场工程为例(建筑施工图和结构施工图参见附录 B)，进行建筑及装饰工程招标工程量清单的编制(见表 A-1～A-12 和表 A-27～A-38)和招标控制价的编制(见表 A-13～A-23 和表 A-39～A-52)。据此例说明工程招投标过程中工程量清单、已标价工程量清单、工程量清单综合单价分析表及相应工程造价文件的编制格式和组成内容，让大家对招投标阶段的工程造价文件有个比较全面的初步认识，为以后建筑装饰工程计量与计价课程的学习奠定基础。

表 A-1　建筑工程招标工程量清单封面

___某批发市场建筑___工程

招标工程量清单

招　　标　　人：　___某农业发展公司___
（单位盖章）

工程造价咨询人：　___某造价咨询公司___
（单位盖章）

年　　月　　日

表 A-2　建筑工程招标工程量清单扉页

　某批发市场建筑　工程

招标工程量清单

招　标　人：　某农业发展公司　　　　　工程造价
咨询人：　　　某造价咨询公司　
　　　　　　　(单位盖章)　　　　　　　　　　　　(单位盖章)

法定代表人　　　　　　　　　　　法定代表人
或其授权人：　　　　　　　　　　或其授权人：　　　　　　　　　　
　　　　　(签字或盖章)　　　　　　　　　　　(签字或盖章)

编　制　人：　　　　　　　　　　复　核　人：　　　　　　　　　　
　　　(造价人员签字　　　　　　　　　　　(造价工程师签字并盖专用章)
　　　　并盖专用章)　

编 制 时 间：　　　　　　　　　复 核 时 间：

表 A-3　分部分项工程和单价措施项目清单与计价表

序号	项目编码	项目名称及特征	计量单位	工程数量	金额/元		
					综合单价	合价	其中：暂估价
	A.1	土石方工程					
1	010101001001	平整场地 土层类别：一、二类土	m²	3304.4			
2	010101004001	挖基坑土方 (1) 土层类别：普通土 (2) 平均挖土深度：4.05m (3) 弃土运距：≤1km	m³	2022.876			
3	010103001001	回填方 (1) 回填材料要求：符合设计规定 (2) 回填质量要求：基础回填，30cm 分层夯填，1km 取土，自卸车运土	m³	1621.3434			
4	010103002001	余方弃置 (1) 废弃料品种：回填余土 (2) 装车方式：装载机 (3) 运距：3km	m³	860			
5	010103004001	竣工清理	m³	33976.575			
	A.4	砌筑工程					
6	010401001001	砖基础 (1) 砖品种、规格、强度等级：水泥砖 (2) 基础类型：室外地坪以下砖基础 (3) 砂浆强度等级：M5.0 水泥砂浆 (4) 防潮层材料种类:20mm 水泥防水砂浆防潮层	m³	10.29			
7	010402001001	砌块墙 (1) 砌块品种:加气混凝土砌块墙 (2) 砂浆强度等级：M5.0 混合砂浆	m³	1261.0891			

续表

序号	项目编码	项目名称及特征	计量单位	工程数量	金额/元		
					综合单价	合价	其中:暂估价
8	010607005001	砌块墙钢丝网加固 (1) 材料品种、规格:钢丝网 (2) 位置:砖、混凝土接缝300mm	m²	8027.4228			
	A.5	混凝土及钢筋混凝土工程					
9	010501001001	垫层 (1) 部位:独立基础 (2) 混凝土强度等级:C20	m³	48.744			
10	010501001002	垫层 (1) 部位:楼地面 (2) 混凝土强度等级:C15	m³	8.2272			
11	010501003001	独立基础 混凝土强度等级:C30	m³	199.35			
12	010502001001	矩形柱 混凝土强度等级:C30	m³	247.3398			
13	010502002001	构造柱 混凝土强度等级:C20	m³	85.965			
14	010503002001	矩形梁 混凝土强度等级:C30	m³	575.099			
15	010503004001	圈梁 混凝土强度等级:C20	m³	7.749			
16	010503005001	过梁 混凝土强度等级:C20	m³	6.2974			
17	010505001001	有梁板 混凝土强度等级:C30	m³	636.6838			
18	010507001001	散水 (1) 垫层材料种类、厚度:碎石、100mm (2) 混凝土厚度:60mm (3) 混凝土强度等级:C20	m²	82			
19	010505007001	天沟(檐沟)、挑檐板	m³	56.6369			
20	010507007001	其他构件 (1) 构件规格:100mm×200mm (2) 部位:卫生间挡水台 (3) 混凝土强度等级:C20	m³	2.22			

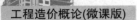

续表

序号	项目编码	项目名称及特征	计量单位	工程数量	金额/元		
					综合单价	合价	其中：暂估价
21	010501002001	带形基础 (1) 混凝土种类：无筋素混凝土 (2) 混凝土强度等级：C20 (3) 部位：隔墙下无梁基础，详见设计图纸	m³	50.14			
22	010515001001	现浇构件钢筋 钢筋种类、规格：HPB300 ϕ6	t	15.892			
23	010515001015	现浇构件钢筋 钢筋种类、规格：钢筋HRB400≤8	t	36.189			
24	010515001002	现浇构件钢筋 钢筋种类、规格：箍筋HRB400 ϕ6	t	5.156			
25	010515001003	现浇构件钢筋 钢筋种类、规格：箍筋HRB400 ϕ8	t	31.199			
26	010515001016	现浇构件钢筋 钢筋种类、规格：箍筋HRB400 ϕ10	t	6.642			
27	010515001006	现浇构件钢筋 钢筋种类、规格：HRB400 ϕ10	t	5.25			
28	010515001007	现浇构件钢筋 钢筋种类、规格：HRB400 ϕ12	t	13.468			
29	010515001008	现浇构件钢筋 钢筋种类、规格：HRB400 ϕ14	t	3.581			
30	010515001009	现浇构件钢筋 钢筋种类、规格：HRB400 ϕ16	t	9.018			
31	010515001010	现浇构件钢筋 钢筋种类、规格：HRB400 ϕ18	t	4.918			
32	010515001011	现浇构件钢筋 钢筋种类、规格：HRB400 ϕ20	t	15.219			
33	010515001012	现浇构件钢筋 钢筋种类、规格：HRB400 ϕ22	t	26.666			

续表

序号	项目编码	项目名称及特征	计量单位	工程数量	金额/元		
					综合单价	合价	其中：暂估价
34	010515001013	现浇构件钢筋 钢筋种类、规格：HRB400 ϕ25	t	75			
35	010515001014	现浇构件钢筋 钢筋种类、规格：砌体加固 $\leqslant\phi$6.5	t	0.675			
36	010515011001	植筋	根	434			
37	010516003001	机械连接 (1) 连接方式：机械连接 (2) 螺纹套筒种类：直螺纹套筒 (3) 规格：直径≥22mm	个	2140			
	A.8	门窗及钢构工程					
38	010802001001	金属(塑钢)门 (1) 门框、扇材质：铝合金中空玻璃门 (2) 玻璃品种、厚度：双玻中空玻璃(5mm+12mm+5mm)	m²	409.18			
39	010802001002	金属(塑钢)门 门框、扇材质：钛合金门	m²	88.2			
40	010802001003	金属(塑钢)门 门框、扇材质：乙级防火门	m²	398.4			
41	010807001001	金属(塑钢、断桥)窗 (1) 材质：铝塑窗框，型号：60 款 (2) 玻璃品种：中空玻璃 5mm+12mm+ 5mm	m²	410.84			
42	010807002001	金属防火窗 (1) 材质：铝塑窗框，型号：60 款， (2) 玻璃品种：中空玻璃 5mm+12mm+5mm (3) 等级：乙级防火窗	m²	230.4			
43	011209002001	带骨架玻璃幕墙 (1) 骨架材料：铝合金型材 (2) 面层材料品种、规格、颜色：隔热双玻中空钢化玻璃 5mm+12mm+5mm Low-E、单层镀膜，可开启窗 (3) 面层固定方式：断桥铝合金框固定	m²	188.0674			

续表

序号	项目编码	项目名称及特征	计量单位	工程数量	金额/元		
					综合单价	合价	其中：暂估价
44	011506003001	轻钢结构玻璃雨篷 (1) 钢材品种、规格：轻钢结构 (2) 玻璃材质：钢化夹胶玻璃 (3) 玻璃厚度：5mm+0.76mm+5mm	m²	144			
45	010513001001	钢结构楼梯 (1) 钢材品种、规格：Q235B花纹钢 (2) 钢板厚度：4mm 厚	座	64			
	A.9	屋面及防水工程					
46	010803001001	细石混凝土保护层屋面 (1) 40mm 厚 C20 细石随打随抹平 (2) 200g/m² 聚氨酯无纺布隔离层一道 (3) 防水层：4.0mm 厚 SBS 改性沥青防水卷材(Ⅱ型)+0.7mm厚聚乙烯丙纶防水卷材+1.3mm厚聚合物水泥粘层 (4) 30mm 厚 C20 细石找平层 (5) 80mm 厚挤塑保温层 (6) 20mm 厚 1∶2.5 水泥砂浆找平 (7) 30mm 厚(最薄处)2%找坡1∶6 (质量比)水泥憎水性膨胀珍珠岩找坡层 (8) 20mm 厚1∶3 水泥砂浆找平 (9) 现浇混凝土屋面板	m²	2385.2			
47	010902004002	屋面排水管 (1) 排水管品种、规格：DN100 PVC 塑料管 (2) 雨水斗：87 型 DN100	m	200.7			

续表

序号	项目编码	项目名称及特征	计量单位	工程数量	金额/元		
					综合单价	合价	其中：暂估价
48	010903002001	墙面涂膜防水(卫生间) (1) 防水膜品种：聚合物水泥防水涂料 (2) 涂膜厚度、遍数：厚1.5mm 立面 1遍	m²	710.5			
49	010904001001	楼(地)面卷材防水(卫生间) (1) 卷材品种、规格、厚度：聚乙烯丙纶卷材0.7mm厚 (2) 防水层数：2 (3) 防水层做法：冷粘法 平面 (4) 反边高度：300mm	m²	176.4			
50	010904002001	楼(地)面涂膜防水(卫生间) (1) 防水膜品种：聚合物水泥防水胶粘材料 (2) 涂膜厚度、遍数：1.3mm厚2层 平面防水 (3) 反边高度：300mm	m²	176.4			
51	01B001	屋面上人口 (1) 部位：屋面 (2) 材质：混凝土 (3) 洞尺寸：700mm×700mm (4) 结构构造：详见图集L13J5-1	个	2			
	A.10	保温、隔热、防腐工程					
52	011001003001	保温隔热墙面 (1) 保温隔热部位：外墙女儿墙内侧 (2) 保温隔热材料品种、规格及厚度：30mm厚挤塑聚苯板 (3) 黏结材料种类及做法：10mm厚聚合物水泥满粘 (4) 增强网及抗裂防水砂浆种类、做法：3~6mm厚抹面胶浆分遍抹压，压入耐碱纤维网格布一层	m²	175.52			

序号	项目编码	项目名称及特征	计量单位	工程数量	金额/元		
					综合单价	合价	其中:暂估价
53	011001003003	保温隔热墙面 (1) 保温隔热部位:外墙 (2) 保温隔热材料品种、规格及厚度:85mm 厚岩棉板(A 级) (3) 黏结材料种类及做法:10mm 厚聚合物水泥满粘 (4) 增强网及抗裂防水砂浆种类及做法:3～6mm 厚抹面胶浆分遍抹压,压入耐碱纤维网格布一层	m²	2944.12			
54	011001003002	保温隔热墙面 (1) 保温隔热部位:外墙 (2) 黏结材料种类及做法:20mm 胶粉聚苯颗粒砂浆找平层 (3) 增强网及抗裂防水砂浆种类及做法:3～6mm 厚抹面胶浆分遍抹压,压入耐碱纤维网格布一层	m²	2974.56			
55	011001005001	保温隔热楼地面(一楼) (1) 保温隔热材料品种、规格及厚度:B1 级挤塑聚苯保温板20mm 厚 (2) 黏结材料种类及做法:黏结剂点粘 (3) 部位:卫生间	m²	137.12			
56	011001005002	保温隔热楼地面(一楼) (1) 保温隔热材料品种、规格及厚度:B1 级挤塑聚苯保温板45mm 厚 (2) 隔气层材料品种及厚度:塑料薄膜 0.4mm×2 道 (3) 黏结材料种类及做法:黏结剂点粘 (4) 部位:一层采暖房间	m²	137.12			
合计(分部分项工程)							

续表

序号	项目编码	项目名称及特征	计量单位	工程数量	金额/元		
					综合单价	合价	其中：暂估价
57	011701002001	外脚手架 (1) 搭设方式：双排外脚手架 (2) 搭设高度：10.5～14.0m (3) 脚手架材质：钢管	m²	3961.4268			
58	011701003001	里脚手架 (1) 搭设方式：双排里脚手架 (2) 搭设高度：≤6m (3) 脚手架材质：钢管	m²	8316.2668			
59	011701006001	满堂脚手架 (1) 搭设方式：满堂脚手架 (2) 搭设高度：基本层 (3) 脚手架材质：钢管	m²	1725.26			
60	011701002002	外脚手架 (1) 搭设方式：单排外脚手架 (2) 搭设高度：≤10m (3) 脚手架材质：钢管	m²	2937.6			
61	011701002003	外脚手架 (1) 搭设方式：双排外脚手架 (2) 搭设高度：≤6m (3) 脚手架材质：钢管	m²	7858.592			
62	011702001001	基础 (1) 基础类型：独立基础 (2) 模板支设方式：复合木模板木支撑	m²	203.04			
63	011702001002	基础 (1) 基础类型：独立基础垫层 (2) 模板材质：木模板	m²	64.8			
64	011702002001	矩形柱 (1) 支撑高度：标准层 (2) 模板支设方式：复合木模板钢支撑	m²	1473.7384			

续表

序号	项目编码	项目名称及特征	计量单位	工程数量	综合单价	合价	其中：暂估价
65	011702002002	矩形柱 (1) 支撑高度：≤5.2m (2) 模板支设方式：复合木模板钢支撑	m²	195.6364			
66	011702003001	构造柱 (1) 模板支设方式：复合木模板木支撑	m²	801.4062			
67	011702006001	矩形梁 (1) 支撑高度：标准层 (2) 模板支设方式：复合木模板对拉螺栓钢支撑	m²	4921.2373			
68	011702006002	矩形梁 (1) 支撑高度：≤5.2m (2) 模板支设方式：复合木模板对拉螺栓钢支撑	m²	2298.5147			
69	011702008001	圈梁 (1) 模板支设方式：复合木模板木支撑	m²	77.49			
70	011702009001	过梁 (1) 模板支设方式：复合木模板木支撑	m²	128.4424			
71	011702014001	有梁板 (1) 支撑高度：标准层 (2) 模板支设方式：复合木模板钢支撑	m²	4232.12			
72	011702014002	有梁板 (1) 支撑高度：≤5.2m (2) 模板支设方式：复合木模板钢支撑	m²	3383.52			
73	011702025001	其他现浇构件 (1) 构件类型:挑檐木模板木支撑	m²	609.0477			
74	011702025002	其他现浇构件 (1) 构件类型：卫生间挡水台	m²	44.4			

续表

序号	项目编码	项目名称及特征	计量单位	工程数量	金额/元		
					综合单价	合价	其中：暂估价
75	011703001001	水平运输 建筑物建筑类型及结构形式：框架结构基础层	m²	2502.42			
76	011703001002	垂直运输 (1) 建筑物建筑类型及结构形式：框架结构 (2) 建筑物檐口高度、层数：9.15m、二层	m²	6238.26			
合计(单价措施项目)							

表 A-4　总价措施项目清单与计价表

序号	项目名称	计算基础	费率/%	金额/元	备注
1	夜间施工费				
2	二次搬运费				
3	冬雨期施工增加费				
4	已完工程及设备保护费				
合计					

表 A-5　其他项目清单与计价汇总表

序号	项目名称	计量单位	金额/元	备注
1	暂列金额	项		详见暂列金额表
2	专业工程暂估价	项		详见专业工程暂估价表
3	特殊项目暂估价	项		详见特殊项目暂估价表
4	计日工			详见计日工表
5	采购保管费			详见总承包服务费、采购保管费表
6	其他检验试验费			
7	总承包服务费			详见总承包服务费、采购保管费表
8	其他			
合计			—	

表 A-6　暂列金额明细表

序号	项目名称	计量单位	暂定金额/元	备注
1	暂列金额	项		一般可按分部分项工程费的10%～15%估列
合计				—

表 A-7　材料暂估价一览表(不含设备)

材料号	材料名称、规格、型号	计量单位	单价/元	备注

表 A-8　工程设备暂估价一览表(不含设备)

序号	名称、规格、型号	单位	单价/元	备注

表 A-9　专业工程暂估价表

序号	工程名称	工程内容	金额/元	备注
合计				

表 A-10　计日工表

编号	项目名称、型号、规格	单位	暂定数量	综合单价	合价
一	人工				
人工小计					
二	材料				
材料小计					
三	机械				
机械小计					
总计					

表 A-11　总承包服务费、采购保管费计价表

序号	项目名称及服务内容	项目价值	费率/%	金额/元
1	总承包服务费			
2	材料采购保管费			
3	设备采购保管费			
合计				

表 A-12　规费、税金项目清单与计价表

序号	项目名称	计算基础	费率/%	金额/元
1	规费			
1.1	安全文明施工费			
1.1.1	安全施工费	安全施工费(常规)+安全生产责任保险		
1.1.1.1	安全施工费(常规)	分部分项工程费+措施项目费+其他项目费-不取规费_合计		
1.1.1.2	安全生产责任保险	分部分项工程费+措施项目费+其他项目费-不取规费_合计		
1.1.2	环境保护费	分部分项工程费+措施项目费+其他项目费-不取规费_合计		
1.1.3	文明施工费	分部分项工程费+措施项目费+其他项目费-不取规费_合计		
1.1.4	临时设施费	分部分项工程费+措施项目费+其他项目费-不取规费_合计		
1.2	社会保险费	分部分项工程费+措施项目费+其他项目费-不取规费_合计		
1.3	住房公积金	分部分项工程费+措施项目费+其他项目费-不取规费_合计		
1.4	建设项目工伤保险	分部分项工程费+措施项目费+其他项目费-不取规费_合计		
1.5	优质优价费	分部分项工程费+措施项目费+其他项目费-不取规费_合计		
2	税金	分部分项工程费+措施项目费+其他项目费+规费+设备费-不取税金_合计-甲供材料费-甲供主材费-甲供设备费		
合计				

表 A-13 建筑工程招标总价封面

　　某批发市场　　工程

招标控制价

招　标　人：某农业发展有限公司

(单位盖章)

工程造价咨询人：某造价咨询公司

(单位盖章)

年　月　日

表 A-14　建筑工程招标总价扉页

　某批发市场　工程

招标控制价

招标控制价(小写)：　　10888127.03 元

（大写）：　壹仟零捌拾捌万捌仟壹佰贰拾柒元零叁分

招　标　人：某农业发展有限公司　　　工程造价咨询人：　某造价咨询公司

　　　　　　　(单位盖章)　　　　　　　　　　　　　　(单位盖章)

法定代理人　　　　　　　　　　　　法定代理人
或其授权人：　　　　　　　　　　　或其授权人：　　　　　　　

　　　　　(签字或盖章)　　　　　　　　　　　(签字或盖章)

编　制　人：　　　　　　　　　　　复　核　人：　　　　　　　

　　　(造价人员签字并盖专用章)　　　　　　(造价工程师签字并盖专用章)

编　制　时　间：　　　　　　　　　复　核　时　间：

表 A-15 单位工程招标控制价汇总表

序号	项目名称	金额/元	其中：材料暂估价/元
一	分部分项工程费	7795846.58	
1.1	A.1 土石方工程	479360.74	
1.2	A.4 砌筑工程	650449.18	
1.3	A.5 混凝土及钢筋混凝土工程	3468273.52	
1.4	A.8 门窗及钢结构工程	1561044.7	
1.5	A.9 屋面及防水工程	1184677.6	
1.6	A.10 保温、隔热、防腐工程	452040.84	
二	措施项目费	1735558.05	
2.1	单价措施项目	1622224.86	
2.2	总价措施项目	113333.19	
三	其他项目费		
3.1	暂列金额		
3.2	专业工程暂估价		
3.3	特殊项目暂估价		
3.4	计日工		
3.5	采购保管费		
3.6	其他检验试验费		
3.7	总承包服务费		
3.8	其他		
四	规费	480796.52	
五	设备费		
六	税金	875925.88	
单位工程费用合计=一+二+三+四+五+六		10888127.03	0

表 A-16　分部分项工程和单价措施项目清单与计价表

序号	项目编码	项目名称及特征	计量单位	工程数量	金额/元		
					综合单价	合价	其中：暂估价
	A.1	土石方工程				479360.74	
1	010101001001	平整场地 土层类别：一、二类土	m²	3304.4	1.44	4758.34	
2	010101004001	挖基坑土方 (1) 土层类别：普通土 (2) 挖土平均深度：4.05m (3) 弃土运距：≤1km	m³	2022.876	57.79	116902	
3	010103001001	回填方 (1) 回填材料要求：符合设计规定 (2) 回填质量要求：基础回填，30cm 分层夯填，1km 取土，自卸车运土	m³	1621.3434	151.61	245811.87	
4	010103002001	余方弃置 (1) 废弃料品种：回填余土 (2) 装车方式：装载机 (3) 运距：3km	m³	860	11.58	9958.8	
5	010103004001	竣工清理	m³	33976.575	3	101929.73	
	A.4	砌筑工程				650449.18	
6	010401001001	砖基础 (1) 砖品种、规格、强度等级：水泥砖 (2) 基础类型：室外地坪以下砖基础 (3) 砂浆强度等级：M5.0 水泥砂浆 (4) 防潮层材料种类：20mm 水泥防水砂浆防潮层	m³	10.29	792.26	8152.36	
7	010402001001	砌块墙 (1) 砌块品种：加气混凝土砌块墙 (2) 砂浆强度等级：M5.0 混合砂浆	m³	1261.0891	487.04	614200.84	

续表

序号	项目编码	项目名称及特征	计量单位	工程数量	金额/元		其中：暂估价
					综合单价	合价	
8	010607005001	砌块墙钢丝网加固 (1) 材料品种、规格：钢丝网 (2) 位置：砖混凝土接缝300mm	m²	8027.4228	3.5	28095.98	
	A.5	混凝土及钢筋混凝土工程				3468273.52	
9	010501001001	垫层 (1) 部位：独立基础 (2) 混凝土强度等级：C20	m³	48.744	563.02	27443.85	
10	010501001002	垫层 (1) 部位：楼地面 (2) 混凝土强度等级：C15	m³	8.2272	563.12	4632.9	
11	010501003001	独立基础 混凝土强度等级：C30	m³	199.35	615.2	122640.12	
12	010502001001	矩形柱 混凝土强度等级：C30	m³	247.3398	762.04	188482.82	
13	010502002001	构造柱 混凝土强度等级：C20	m³	85.965	876.86	75379.27	
14	010503002001	矩形梁 混凝土强度等级：C30	m³	575.099	671.92	386420.52	
15	010503004001	圈梁 混凝土强度等级：C20	m³	7.749	845.02	6548.06	
16	010503005001	过梁 混凝土强度等级：C20	m³	6.2974	952.49	5998.21	
17	010505001001	有梁板 混凝土强度等级：C30	m³	636.6838	655.82	417549.97	
18	010507001001	散水 (1) 垫层材料种类、厚度：碎石、100mm (2) 混凝土厚度：60mm (3) 混凝土强度等级：C20	m²	82	114.28	9370.96	
19	010505007001	天沟(檐沟)、挑檐板	m³	56.6369	925.55	52420.28	
20	010507007001	其他构件 (1) 构件规格：100mm×200mm (2) 部位：卫生间挡水台 (3) 混凝土强度等级：C20	m³	2.22	1060.72	2354.8	

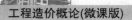

续表

序号	项目编码	项目名称及特征	计量单位	工程数量	综合单价	合价	其中：暂估价
21	010501002001	带形基础 (1) 混凝土种类：无筋素混凝土 (2) 混凝土强度等级：C20 (3) 部位：隔墙下无梁基础，详见设计图纸	m³	50.14	549.54	27553.94	
22	010515001001	现浇构件钢筋 钢筋种类、规格：HPB300　ϕ6	t	15.892	6169.72	98049.19	
23	010515001015	现浇构件钢筋 钢筋种类、规格：钢筋 HRB400≤8	t	36.189	5754.53	208250.69	
24	010515001002	现浇构件钢筋 钢筋种类、规格：箍筋 HRB400 ϕ6	t	5.156	6953.84	35854	
25	010515001003	现浇构件钢筋 钢筋种类、规格：箍筋 HRB400 ϕ8	t	31.199	6953.84	216952.85	
26	010515001016	现浇构件钢筋 钢筋种类、规格：箍筋 HRB400 ϕ10	t	6.642	6953.82	46187.27	
27	010515001006	现浇构件钢筋 钢筋种类、规格：HRB400 ϕ10	t	5.25	5709.39	29974.3	
28	010515001007	现浇构件钢筋 钢筋种类、规格：HRB400 ϕ12	t	13.468	5446.86	73358.31	
29	010515001008	现浇构件钢筋 钢筋种类、规格：HRB400 ϕ14	t	3.581	5446.86	19505.21	
30	010515001009	现浇构件钢筋 钢筋种类、规格：HRB400 ϕ16	t	9.018	5446.86	49119.78	
31	010515001010	现浇构件钢筋 钢筋种类、规格：HRB400 ϕ18	t	4.918	5446.86	26787.66	

续表

序号	项目编码	项目名称及特征	计量单位	工程数量	金额/元		
					综合单价	合价	其中:暂估价
32	010515001011	现浇构件钢筋 钢筋种类、规格:HRB400 $\phi 20$	t	15.219	4892.19	74454.24	
33	010515001012	现浇构件钢筋 钢筋种类、规格:HRB400 $\phi 22$	t	26.666	4892.19	130455.14	
34	010515001013	现浇构件钢筋 钢筋种类、规格:HRB400 $\phi 25$	t	75	4892.19	366914.25	
35	010515001014	现浇构件钢筋 钢筋种类、规格:砌体加固 $\leqslant \phi 6.5$	t	0.675	6181.53	4172.53	
36	010515011001	植筋	根	434	1.5	651	
37	010516003001	机械连接 (1) 连接方式:机械连接 (2) 螺纹套筒种类:直螺纹套筒 (3) 规格:直径≥22	个	2140	355.51	760791.4	
	A.8	门窗及钢构工程				1561044.7	
38	010802001001	金属(塑钢)门 (1) 门框、扇材质:铝合金中空玻璃门 (2) 玻璃品种、厚度:双玻中空玻璃(5+12+5)	m²	409.18	490	200498.2	
39	010802001002	金属(塑钢)门 门框、扇材质:钛合金门	m²	88.2	280	24696	
40	010802001003	金属(塑钢)门 门框、扇材质:乙级防火门	m²	398.4	450	179280	
41	010807001001	金属(塑钢、断桥)窗 (1) 材质:铝塑窗框 型号:60 款 (2) 玻璃品种:中空玻璃5+12+5	m²	410.84	420	172552.8	

续表

序号	项目编码	项目名称及特征	计量单位	工程数量	金额/元		
					综合单价	合价	其中:暂估价
42	010807002001	金属防火窗 (1) 材质:铝塑窗框 　　型号:60 款 (2) 玻璃品种:中空玻璃 5+12+5 (3) 等级:乙级防火窗	m²	230.4	760	175104	
43	011209002001	带骨架玻璃幕墙 (1) 骨架材料:铝合金型材 (2) 面层材料品种、规格、颜色:隔热双玻中空钢化玻璃 5+12+5Low-E、单层镀膜,可开启窗 (3) 面层固定方式:断桥铝合金框固定	m²	188.0674	500	94033.7	
44	011506003001	轻钢结构玻璃雨篷 (1) 钢材品种、规格:轻钢结构 (2) 玻璃材质:钢化夹胶玻璃 (3) 玻璃厚度:5+0.76+5(mm)	m²	144	520	74880	
45	010513001001	钢结构楼梯 (1) 钢材品种、规格:Q235B 花纹钢 (2) 钢板厚度:4mm 厚	座	64	10000	640000	
	A.9	屋面及防水工程				1184677.6	
46	010803001001	细石混凝土保护层屋面 (1) 40mm 厚 C20 细石随打随抹平 (2) 200g/m² 聚氨酯无纺布隔离层一道 (3) 防水层:4.0mm 厚 SBS 改性沥青防水卷材(Ⅱ型)+0.7mm 厚聚乙烯丙纶防水卷材+1.3mm 厚聚合物水泥粘层 (4) 30mm 厚 C20 细石找平层 (5) 80mm 厚挤塑保温层 (6) 20mm 厚 1:2.5 水泥砂浆找平 (7) 30mm 厚(最薄处)2%找坡 1:6(重量比)水泥憎水性膨胀珍珠岩找坡层 (8) 20mm 厚 1:3 水泥砂浆找平 (9) 现浇混凝土屋面板	m²	2385.2	484.2	1154913.84	

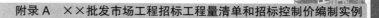

续表

序号	项目编码	项目名称及特征	计量单位	工程数量	综合单价	合价	其中：暂估价
47	010902004002	屋面排水管 (1) 排水管品种、规格：DN100　PVC 塑料管 (2) 雨水斗：87 型 DN100	m	200.7	25.25	5067.68	
48	010903002001	墙面涂膜防水(卫生间) (1) 防水膜品种：聚合物水泥防水涂料 (2) 涂膜厚度、遍数：厚 1.5mm 立面 1 遍	m²	710.5	1.22	866.81	
49	010904001001	楼(地)面卷材防水(卫生间) (1) 卷材品种、规格、厚度：聚乙烯丙纶卷材 0.7mm 厚 (2) 防水层数：2 (3) 防水层做法:冷粘法　平面防水 (4) 反边高度：300mm	m²	176.4	73.26	12923.06	
50	010904002001	楼(地)面涂膜防水(卫生间) (1) 防水膜品种：聚合物水泥防水胶粘材料 (2) 涂膜厚度、遍数：1.3mm 厚、2 层　平面防水 (3) 反边高度：300mm	m²	176.4	49.03	8648.89	
51	01B001	屋面上人口 (1) 部位：屋面 (2) 材质：混凝土 (3) 洞尺寸：700mm×700mm (4) 结构构造：详见图集 L13J5-1	个	2	1128.66	2257.32	
	A.10	保温、隔热、防腐工程				452040.84	
52	011001003001	保温隔热墙面 (1) 保温隔热部位:外墙女儿墙内侧 (2) 保温隔热材料品种、规格及厚度：30mm 厚挤塑聚苯板 (3) 黏结材料种类及做法：10mm 厚聚合物水泥满粘 (4) 增强网及抗裂防水砂浆种类、做法：3～6mm 厚抹面胶浆分遍抹压，压入耐碱纤维网格布一层	m²	175.52	46	8073.92	

续表

序号	项目编码	项目名称及特征	计量单位	工程数量	金额/元		其中:暂估价
					综合单价	合价	
53	011001003003	保温隔热墙面 (1) 保温隔热部位:外墙 (2) 保温隔热材料品种、规格及厚度:85mm厚岩棉板(A级) (3) 黏结材料种类及做法:10mm厚聚合物水泥满粘 (4) 增强网及抗裂防水砂浆种类、做法:3~6mm厚抹面胶浆分遍抹压,压入耐碱纤维网格布一层	m²	2944.12	95	279691.4	
54	011001003002	保温隔热墙面 (1) 保温隔热部位:外墙 (2) 黏结材料种类及做法:20mm胶粉聚苯颗粒砂浆找平层 (3) 增强网及抗裂防水砂浆种类、做法:3~6mm厚抹面胶浆分遍抹压,压入耐碱纤维网格布一层	m²	2974.56	52	154677.12	
55	011001005001	保温隔热楼地面(一楼) (1) 保温隔热材料品种、规格及厚度:B1级挤塑聚苯保温板20mm厚 (2) 黏结材料种类、做法:黏结剂点粘 (3) 部位:卫生间	m²	137.12	22	3016.64	
56	011001005002	保温隔热楼地面(一楼) (1) 保温隔热材料品种、规格及厚度:B1级挤塑聚苯保温板45mm厚 (2) 隔气层材料品种、厚度:塑料薄膜0.4mm×2道 (3) 黏结材料种类、做法:黏结剂点粘 (4) 部位:一层采暖房间	m²	137.12	48	6581.76	
合计(分部分项工程)						7795846.58	

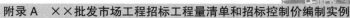

续表

序号	项目编码	项目名称及特征	计量单位	工程数量	金额/元		
					综合单价	综合单价	综合单价
57	011701002001	外脚手架 (1) 搭设方式: 双排外脚手架 (2) 搭设高度: 10.5～14.0m (3) 脚手架材质: 钢管	m²	3961.4268	22.34	88498.27	
58	011701003001	里脚手架 (1) 搭设方式: 双排里脚手架 (2) 搭设高度: ≤6m (3) 脚手架材质: 钢管	m²	8316.2668	11.61	96551.86	
59	011701006001	满堂脚手架 (1) 搭设方式: 满堂脚手架 (2) 搭设高度: 基本层 (3) 脚手架材质: 钢管	m²	1725.26	20.53	35419.59	
60	011701002002	外脚手架 (1) 搭设方式: 单排外脚手架 (2) 搭设高度: ≤10m (3) 脚手架材质: 钢管	m²	2937.6	16	47001.6	
61	011701002003	外脚手架 (1) 搭设方式: 双排外脚手架 (2) 搭设高度: ≤6m (3) 脚手架材质: 钢管	m²	7858.592	17.41	136818.09	
62	011702001001	基础 (1) 基础类型: 独立基础 (2) 模板支设方式: 复合木模板木支撑	m²	203.04	120.87	24541.44	
63	011702001002	基础 (1) 基础类型: 独立基础垫层 (2) 模板材质: 木模板	m²	64.8	38.2	2475.36	
64	011702002001	矩形柱 (1) 支撑高度: 标准层 (2) 模板支设方式: 复合木模板钢支撑	m²	1473.7384	56.56	83354.64	
65	011702002002	矩形柱 (1) 支撑高度: ≤5.2m (2) 模板支设方式: 复合木模板钢支撑	m²	195.6364	65.26	12767.23	

续表

序号	项目编码	项目名称及特征	计量单位	工程数量	金额/元		
					综合单价	综合单价	综合单价
66	011702003001	构造柱 模板支设方式：复合木模板木支撑	m²	801.4062	89.75	71926.21	
67	011702006001	矩形梁 (1) 支撑高度：标准层 (2) 模板支设方式：复合木模板对拉螺栓钢支撑	m²	4921.2373	63.72	313581.24	
68	011702006002	矩形梁 (1) 支撑高度：≤5.2m (2) 模板支设方式：复合木模板对拉螺栓钢支撑	m²	2298.5147	74.94	172250.69	
69	011702008001	圈梁 模板支设方式：复合木模板木支撑	m²	77.49	60.08	4655.6	
70	011702009001	过梁 模板支设方式：复合木模板木支撑	m²	128.4424	87.27	11209.17	
71	011702014001	有梁板 (1) 支撑高度：标准层 (2) 模板支设方式：复合木模板钢支撑	m²	4232.12	1.17	4951.58	
72	011702014002	有梁板 (1) 支撑高度：≤5.2m (2) 模板支设方式：复合木模板钢支撑	m²	3383.52	65.08	220199.48	
73	011702025001	其他现浇构件 构件类型：挑檐木模板木支撑	m²	609.0477	83.61	50922.48	
74	011702025002	其他现浇构件 构件类型：卫生间挡水台	m²	44.4	94.07	4176.71	
75	011703001001	垂直运输 建筑物建筑类型及结构形式：框架结构基础层	m²	2502.42	24.83	62135.09	
76	011703001002	垂直运输 (1) 建筑物建筑类型及结构形式：框架结构 (2) 建筑物檐口高度、层数：9.15、二层	m²	6238.26	28.66	178788.53	
合计						1622224.86	

表 A-17　工程量清单综合单价分析表

| 序号 | 编码 | 名称 | 单位 | 工程量 | 综合单价组成/元 | | | | | 综合单价/元 |
					人工费	材料费	机械费	计费基础	管理费和利润	
1	010101001001	平整场地 土壤类别：一、二类土	m²		0.09		1.3	0.11	0.05	1.44
	1-4-2	机械平整场地	10m²	0.1	0.09		1.3			
		材料费中：暂估价合计								
2	010101004001	挖基坑土方 (1) 土壤类别：普通土 (2) 挖土深度平均：4.05m (3) 弃土运距：≤1km	m³		5.15	0.35	49.79	6.16	2.5	57.79
	1-2-45	挖掘机挖装槽坑土方 普通土	10m³	0.4665	3.86		22.99			
	1-2-58	自卸汽车运土方 运距≤1km	10m³	0.4665	1.29	0.35	26.8			
		材料费中：暂估价合计								
3	010103001001	回填方 (1) 回填材料要求：符合设计规定 (2) 回填质量要求：基础回填，30cm 分层夯填，1km 取土，自卸车运土	m³		54.51	0.4	70.23	65.18	26.47	151.61
	1-2-41	挖掘机挖装一般土方 普通土	10m³	0.5291	4.38		23.36			
	1-2-58	自卸汽车运土方 运距≤1km	10m³	0.5291	1.46	0.4	30.39			
	1-4-13	机械夯填槽坑	10m³	0.5291	48.67		16.48			
		材料费中：暂估价合计								
4	010103002001	余方弃置 (1) 废弃料品种：回填余土 (2) 装车方式：装载机 (3) 运距：3km	m³		1.1	0.08	9.86	1.32	0.54	11.58

续表

序号	编码	名称	单位	工程量	综合单价组成/元					综合单价/元
					人工费	材料费	机械费	计费基础	管理费和利润	
	1-2-52	装载机装土方	10m³	0.1	0.83		1.46			
	1-2-58 换	自卸汽车运土方 运距≤1km 实际运距(km)：3	10m³	0.1	0.28	0.08	8.39			
		材料费中：暂估价合计								
5	010103004001	竣工清理	m³		2.02			2.42	0.98	3
	1-4-3	平整场地及其他竣工清理	10m³	0.1	2.02					
		材料费中：暂估价合计								
6	010401001001	砖基础 (1) 砖品种、规格及强度等级：水泥砖 (2) 基础类型：室外地坪以下砖基础 (3) 砂浆强度等级：M5.0 水泥砂浆 (4) 防潮层材料种类：20mm	m³		188.19	500.04	12.68	225.01	91.35	792.26
		水泥防水砂浆防潮层								
	4-1-1	M5.0 水泥砂浆砖基础	10m³	0.1	100.92	331.48	5.43			
	9-2-71	防水砂浆掺防水剂厚 20mm	10m²	1.1429	87.27	168.56	7.25			
		材料费中：暂估价合计								
7	010402001001	砌块墙 (1) 砌块品种：加气混凝土砌块墙 (2) 砂浆强度等级：M5.0 混合砂浆	m³		141.96	273.87	2.3	169.73	68.91	487.04
	4-2-1	M5.0 混合砂浆加气混凝土砌块墙	10m³	0.1	141.96	273.87	2.3			

续表

序号	编码	名称	单位	工程量	综合单价组成/元					综合单价/元
					人工费	材料费	机械费	计费基础	管理费和利润	
		材料费中：暂估价合计								
8	010607005001	砌块墙钢丝网加固 (1) 材料品种、规格：钢丝网 (2) 位置：砖混凝土接缝300mm	m²			3.5				3.5
	补子目2	墙面钉钢丝网	m²	1		3.5				
		材料费中：暂估价合计								
9	010501001001	垫层 (1) 部位：独立基础 (2) 混凝土强度等级：C20	m³		77.65	440.27	7.4	92.84	37.7	563.02
	2-1-28	C15无筋混凝土垫层	10m³	0.1	76.36	438.7	0.73			
	5-3-10	泵送混凝土 基础泵车	10m³	0.1	1.29	1.57	6.68			
		材料费中：暂估价合计								
10	010501001002	垫层 (1) 部位：楼地面 (2) 混凝土强度等级：C15	m³		77.66	440.29	7.47	92.86	37.7	563.12
	2-1-28	C15无筋混凝土垫层	10m³	0.1	76.36	438.7	0.72			
	5-3-10	泵送混凝土 基础泵车	10m³	0.101	1.3	1.59	6.75			
		材料费中：暂估价合计								
11	010501003001	独立基础 混凝土强度等级：C30	m³		58.8	520.58	7.27	70.31	28.55	615.2
	5-1-6	C30混凝土独立基础	10m³	0.1	57.5	518.99	0.52			
	5-3-10	泵送混凝土 基础泵车	10m³	0.101	1.3	1.59	6.74			
		材料费中：暂估价合计								

续表

序号	编码	名称	单位	工程量	综合单价组成/元					综合单价/元
					人工费	材料费	机械费	计费基础	管理费和利润	
12	010502001001	矩形柱 混凝土强度等级：C30	m³		160.93	513.5	9.49	192.42	78.12	762.04
	5-1-14	C30 矩形柱	10m³	0.1	158.42	511.92	1.34			
	5-3-12	泵送混凝土 柱、墙、梁、板 泵车	10m³	0.101	2.51	1.59	8.15			
		材料费中：暂估价合计								
13	010502002001	构造柱 混凝土强度等级：C20	m³		276.58	456.02	10	330.69	134.26	876.86
	5-1-17	C20 现浇混凝土 构造柱	10m³	0.1	274.07	454.43	1.85			
	5-3-12	泵送混凝土 柱、墙、梁、板 泵车	10m³	0.101	2.51	1.59	8.15			
		材料费中：暂估价合计								
14	010503002001	矩形梁 混凝土强度等级：C30	m³		88.25	532.07	8.76	105.52	42.84	671.92
	5-1-19	C30 框架梁、连续梁	10m³	0.1	85.74	530.49	0.61			
	5-3-12	泵送混凝土 柱、墙、梁、板 泵车	10m³	0.101	2.51	1.59	8.15			
		材料费中：暂估价合计								
15	010503004001	圈梁 混凝土强度等级：C20	m³		238.03	482.68	8.76	284.6	115.55	845.02
	5-1-21	C20 圈梁及压顶	10m³	0.1	235.52	481.09	0.61			
	5-3-12	泵送混凝土 柱、墙、梁、板 泵车	10m³	0.101	2.51	1.59	8.15			
		材料费中：暂估价合计								
16	010503005001	过梁 混凝土强度等级：C20	m³		280.72	526.74	8.76	335.64	136.27	952.49
	5-1-22	C20 过梁	10m³	0.1	278.21	525.15	0.61			
	5-3-12	泵送混凝土 柱、墙、梁、板 泵车	10m³	0.101	2.51	1.59	8.15			
		材料费中：暂估价合计								

序号	编码	名称	单位	工程量	综合单价组成/元					综合单价/元
					人工费	材料费	机械费	计费基础	管理费和利润	
17	010505001001	有梁板 混凝土强度等级：C30	m³		57.64	561.29	8.91	68.92	27.98	655.82
	5-1-31	C30 有梁板	10m³	0.1015	55.1	559.68	0.63			
	5-3-12	泵送混凝土 柱、墙、梁、板 泵车	10m³	0.1025	2.55	1.61	8.27			
		材料费中：暂估价合计								
18	010507001001	散水 (1) 垫层材料种类、厚度：碎石、100mm (2) 混凝土厚度：60mm (3) 混凝土强度等级：C20	m²		27.78	65.18	7.84	33.21	13.48	114.28
	16-6-80 换	混凝土散水	10m²	0.1	18.49	30.57	0.5			
	2-1-5	干铺碎石垫层(机械振动)	10m³	0.01	6.27	33.65	0.09			
	5-3-14	泵送混凝土 其他构件 泵车	10m³	0.0606	3.01	0.95	7.25			
		材料费中：暂估价合计								
19	010505007001	天沟(檐沟)、挑檐板	m³		223.43	579.76	13.9	267.14	108.46	925.55
	5-1-49	C30 挑檐、天沟	10m³	0.1	218.41	578.17	1.81			
	5-3-14	泵送混凝土 其他构件 泵车	10m³	0.101	5.02	1.59	12.08			
		材料费中：暂估价合计								
20	010507007001	其他构件 (1) 构件规格：100mm×200mm (2) 部位：卫生间挡水台 (3) 混凝土强度等级：C20	m³		211.46	734.51	12.09	252.84	102.66	1060.72
	5-1-51 C20	C20 小型构件	10m³	0.1	206.45	732.92				
	5-3-14	泵送混凝土 其他构件 泵车	10m³	0.101	5.02	1.59	12.09			
		材料费中：暂估价合计								

续表

序号	编码	名称	单位	工程量	综合单价组成/元					综合单价/元
					人工费	材料费	机械费	计费基础	管理费和利润	
21	010501002001	带形基础 (1) 混凝土种类：无筋素混凝土 (2) 混凝土强度等级：C20 (3) 部位：隔墙下无梁基础，详见设计图纸	m³		61.92	457.05	0.52	74.03	30.05	549.54
	5-1-4 换	C30 混凝土带型基础 换为[C20 现浇混凝土 碎石＜40]	10m³	0.1	61.92	457.05	0.52			
		材料费中：暂估价合计								
22	010515001001	现浇构件钢筋 钢筋种类、规格：HPB300 φ6	t		1451.76	3933.81	79.42	1735.8	704.73	6169.72
	5-4-1	现浇构件钢筋 HPB300 φ6	t	1	1451.76	3933.81	79.42			
		材料费中：暂估价合计								
23	010515001015	现浇构件钢筋 钢筋种类、规格：钢筋 HRB400≤φ8	t		1167.48	3933.81	86.5	1395.9	566.74	5754.53
	5-4-5	现浇构件钢筋 HRB335(HRB400)≤φ10	t	1	1167.48	3933.81	86.5			
		材料费中：暂估价合计								
24	010515001002	现浇构件钢筋 钢筋种类、规格：箍筋 HRB400 φ6	t		1952.24	3933.81	120.1	2334.2	947.69	6953.84
	5-4-30 换	现浇构件箍筋 φ6 实际箍筋采用 HRB335(HRB400)规格时 机械*1.38,材料[01010109]换为[01010183]	t	1	1952.24	3933.81	120.1			
		材料费中：暂估价合计								

续表

序号	编码	名称	单位	工程量	综合单价组成/元					综合单价/元
					人工费	材料费	机械费	计费基础	管理费和利润	
25	010515001003	现浇构件钢筋 钢筋种类、规格：箍筋 HRB400 ϕ8	t		1952.24	3933.81	120.1	2334.2	947.69	6953.84
	5-4-30 换	现浇构件箍筋 ϕ8 实际箍筋采用 HRB335 (HRB400)规格时 机械*1.38,材料[01010109]换为[01010183]	t	1	1952.24	3933.81	120.1			
		材料费中：暂估价合计								
26	010515001016	现浇构件钢筋 钢筋种类、规格：箍筋 HRB400 ϕ10	t		1952.24	3933.81	120.08	2334.2	947.69	6953.82
	5-4-30 换	现浇构件箍筋 ϕ10 实际箍筋采用 HRB335 (HRB400)规格时 机械*1.38,材料[01010109]换为[01010183]	t	1	1952.24	3933.81	120.08			
		材料费中：暂估价合计								
27	010515001006	现浇构件钢筋 钢筋种类、规格：HRB400 ϕ10	t		1167.48	3888.67	86.5	1395.9	566.74	5709.39
	5-4-5	现浇构件钢筋 HRB400 ϕ10	t	1	1167.48	3888.67	86.5			
		材料费中：暂估价合计								
28	010515001007	现浇构件钢筋 1.钢筋种类、规格：HRB400 ϕ12	t		895.16	3987.15	130	1070.3	434.55	5446.86
	5-4-6	现浇构件钢筋 HRB400 ϕ12	t	1	895.16	3987.15	130			
		材料费中：暂估价合计								
29	010515001008	现浇构件钢筋 钢筋种类、规格：HRB400 ϕ14	t		895.16	3987.15	130	1070.3	434.55	5446.86

续表

序号	编码	名称	单位	工程量	综合单价组成/元					综合单价/元
					人工费	材料费	机械费	计费基础	管理费和利润	
	5-4-6	现浇构件钢筋 HRB400 ϕ14	t	1	895.16	3987.15	130			
		材料费中：暂估价合计								
30	010515001009	现浇构件钢筋 钢筋种类、规格：HRB400 ϕ16	t		895.16	3987.15	130	1070.3	434.55	5446.86
	5-4-6	现浇构件钢筋 HRB400 ϕ16	t	1	895.16	3987.15	130			
		材料费中：暂估价合计								
31	010515001010	现浇构件钢筋 1.钢筋种类、规格：HRB400 ϕ18	t		895.16	3987.15	130	1070.3	434.55	5446.86
	5-4-6	现浇构件钢筋 HRB400 ϕ18	t	1	895.16	3987.15	130			
		材料费中：暂估价合计								
32	010515001011	现浇构件钢筋 钢筋种类、规格：HRB400 ϕ20	t		575.92	3999.25	37.45	688.6	279.57	4892.19
	5-4-7	现浇构件钢筋 HRB400 ϕ20	t	1	575.92	3999.25	37.45			
		材料费中：暂估价合计								
33	010515001012	现浇构件钢筋 钢筋种类、规格：HRB400 ϕ22	t		575.92	3999.25	37.45	688.6	279.57	4892.19
	5-4-7	现浇构件钢筋 HRB400 ϕ22	t	1	575.92	3999.25	37.45			
		材料费中：暂估价合计								
34	010515001013	现浇构件钢筋 钢筋种类、规格：HRB400 ϕ25	t		575.92	3999.25	37.45	688.6	279.57	4892.19
	5-4-7	现浇构件钢筋 HRB400 ϕ25	t	1	575.92	3999.25	37.45			
		材料费中：暂估价合计								

续表

序号	编码	名称	单位	工程量	综合单价组成/元					综合单价/元
					人工费	材料费	机械费	计费基础	管理费和利润	
35	010515001014	现浇构件钢筋 钢筋种类、规格：砌体加固≤φ6.5	t		1165.64	4046.74	403.3	1393.7	565.85	6181.53
	5-4-67	砌体加固筋焊接≤φ6.5	t	1	1165.64	4046.74	403.3			
		材料费中：暂估价合计								
36	010515011001	植筋	根			1.5				1.5
	补子目1	植筋	个	1		1.5				
		材料费中：暂估价合计								
37	010516003001	机械连接 (1) 连接方式：机械连接 (2) 螺纹套筒种类：直螺纹套筒 (3) 规格：≥φ22	个		10.67	338.34	1.32	12.76	5.18	355.51
	5-4-47	螺纹套筒钢筋接头≤φ25	10个	0.1	10.67	338.34	1.32			
		材料费中：暂估价合计								
38	010802001001	金属(塑钢)门 (1) 门框、扇材质：铝合金中空玻璃门 (2) 玻璃品种、厚度：双玻中空玻璃(5+12+5，mm)	m²			490				490
	补子目6	铝合金双玻中空玻璃门(5+12+5，mm)	m²	1		490				
		材料费中：暂估价合计								
39	010802001002	金属(塑钢)门 门框、扇材质：钛合金门	m²			280				280
	补子目3	钛合金门	m²	1		280				
		材料费中：暂估价合计								
40	010802001003	金属(塑钢)门 门框、扇材质：乙级防火门	m²			450				450

续表

序号	编码	名称	单位	工程量	综合单价组成/元					综合单价/元
					人工费	材料费	机械费	计费基础	管理费和利润	
	补子目7	钢制乙级防火门	m²	1		450				
		材料费中：暂估价合计								
41	010807001001	金属(塑钢、断桥)窗 (1) 材质：铝塑窗框 型号：60 款 (2) 玻璃品种：中空玻璃(5+12+5，mm)	m²			420				420
	补子目4	60 款铝塑窗，中空玻璃(5+12+5，mm)	m²	1		420				
		材料费中：暂估价合计								
42	010807002001	金属防火窗 (1) 材质：铝塑窗框 型号：60 款 (2) 玻璃品种：中空玻璃(5+12+5，mm) (3) 等级：乙级防火窗	m²			760				760
	补子目8	金属防火窗	m²	1		760				
		材料费中：暂估价合计								
43	011209002001	带骨架玻璃幕墙 (1) 骨架材料：铝合金型材 (2) 面层材料品种、规格、颜色：隔热双玻中空钢化玻璃(5+12+5,mm)Low-E、单层镀膜，可开启窗 (3) 面层固定方式：断桥铝合金框固定	m²			500				500
	补子目5	带骨架玻璃幕墙	m²	1		500				
		材料费中：暂估价合计								
44	011506003001	轻钢结构玻璃雨篷 (1) 钢材品种、规格：轻钢结构 (2) 玻璃材质：钢化夹胶玻璃 (3) 玻璃厚度：5+0.76+5 (mm)	m²			520				520

续表

序号	编码	名称	单位	工程量	人工费	材料费	机械费	计费基础	管理费和利润	综合单价/元
	补子目 14	轻钢结构玻璃雨篷，钢化夹胶玻璃：5+0.76+5 (mm)	m²	1		520				
		材料费中：暂估价合计								
45	010513001001	钢结构楼梯 (1) 钢材品种、规格：Q235B 花纹钢 (2) 钢板厚度：4mm 厚	座			10000				10000
	补子目 15	钢结构楼梯，Q235B 花纹钢 钢板厚度：4mm 厚	座	1		10000				
		材料费中：暂估价合计								
46	010803001001	细石混凝土保护层屋面 (1) 40mm 厚 C20 细石随打随抹平 (2) 200g/m² 聚氨酯无纺布隔离层一道 (3) 防水层：4.0mm 厚 SBS 改性沥青防水卷材(Ⅱ型)+0.7mm 厚聚乙烯丙纶防水卷材+1.3mm 厚聚合物水泥粘层 (4) 30mm 厚 C20 细石找平层 (5) 80mm 厚挤塑保温层 (6) 20mm 厚 1∶2.5 水泥砂浆找平 (7) 30mm 厚(最薄处)2%找坡 1∶6(重量比)水泥憎水性膨胀珍珠岩找坡层 (8) 20mm 厚 1∶3 水泥砂浆找平； (9) 现浇混凝土屋面板	m²		98.65	333.36	4.36	117.83	47.83	484.2

续表

序号	编码	名称	单位	工程量	综合单价组成/元					综合单价/元
					人工费	材料费	机械费	计费基础	管理费和利润	
	9-2-65	细石混凝土 厚40mm	10m²	0.1	8.74	21.49	0.02			
	10-1-27	混凝土板上保温 地面耐碱纤维网格布	10m²	0.1	2.02	0.8				
	9-2-10	改性沥青卷材热熔法 一层 平面	10m²	0.1043	2.3	43.21				
	9-2-23	聚氯乙烯卷材冷粘法 一层 平面	10m²	0.1043	2.97	34.21				
	9-2-51 换	聚合物水泥防水涂料 厚 1mm 平面 实际厚度(mm)：1.3	10m²	0.1043	2.57	21.74				
	9-2-65 换	细石混凝土 厚 40mm 实际厚度(mm)：30	10m²	0.1	7.45	16.37	0.02			
	10-1-17	混凝土板上保温 黏结剂满粘聚苯保温板	10m²	0.1	4.42	33.67				
	11-1-1	水泥砂浆 在混凝土或硬基层上 20mm	10m²	0.1	7.68	12.14	0.46			
	10-1-2	混凝土板上保温 憎水珍珠岩块	10m³	0.039	52.82	137.58	3.39			
	11-1-1	水泥砂浆 在混凝土或硬基层上 20mm	10m²	0.1	7.68	12.14	0.46			
		材料费中：暂估价合计								
47	010902004002	屋面排水管 (1) 排水管品种、规格：DN100 PVC塑料管 (2) 雨水斗：87 型 DN100	m		4.3	18.86		5.14	2.09	25.25
	9-3-10	塑料管排水 水落管 $\phi \leqslant 110mm$	10m	0.1	3.59	14.25				
	9-3-13	塑料管排水 落水斗	10 个	0.009	0.4	1.39				
	9-3-15	塑料管排水 落水口	10 个	0.009	0.31	3.23				
		材料费中：暂估价合计								

续表

序号	编码	名称	单位	工程量	综合单价组成/元					综合单价/元
					人工费	材料费	机械费	计费基础	管理费和利润	
48	010903002001	墙面涂膜防水(卫生间) (1) 防水膜品种：聚合物水泥防水涂料 (2) 涂膜厚度、遍数：厚1.5mm 立面1遍	m²		0.14	1.02		0.16	0.06	1.22
	9-2-52 + 9-2-54	聚合物水泥防水涂料 厚1mm 立面 实际厚度(mm)：1.5	10m²	0.004	0.14	1.02				
		材料费中：暂估价合计								
49	010904001001	楼(地)面卷材防水(卫生间) (1) 卷材品种、规格、厚度：聚乙烯丙纶卷材0.7mm 厚 (2) 防水层数：2 (3) 防水层做法：冷粘法 平面防水 (4) 反边高度：300mm	m²		5.15	65.61		6.16	2.5	73.26
	9-2-23 + 9-2-25	聚氯乙烯卷材冷粘法一层 平面防水 实际层数(层)：2	10m²	0.1	5.15	65.61				
		材料费中：暂估价合计								
50	010904002001	楼(地)面涂膜防水(卫生间) (1) 防水膜品种：聚合物水泥防水胶粘材料 (2) 涂膜厚度、遍数：1.3mm 厚、2层 平面防水 (3) 反边高度：300mm	m²		4.93	41.7		5.9	2.4	49.03
	9-2-51 换	聚合物水泥防水涂料 厚1mm 平面实际厚度(mm)：1.3 单价×2	10m²	0.1	4.93	41.7				
		材料费中：暂估价合计								

续表

序号	编码	名称	单位	工程量	综合单价组成/元					综合单价/元
					人工费	材料费	机械费	计费基础	管理费和利润	
51	01B001	屋面上人口 (1) 部位: 屋面 (2) 材质: 混凝土 (3) 洞尺寸: 700 mm×700mm (4) 结构构造: 详见图集 L13J5-1	个		408.68	505.31	16.29	488.63	198.38	1128.66
	9-1-37	屋面检修口盖板	个	1	69.92	98.33				
	9-1-39	混凝土屋面排气道口	10 个	0.1	337.83	406.68	14.05			
	5-3-14	泵送混凝土 其他构件 泵车	10m³	0.0187	0.93	0.3	2.24			
		材料费中: 暂估价合计								
52	011001003001	保温隔热墙面 (1) 保温隔热部位:外墙女儿墙内侧 (2) 保温隔热材料品种、规格及厚度:30mm 厚挤塑聚苯板 (3) 黏结材料种类及做法:10mm 厚聚合物水泥满粘 (4) 增强网及抗裂防水砂浆种类、做法:3～6mm 厚抹面胶浆分遍抹压,压入耐碱纤维网格布一层	m²			46				46
	补子目 9	保温隔热墙面,30mm 厚挤塑聚苯板+10mm 厚聚合物水泥满粘+3～6mm 厚抹面胶浆分遍抹压,压入耐碱纤维网格布一层	m²	1		46				
		材料费中: 暂估价合计								

序号	编码	名称	单位	工程量	综合单价组成/元					综合单价/元
					人工费	材料费	机械费	计费基础	管理费和利润	
53	011001003003	保温隔热墙面 (1) 保温隔热部位：外墙 (2) 保温隔热材料品种、规格及厚度：85mm厚岩棉板(A级) (3) 黏结材料种类及做法：10mm厚聚合物水泥满粘 (4) 增强网及抗裂防水砂浆种类、做法：3～6mm厚抹面胶浆分遍抹压，压入耐碱纤维网格布一层	m²			95				95
	补子目10	保温隔热墙面,85mm厚岩棉板(A级)+10mm厚聚合物水泥满粘+3～6mm厚抹面胶浆分遍抹压，压入耐碱纤维网格布一层	m²	1		95				
		材料费中：暂估价合计								
54	011001003002	保温隔热墙面 (1) 保温隔热部位：外墙 (2) 黏结材料种类及做法：20mm胶粉聚苯颗粒砂浆找平层 (3) 增强网及抗裂防水砂浆种类、做法：3～6mm厚抹面胶浆分遍抹压，压入耐碱纤维网格布一层	m²			52				52

续表

序号	编码	名称	单位	工程量	综合单价组成/元					综合单价/元
					人工费	材料费	机械费	计费基础	管理费和利润	
	补子目 11	保温隔热墙面：20mm 胶粉聚苯颗粒砂浆找平层 +3～6mm 厚抹面胶浆分遍抹压，压入耐碱纤维网格布一层	m²	1		52				
		材料费中：暂估价合计								
55	011001005001	保温隔热楼地面(一楼) (1) 保温隔热材料品种、规格、厚度：B1级挤塑聚苯保温板 20mm 厚 (2) 黏结材料种类、做法：黏结剂点粘 (3) 部位：卫生间	m²			22				22
	补子目 12	保温隔热楼地面，B1级挤塑聚苯保温板 20mm 厚	m²	1		22				
		材料费中：暂估价合计								
56	011001005002	保温隔热楼地面(一楼) (1) 保温隔热材料品种、规格、厚度：B1级挤塑聚苯保温板 45mm 厚 (2) 隔气层材料品种、厚度：塑料薄膜 0.4mm×2 道 (3) 黏结材料种类、做法：黏结剂点粘 (4) 部位：一层采暖房间	m²			48				48

续表

序号	编码	名称	单位	工程量	综合单价组成/元					综合单价/元
					人工费	材料费	机械费	计费基础	管理费和利润	
	补子目 13	保温隔热楼地面，B1级挤塑聚苯保温板45mm 厚+塑料薄膜0.4mm×2 道	m²	1		48				
		材料费中：暂估价合计								
57	011701002001	外脚手架 (1) 搭设方式：双排外脚手架 (2) 搭设高度：10.5～14.0m (3) 脚手架材质：钢管	m²		7.54	9.41	1.73	9.02	3.66	22.34
	17-1-9	双排外钢管脚手架≤15m	10m²	0.1	7.54	9.41	1.73			
58	011701003001	里脚手架 (1) 搭设方式：双排里脚手架 (2) 搭设高度：≤6m (3) 脚手架材质：钢管	m²		6.62	0.71	1.06	7.92	3.22	11.61
	17-2-8	双排里钢管脚手架≤6m	10m²	0.1	6.62	0.71	1.06			
59	011701006001	满堂脚手架 (1) 搭设方式：满堂脚手架 (2) 搭设高度：基本层 (3) 脚手架材质：钢管	m²		8.56	4.54	3.28	10.23	4.15	20.53
	17-3-3	满堂钢管脚手架基本层	10m²	0.1	8.56	4.54	3.28			
60	011701002002	外脚手架 (1) 搭设方式：单排外脚手架 (2) 搭设高度：≤10m (3) 脚手架材质：钢管	m²		5.34	6.56	1.51	6.38	2.59	16
	17-1-8	单排外钢管脚手架≤10m	10m²	0.1	5.34	6.56	1.51			

续表

序号	编码	名称	单位	工程量	综合单价组成/元					综合单价/元
					人工费	材料费	机械费	计费基础	管理费和利润	
61	011701002003	外脚手架 (1) 搭设方式：双排外脚手架 (2) 搭设高度：≤6m (3) 脚手架材质：钢管	m²		5.89	6.49	2.17	7.04	2.86	17.41
	17-1-7	双排外钢管脚手架≤6m	10m²	0.1	5.89	6.49	2.17			
62	011702001001	基础 (1) 基础类型：独立基础 (2) 模板支设方式：复合木模板木支撑	m²		25.21	82.99	0.43	30.14	12.24	120.87
	18-1-15	独立基础钢筋混凝土复合木模板木支撑	10m²	0.1	25.21	82.99	0.43			
63	011702001002	基础 (1) 基础类型：独立基础垫层 (2) 模板材质：木模板	m²		9.66	23.8	0.05	11.55	4.69	38.2
	18-1-1	混凝土基础垫层木模板	10m²	0.1	9.66	23.8	0.05			
64	011702002001	矩形柱 (1) 支撑高度：标准层 (2) 模板支设方式：复合木模板钢支撑	m²		20.24	26.39	0.1	24.2	9.83	56.56
	18-1-36	矩形柱复合木模板钢支撑	10m²	0.1	20.24	26.39	0.1			
65	011702002002	矩形柱 (1) 支撑高度：≤5.2m (2) 模板支设方式：复合木模板钢支撑	m²		25.39	27.45	0.1	30.36	12.32	65.26
	18-1-36	矩形柱复合木模板钢支撑	10m²	0.1	20.24	26.39	0.1			
	18-1-48 *2	柱支撑高度＞3.6m每增1m钢支撑 单价×2	10m²	0.1	5.15	1.06				

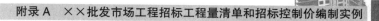

续表

序号	编码	名称	单位	工程量	综合单价组成/元					综合单价/元
					人工费	材料费	机械费	计费基础	管理费和利润	
66	011702003001	构造柱 模板支设方式：复合木模板木支撑	m²		27.23	49.16	0.14	32.56	13.22	89.75
	18-1-41	构造柱复合木模板木支撑	10m²	0.1	27.23	49.16	0.14			
67	011702006001	矩形梁 (1) 支撑高度：标准层 (2) 模板支设方式：复合木模板对拉螺栓钢支撑	m²		22.48	30.16	0.17	26.88	10.91	63.72
	18-1-56	矩形梁复合木模板对拉螺栓钢支撑	10m²	0.1027	22.48	30.16	0.17			
68	011702006002	矩形梁 (1) 支撑高度：≤5.2m (2) 模板支设方式：复合木模板对拉螺栓钢支撑	m²		28.66	32.2	0.17	34.26	13.91	74.94
	18-1-56 换	矩形梁复合木模板对拉螺栓钢支撑 实际高度：5.2m	10m²	0.1045	28.66	32.2	0.17			
69	011702008001	圈梁 模板支设方式：复合木模板木支撑	m²		21.53	27.95	0.15	25.74	10.45	60.08
	18-1-61	圈梁直形复合木模板木支撑	10m²	0.1	21.53	27.95	0.15			
70	011702009001	过梁 模板支设方式：复合木模板木支撑	m²		33.03	37.91	0.3	39.49	16.03	87.27
	18-1-65	过梁复合木模板木支撑	10m²	0.1	33.03	37.91	0.3			
71	011702014001	有梁板 (1) 支撑高度：标准层 (2) 模板支设方式：复合木模板钢支撑	m²		0.42	0.54		0.5	0.21	1.17

续表

序号	编码	名称	单位	工程量	综合单价组成/元					综合单价/元
					人工费	材料费	机械费	计费基础	管理费和利润	
	18-1-92	有梁板复合木模板钢支撑	10m²	0.0021	0.42	0.54				
72	011702014002	有梁板 (1) 支撑高度: ≤5.2m (2) 模板支设方式: 复合木模板钢支撑	m²		25.58	26.92	0.16	30.58	12.42	65.08
	18-1-92 换	有梁板复合木模板钢支撑 实际高度: 5.2 m	10m²	0.1	25.58	26.92	0.16			
73	011702025001	其他现浇构件 构件类型: 挑檐木模板木支撑	m²		40.94	22.09	0.71	48.95	19.87	83.61
	18-1-107	天沟、挑檐木模板木支撑	10m²	0.1	40.94	22.09	0.71			
74	011702025002	其他现浇构件 构件类型: 卫生间挡水台	m²		37.17	38.51	0.34	44.44	18.05	94.07
	18-1-112	小型构件木模板木支撑	10m²	0.1	37.17	38.51	0.34			
75	011703001001	垂直运输 建筑物建筑类型及结构形式: 框架结构基础层	m²		3.14		20.17	3.75	1.52	24.83
	19-1-9 *1.06491	±0.00 以下无地下室独立基础垂直运输底层建筑面积＞1000m² 实际层高: 4.05 m	10m²	0.1	3.14		20.17			
76	011703001002	垂直运输 (1) 建筑物建筑类型及结构形式: 框架结构 (2) 建筑物檐口高度、层数: 9.15、二层	m²		2.39		25.11	2.86	1.16	28.66
	19-1-19	檐高≤20m 现浇混凝土结构垂直运输 标准层建筑面积＞1000m²	10m²	0.1	2.39		25.11			

表 A-18　总价措施项目清单与计价表

序号	项目编码	项目名称	计算基础	费率/%	金额/元	备注
1	011707002001	夜间施工费	省人工费	2.55	35322.23	
2	011707004001	二次搬运费	省人工费	2.18	30197.05	
3	011707005001	冬雨期施工增加费	省人工费	2.91	40308.9	
4	011707007001	已完工程及设备保护费	省直接费	0.15	7505.01	
合计					113333.19	

表 A-19　其他项目清单与计价汇总表

序号	项目名称	计量单位	金额/元	备注
1	暂列金额	项		详见暂列金额表
2	专业工程暂估价	项		详见专业工程暂估价表
3	特殊项目暂估价	项		详见特殊项目暂估价表
4	计日工			详见计日工表
5	采购保管费			详见总承包服务费、采购保管费表
6	其他检验试验费			
7	总承包服务费			详见总承包服务费、采购保管费表
8	其他			
合计			0	—

表 A-20　暂列金额明细表

序号	项目名称	计量单位	暂定金额/元	备注
1	暂列金额	项		一般可按分部分项工程费的10%～15%估列
合计				—

表 A-21　材料暂估价一览表(不含设备)

材料号	材料名称、规格、型号	计量单位	数量	单价/元	合价/元	备注

表 A-22　工程设备暂估价一览表

序号	名称、规格、型号	单位	数量	单价/元	合价/元	备注

表 A-23　专业工程暂估价表

序号	工程名称	工程内容	金额/元	备注
合计				

表 A-24　计日工表

编号	项目名称、型号、规格	单位	暂定数量	综合单价	合价
一	人工				
人工小计					
二	材料				
材料小计					
三	机械				
机械小计					
总计					

表 A-25　规费、税金项目清单与计价表

序号	项目名称	计算基础	费率/%	金额/元
1	规费			480796.52
1.1	安全文明施工费			336068.87
1.1.1	安全施工费	分部分项工程费+措施项目费+其他项目费-不取规费_合计	2.34	175928.67

续表

序号	项目名称	计算基础	费率/%	金额/元
1.1.2	环境保护费	分部分项工程费+措施项目费+其他项目费-不取规费_合计	0.56	42102.59
1.1.3	文明施工费	分部分项工程费+措施项目费+其他项目费-不取规费_合计	0.65	48869.07
1.1.4	临时设施费	分部分项工程费+措施项目费+其他项目费-不取规费_合计	0.92	69168.54
1.2	社会保险费	分部分项工程费+措施项目费+其他项目费-不取规费_合计	1.52	114278.45
1.3	住房公积金	分部分项工程费+措施项目费+其他项目费-不取规费_合计	0.3	22554.96
1.4	环境保护税	分部分项工程费+措施项目费+其他项目费-不取规费_合计	0	
1.5	建设项目工伤保险	分部分项工程费+措施项目费+其他项目费-不取规费_合计	0.105	7894.24
1.6	优质优价费	分部分项工程费+措施项目费+其他项目费-不取规费_合计	0	
2	税金	分部分项工程费+措施项目费+其他项目费+规费+设备费-不取税金_合计-甲供材料费-甲供主材费-甲供设备费	9	875925.88
合计				1356722.4

表 A-26　工料机汇总表

序号	工料机编码	名称、规格、型号	单位	数量	单价	合价	备注
1	00010010	综合工日(土建)	工日	16951.14	92	1559504.88	
2	00010020	综合工日(装饰)	工日	362.55	101	36617.55	
3	RGFTZ	人工费调整	元	0.18	1	0.18	
4	01010009	钢筋 HPB300≤ϕ10	t	0.05	3805.31	190.27	
5	01010009@1	钢筋 HPB300 ϕ6	t	16.21	3805.31	61684.07	
6	01010027	钢筋 HRB335≤ϕ10	t	36.91	3805.31	140454.00	
7	01010027@2	钢筋 HRB400 ϕ10	t	5.36	3761.06	20159.2816	
8	01010029@1	钢筋 HRB400 ϕ12	t	14.01	3761.06	52692.45	
9	01010029@2	钢筋 HRB400 ϕ14	t	3.72	3761.06	13991.4	

续表

序号	工料机编码	名称、规格、型号	单位	数量	单价	合价	备注
10	01010029@3	钢筋 HRB400 ϕ16	t	9.38	3761.06	35278.74	
11	01010029@4	钢筋 HRB400 ϕ18	t	5.11	3761.06	19219.02	
12	01010033@1	钢筋 HRB400 ϕ20	t	15.83	3761.06	59537.58	
13	01010033@2	钢筋 HRB400 ϕ22	t	27.73	3761.06	104294.19	
14	01010033@3	钢筋 HRB400 ϕ25	t	78	3761.06	293362.68	
15	01010065	钢筋 ϕ6.5	t	0.69	3805.31	2625.66	
16	01010135	螺纹钢筋 ϕ22	kg	191.32	3761.06	719566.00	
17	01010183	箍筋 HRB335≤ϕ10(补)	t	6.77	3805.31	25761.95	
18	01010183@1	箍筋 HRB400 ϕ6	t	5.26	3805.31	20015.93	
19	01010183@2	箍筋 HRB400 ϕ8	t	31.82	3805.31	121084.96	
20	01030025	镀锌低碳钢丝 8#	kg	7697.77	4.96	38180.93	
21	01030049	镀锌低碳钢丝 22#	kg	1413.86	5.22	7380.35	
22	01290251	镀锌铁皮 26#	m²	2.34	33.63	78.69	
23	02090013	塑料薄膜	m²	6149.45	1.05	6456.92	
24	02190009	尼龙帽	个	2758.63	0.88	2427.59	
25	02270047	阻燃毛毡	m²	1293.19	35.75	46231.54	
26	02330005	草袋	m²	363.13	3.82	1387.15	
27	03010365	对拉螺栓	kg	34.3	8.92	305.96	
28	03110157	切割锯片	片	1.07	25.86	27.67	
29	03130107	电焊条 E4303 ϕ3.2	kg	1472.01	7.58	11157.83	
30	03150055	支撑钢管及扣件	kg	9237.62	6.02	55610.47	
31	03150135	水泥钉 m³×40	kg	0.09	10.03	0.90	
32	03150139	圆钉	kg	1411.23	4.42	6237.64	
33	03150903	铁件	kg	989.95	5.9	5840.71	
34	03151123	螺纹套筒 ϕ25 以内	套	2161.4	1.77	3825.68	
35	04010019	普通硅酸盐水泥 42.5MPa	t	74	451.33	33398.43	
36	04030003	黄砂(过筛中砂)	m³	263.19	310.68	81767.87	
37	04030015	粗砂	m³	2.36	240.78	568.24	
38	04050049	碎石	m³	9.03	242.72	2191.76	
39	04090015	石灰	t	11.12	485.44	5398.09	
40	04090019	石英粉	kg	73.03	0.53	38.71	
41	04130001	水泥砖 240×115×53	千块	5.46	446.6	2438.44	
42	04130005	烧结煤矸石普通砖 240×115×53	m³	54.73	407.77	22317.25	

续表

序号	工料机编码	名称、规格、型号	单位	数量	单价	合价	备注
43	04150015	蒸压粉煤灰加气混凝土砌块 600×200×240	m³	1193.49	223.3	266506.32	
44	05030007	模板材	m³	6.83	1473.62	10064.82	
45	09000015	锯成材	m³	112.73	1567.38	176690.75	
46	09270001	玻纤网格布	m²	6.18	1.12	6.92	
47	09270003	耐碱纤维网格布	m²	2623.72	0.73	1915.32	
48	13050015	红丹防锈漆	kg	666.54	8.73	5818.89	
49	13050049	JS 复合防水涂料	kg	7968.21	7.52	59920.94	
50	13310005	石油沥青 10#	kg	37.77	3.81	143.90	
51	13330005	SBS 防水卷材	m²	2880.08	28.32	81563.87	
52	13330013	聚氯乙烯卷材	m²	3283.76	17.93	58877.82	
53	13350003	SBS 弹性沥青防水胶	kg	719.23	25.78	18541.75	
54	13350007	防水粉	kg	1.32	1.89	2.49	
55	13350019	改性沥青嵌缝油膏	kg	148.65	5.9	877.03	
56	13350023	建筑油膏	kg	1.48	3.05	4.51	
57	13410001	嵌缝料	kg	65.34	2.24	146.36	
58	14050005	油漆溶剂油	kg	75.58	4.22	318.95	
59	14350015	防水剂	kg	155.94	1.46	227.67	
60	14350025	隔离剂	kg	1452.56	15.52	22543.73	
61	14390041	液化石油气	kg	671.28	3.27	2195.09	
62	14410021	高强 APP 胶黏剂 B 型	kg	2.9	4.18	12.12	
63	14410047	FL-15 胶黏剂	kg	3325.36	10.31	34284.46	
64	14410049	SG-791 胶砂浆	m³	358.89	368.93	132405.29	
65	14410105	保温板黏结剂	kg	8729.83	1.62	14142.32	
66	15010003	石棉(六级)	kg	1.86	2.21	4.1	
67	15090003	憎水珍珠岩块 500×500×100	m³	948.83	206.31	195753.11	
68	15130009@1	挤塑聚苯乙烯泡沫板δ80	m²	2432.9	27.2	66174.88	
69	17010057	钢管φ48.3×3.6	m	1927.21	18.53	35711.20	
70	17250167	塑料水落管(成品)φ≤110mm	m	210.74	10.66	2246.49	
71	18090019	塑料弯头45° φ≤110mm(成品)	个	20.07	6.86	137.68	
72	18090021	塑料落水口(成品)	个	18.18	21.19	385.23	
73	18210005	伸缩节φ≤110mm	个	54.19	1.47	79.66	
74	18250003	塑料管卡子	个	122.83	0.17	20.88	

续表

序号	工料机编码	名称、规格、型号	单位	数量	单价	合价	备注
75	18250019	塑料管卡子110	个	18	2.83	50.94	
76	18290003	塑料套管	套	1192.92	2.4	2863.01	
77	33090003	塑料落水斗(成品)	个	18.36	9.05	166.16	
78	34050003	草板纸80#	张	4142.21	4.48	18557.1	
79	34070007	塑料卡套	套	34.24	3.22	110.25	
80	34110003	水	m³	1669.01	6.24	10414.62	
81	34110019	木柴	kg	23.53	4.83	113.65	
82	35010005	复合木模板	m²	4333.71	26.75	115926.74	
83	35020001	回转扣件	个	113.89	3.35	381.53	
84	35020003	直角扣件	个	1439.96	5.38	7746.98	
85	35020005	对接扣件	个	176.02	2.98	524.54	
86	35020011	梁卡具模板用	kg	2311.49	4.31	9962.52	
87	35020013	零星卡具	kg	516.45	6.18	3191.61	
88	35030017	木脚手板	m³	1.16	1392.57	1615.38	
89	35030019	木脚手板△=5cm	m³	29.89	1504.42	44967.11	
90	35030029	底座	个	92.01	4.83	444.41	
91	80150009	石油沥青玛琋脂	m³	0.13	1277.59	166.09	
92	BCCLF0	植筋材料费	个	434	1.5	651	
93	BCCLF1	墙面钉钢丝网材料费	m²	8027.42	3.5	28095.97	
94	BCCLF11	轻钢结构玻璃雨篷,钢化夹胶玻璃:5+0.76+5(mm)	m²	144	520	74880	
95	BCCLF13	钢结构楼梯,Q235B 花纹钢钢板厚度:4mm 厚	座	64	10000	640000	
96	BCCLF16	保温隔热楼地面,B1级挤塑聚苯保温板20mm 厚	m²	137.12	22	3016.64	
97	BCCLF18	保温隔热墙面:20mm 胶粉聚苯颗粒砂浆找平层+3～6mm 厚抹面胶浆分遍抹压,压入耐碱纤维网格布一层	m²	2974.56	52	154677.12	
98	BCCLF20	保温隔热墙面,30mm 厚挤塑聚苯板+10mm 厚聚合物水泥满粘+3～6mm 厚抹面胶浆分遍抹压,压入耐碱纤维网格布一层	m²	175.52	46	8073.92	
99	BCCLF21	带骨架玻璃幕墙	m²	188.07	500	94035.00	

续表

序号	工料机编码	名称、规格、型号	单位	数量	单价	合价	备注
100	BCCLF22	钛合金门	m²	88.2	280	24696	
101	BCCLF23	铝合金双玻中空玻璃门(5+12+5)	m²	409.18	490	200498.2	
102	BCCLF24	保温隔热墙面,85mm 厚岩棉板(A 级)+10mm 厚聚合物水泥满粘+3～6mm 厚抹面胶浆分遍抹压,压入耐碱纤维网格布一层	m²	2944.12	95	279691.4	
103	BCCLF25	保温隔热楼地面,B1 级挤塑聚苯保温板 45mm 厚+塑料薄膜 0.4mm*2 道	m²	137.12	48	6581.76	
104	BCCLF6	钢制乙级防火门	m²	398.4	450	179280	
105	BCCLF7	60 款铝塑窗,中空玻璃:5+12+5	m²	410.84	420	172552.8	
106	BCCLF8	金属防火窗	m²	230.4	760	175104	
107	CLFTZ	材料费调整	元	−5.95	1	−5.95	
108	80210003	C15 现浇混凝土碎石<40	m³	57.54	432.04	24859.58	
109	80210007	C20 现浇混凝土碎石<20	m³	16.43	441.75	7257.95	
110	80210009	C20 现浇混凝土碎石<31.5	m³	84.84	441.75	37477.07	
111	80210011	C20 现浇混凝土碎石<40	m³	55.61	441.75	24565.73	
112	80210021	C30 现浇混凝土碎石<20	m³	710.29	500	355145.00	
113	80210023	C30 现浇混凝土碎石<31.5	m³	824.95	500	412475.00	
114	80210025	C30 现浇混凝土碎石<40	m³	201.34	500	100670.00	
115	80210077	细石混凝土 C20	m³	168.63	490.29	82677.60	
116	990101015	履带式推土机 75kW	台班	44.68	865.36	38664.28	
117	990106030	履带式单斗挖掘机(液压)1m³	台班	44.27	1129.74	50013.59	
118	990110030	轮胎式装载机 1.5m³	台班	1.89	665.48	1257.76	
119	990123010	电动夯实机 250N·m	台班	820.56	32.62	26766.67	
120	990304004	汽车式起重机 8t	台班	0.01	718.96	7.19	
121	990306010	自升式塔式起重机 600kN·m	台班	247.93	592.93	147005.13	
122	990401025	载重汽车 6t	台班	96.67	442.86	42811.28	
123	990401030	载重汽车 8t	台班	0.01	503.56	5.04	
124	990402040	自卸汽车 15t	台班	111.88	945.37	105768.00	
125	990409020	洒水车 4000L	台班	11.32	434.05	4913.45	

序号	工料机编码	名称、规格、型号	单位	数量	单价	合价	备注
126	990501040	电动单筒快速卷扬机 20kN	台班	271.36	221.44	60099.96	
127	990503030	电动单筒慢速卷扬机 50kN	台班	56.54	196.3	11098.80	
128	990607015	混凝土输送泵车 70m³/h	台班	11.37	1391.22	15818.17	
129	990610010	灰浆搅拌机 200L	台班	74.99	181.06	13577.69	
130	990618510	混凝土振捣器平板式	台班	38.23	8.78	335.66	
131	990618520	混凝土振捣器插入式	台班	115.21	9.06	1043.80	
132	990702010	钢筋切断机 40mm	台班	64.36	53.45	3440.04	
133	990703010	钢筋弯曲机 40mm	台班	90.45	30.48	2756.92	
134	990706010	木工圆锯机 500mm	台班	61.86	34.47	2132.31	
135	990711010	木工双面压刨床 600mm	台班	7.73	65.89	509.33	
136	990730010	锥形螺纹车丝机 45mm	台班	54.57	20.68	1128.51	
137	990745520	砂轮切割机 ϕ400	台班	12.84	28.83	370.18	
138	990782510	电动切割机	台班	12.84	12.78	164.1	
139	990901020	交流弧焊机 32kV·A	台班	16.29	119.84	1952.19	
140	990910030	对焊机 75kV·A	台班	3.95	153.42	606.01	
		合计				8643429.489	
		其中：人工费合计				1596122.43	
		材料费合计				6515071.014	
		其中：暂估材料费					
		机械费合计				532236.04	

表 A-27　建筑工程招标工程量清单封面

　　　某批发市场装饰　　　工程

招标工程量清单

招　　标　　人：　某农业发展公司

(单位盖章)

工程造价咨询人：　某造价咨询公司

(单位盖章)

年　　月　　日

表 A-28　建筑工程招标工程量清单扉页

　某批发市场装饰　工程

招标工程量清单

招　标　人：　某农业发展公司　　　　工程造价
　　　　　　　　　　　　　　　　　咨询人：　某造价咨询公司　　
　　　　　　　　（单位盖章）　　　　　　　　　　　（单位盖章）

法定代表人　　　　　　　　　　　　法定代表人
或其授权人：　　　　　　　　　　　或其授权人：　　　　　　
　　　　　　　（签字或盖章）　　　　　　　　　　（签字或盖章）

编　制　人：　　　　　　　　　复　核　人：　　　　　　
　　　（造价人员签字并盖专用章）　　　　　　（造价工程师签字并盖专用章）

编 制 时 间：　　　　　　　　复 核 时 间：

表 A-29　分部分项工程和单价措施项目清单与计价表

序号	项目编码	项目名称及特征	计量单位	工程数量	金额/元		
					综合单价	合价	其中：暂估价
	A.11	楼地面装饰工程					
1	011102003003	块料楼地面(一层采暖房间) (1) 8～10mm 厚地砖拍平铺实稀水泥浆擦缝 (2) 20mm 厚 1∶3 干硬性水泥砂浆结合层 (3) 素水泥浆一道 (4) 40mm 厚 C20 细石混凝土，内配 6@200 双向钢筋网片 (5) 20mm 厚 1∶3 水泥砂浆找平层 (6) 素水泥浆一道 (7) 100mm 厚 C15 细石混凝土垫层 (8) 150mm 厚碎石灌 M5 水泥砂浆 (9) 素土夯实	m²	2146.43			
2	011102003001	块料楼地面(防滑地砖卫生间) (1) 20mm 厚室内外高差 (2) 预留 50mm 厚地砖面层 (3) 最薄处 40mm 厚 C25 细石混凝土细拉毛(内铺 DN20 给水管)，坡向地漏 1% (4) 20mm 厚 1∶3 水泥砂浆保护层 (5) 60mm 厚 C15 混凝土垫层 (6) 回填土分层夯实，压实系教不小于 0.94	m²	85.88			
3	011102003002	块料楼地面(地砖楼面) (1) 预留 50mm 厚装修面层 (2) 水泥浆一道 (3) 钢筋混凝土楼板随打随抹平，局部修补找平	m²	2252.8			
4	011105003001	块料踢脚线(面砖房间) (1) 踢脚线高度：150mm (2) 粘贴层厚度、材料种类 5mm 厚 1∶1 水泥砂浆+9mm 厚 1∶1∶6 混合砂浆 (3) 面层材料品种、规格：瓷砖踢脚板、800×150	m²	491.12			

续表

序号	项目编码	项目名称及特征	计量单位	工程数量	金额/元		
					综合单价	合价	其中：暂估价
5	011102001001	石材楼地面(一层内街) (1) 40mm厚光面花岗石板缝宽5mm，干石灰粗砂扫缝后洒水封缝 (2) 30mm厚1:3干硬性水泥砂浆黏结层 (3) 素水泥浆一道内参建筑胶 (4) 60mm厚C15混凝土 (5) 300mm厚3:7灰土垫层分两步夯实，宽出面层300mm (6) 素土夯实(坡度按工程设计)	m²	810.64			
6	010507001002	坡道(室外花岗石板坡道) (1) 40mm厚机磨纹花岗石板缝宽5mm，干石灰粗砂扫缝后洒水封缝 (2) 30mm厚1:3干硬性水泥砂浆黏结层 (3) 素水泥浆一道内参建筑胶 (4) 60mm厚C15混凝土 (5) 300mm厚3:7灰土垫层分两步夯实，宽出面层300mm (6) 素土夯实(坡度按工程设计)	m²	574.32			
	A.12	墙、柱面装饰与隔断、幕墙工程					
7	011201001003	墙面一般抹灰 (1) 墙体类型：砌块墙(混凝土墙) (2) 砂浆厚度、砂浆配合比：20mm厚1:2水泥砂浆 (3) 部位：设备间内墙	m²	146.56			
8	011201001001	墙面一般抹灰 (1) 墙体类型：砌块(混凝土墙) (2) 底层厚度、砂浆配合比：9mm厚水泥石灰抹灰砂浆1:1:6 (3) 面层厚度、砂浆配合比：6mm厚水泥石灰抹灰砂浆1:0.5:3 (4) 部位：其他房间内墙	m²	14392.59			

续表

序号	项目编码	项目名称及特征	计量单位	工程数量	金额/元		
					综合单价	合价	其中：暂估价
9	011201001004	墙面一般抹灰 (1) 墙体类型：砌块(混凝土墙) (2) 砂浆厚度、砂浆配合比：15mm 厚 1：3 水泥砂浆，掺 5%防水剂 (3) 部位：外墙	m²	3275.42			
10	011204003001	块料墙面 (1) 白水泥擦缝(或 1：1 彩色水泥细沙砂浆勾缝) (2) 4～5mm 厚墙面砖(粘贴前充分浸湿) (3) 3～4mm 厚强力胶粉泥黏结层(以上用户自理) (4) 10mm 厚 1：2.5 水泥砂浆抹平拉毛 (5) 9mm 厚 1：0.5：2.5 水泥砂浆分层压实抹平 (6) 2mm 厚外加剂专用砂浆抹基底或界面剂一道甩毛 (7) 喷湿墙面 (8) 部位：卫生间	m²	787.63			
	A.13	天棚工程					
11	011302001001	吊顶天棚 (1) 龙骨材料种类、规格、中距：轻钢金属龙骨 (2) 面层材料品种、规格：铝合金方形板 300×300	m²	95.7			
	A.14	油漆、涂料、裱糊工程					
12	011407002001	天棚喷刷涂料 (1) 基层类型：抹灰面 (2) 喷刷涂料部位：天棚 (3) 涂料品种、喷刷遍数：乳胶漆二遍 (4) 刮腻子遍数：二遍	m²	4585.11			
13	011407001001	墙面喷刷涂料 (1) 喷刷涂料部位：保温外墙面 (2) 腻子种类：柔性腻子 (3) 刮腻子要求：满刮 (4) 涂料：乳胶漆涂料	m²	1051.47			

续表

序号	项目编码	项目名称及特征	计量单位	工程数量	综合单价	合价	其中：暂估价
						金额/元	
14	011407001003	墙面喷刷涂料 (1) 喷刷涂料部位：保温外墙面 (2) 腻子种类：柔性腻子 (3) 刮腻子要求：满刮 (4) 涂料：真石漆涂料	m²	3275.42			
15	011407001002	墙面喷刷涂料 (1) 基层类型：抹灰面 (2) 喷刷涂料部位：内墙 (3) 涂料品种、喷刷遍数：乳胶漆二遍 (4) 刮腻子遍数：二遍	m²	14392.59			
	A.15	其他装饰工程					
16	011503001001	金属扶手、栏杆、栏板 (1) 部位、名称：楼梯 (2) 栏杆材料种类、规格：不锈钢栏杆 (3) 栏杆高度：1050mm	m	256			
17	011503001002	金属扶手、栏杆、栏板 (1) 部位、名称：护窗 (2) 栏杆材料种类、规格：不锈钢栏杆 (3) 栏杆高度：350mm	m	192			
合计							

表 A-30　总价措施项目清单与计价表

序号	项目名称	计算基础	费率/%	金额/元	备注
1	夜间施工费				
2	二次搬运费				
3	冬雨期施工增加费				
4	已完工程及设备保护费				
合计					

表 A-31 其他项目清单与计价汇总表

序号	项目名称	计量单位	金额/元	备注
1	暂列金额	项		详见暂列金额表
2	专业工程暂估价	项		详见专业工程暂估价表
3	特殊项目暂估价	项		详见特殊项目暂估价表
4	计日工			详见计日工表
5	采购保管费			详见总承包服务费、采购保管费表
6	其他检验试验费			
7	总承包服务费			详见总承包服务费、采购保管费表
8	其他			
合计				—

表 A-32 暂列金额明细表

序号	项目名称	计量单位	暂定金额/元	备注
1	暂列金额	项		一般可按分部分项工程费的10%~15%估列
合计				—

表 A-33 材料暂估价一览表(不含设备)

材料号	材料名称、规格、型号	计量单位	单价/元	备注

表 A-34　工程设备暂估价一览表(不含设备)

序号	名称、规格、型号	单位	单价/元	备注

表 A-35　专业工程暂估价表

序号	工程名称	工程内容	金额/元	备注
合计				

表 A-36　计日工表

编号	项目名称、型号、规格	单位	暂定数量	综合单价	合价
一	人工				
人工小计					
二	材料				
材料小计					
三	机械				
机械小计					
总　计					

表 A-37　总承包服务费、采购保管费计价表

序号	项目名称及服务内容	项目价值	费率/%	金额/元
1	总承包服务费	0		
2	材料采购保管费			
3	设备采购保管费			
合计				

表 A-38 规费、税金项目清单与计价表

序号	项目名称	计算基础	费率/%	金额/元
1	规费			
1.1	安全文明施工费			
1.1.1	安全施工费	安全施工费(常规)+安全生产责任保险		
1.1.1.1	安全施工费(常规)	分部分项工程费+措施项目费+其他项目费-不取规费_合计		
1.1.1.2	安全生产责任保险	分部分项工程费+措施项目费+其他项目费-不取规费_合计		
1.1.2	环境保护费	分部分项工程费+措施项目费+其他项目费-不取规费_合计		
1.1.3	文明施工费	分部分项工程费+措施项目费+其他项目费-不取规费_合计		
1.1.4	临时设施费	分部分项工程费+措施项目费+其他项目费-不取规费_合计		
1.2	社会保险费	分部分项工程费+措施项目费+其他项目费-不取规费_合计		
1.3	住房公积金	分部分项工程费+措施项目费+其他项目费-不取规费_合计		
1.5	建设项目工伤保险	分部分项工程费+措施项目费+其他项目费-不取规费_合计		
1.6	优质优价费	分部分项工程费+措施项目费+其他项目费-不取规费_合计		
2	税金	分部分项工程费+措施项目费+其他项目费+规费+设备费-不取税金_合计-甲供材料费-甲供主材费-甲供设备费		
合计				

表 A-39　建筑工程招标总价封面

　　　　　某批发市场装饰　　　　工程

招标控制价

招　　标　　人：　　某农业发展公司　　

(单位盖章)

工程造价咨询人：　　某造价咨询公司　　

(单位盖章)

年　　月　　日

表 A-40 建筑工程招标总价扉页

某批发市场装饰 工程

招标控制价

招 标 控 制 价(小写)： 2946779.80 元

（大写）： 贰佰玖拾肆万陆仟柒佰柒拾玖元捌角

招 标 人：某农业发展公司　　　　工程造价咨询人：某造价咨询公司
　　　　　　（单位盖章）　　　　　　　　　　　（单位盖章）

法定代理人　　　　　　　　　　法定代理人
或其授权人：＿＿＿＿＿＿＿　　或其授权人：＿＿＿＿＿＿＿
　　　　（签字或盖章）　　　　　　　　　（签字或盖章）

编 制 人：＿＿＿＿＿＿＿　　复 核 人：＿＿＿＿＿＿＿
　　（造价人员签字并盖专用章）　　　（造价人员签字并盖专用章）

编 制 时 间：　　　　　　　　复 核 时 间：

表 A-41　单位工程招标控制价汇总表

序号	项目名称	金额/元	其中：材料暂估价/元
一	分部分项工程费	2531595.87	
1.1	A.11 楼地面装饰工程	1480487	
1.2	A.12 墙、柱面装饰与隔断、幕墙工程	242403.86	
1.3	A.13 天棚工程	17479.61	
1.4	A.14 油漆、涂料、裱糊工程	732665.4	
1.5	A.15 其他装饰工程	58560	
二	措施项目费	59002.42	
2.1	单价措施项目		
2.2	总价措施项目	59002.42	
三	其他项目费		
3.1	暂列金额		
3.2	专业工程暂估价		
3.3	特殊项目暂估价		
3.4	计日工		
3.5	采购保管费		
3.6	其他检验试验费		
3.7	总承包服务费		
3.8	其他		
四	规费	112869.42	
五	设备费		
六	税金	243312.09	
单位工程费用合计=一+二+三+四+五+六		2946779.8	0

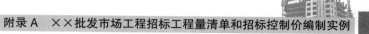

表 A-42 分部分项工程量清单与计价表

序号	项目编码	项目名称及特征	计量单位	工程数量	综合单价	合价	其中：暂估价
	A.11	楼地面装饰工程				1480487	
1	011102003003	块料楼地面(一层采暖房间) (1) 8～10mm 厚地砖拍平铺实稀水泥浆擦缝 (2) 20mm 厚 1：3 干硬性水泥砂浆结合层 (3) 素水泥浆一道 (4) 40mm 厚 C20 细石混凝土，内配 6@200 双向钢筋网片 (5) 20mm 厚 1：3 水泥砂浆找平层 (6) 素水泥浆一道 (7) 100mm 厚 C15 细石混凝土垫层 (8) 150mm 厚碎石灌 M5 水泥砂浆 (9) 素土夯实	m²	2146.43	350.86	753096.43	
2	011102003001	块料楼地面(防滑地砖卫生间) (1) 20mm 厚室内外高差 (2) 预留 50mm 厚地砖面层 (3) 最薄处 40mm 厚 C25 细石混凝土细拉毛(内铺 DN20 给水管)，坡向地漏 1% (4) 20mm 厚 1：3 水泥砂浆保护层 (5) 60mm 厚 C15 混凝土垫层 (6) 回填土分层夯实，压实系数不小于 0.94	m²	85.88	205.93	17685.27	
3	011102003002	块料楼地面(地砖楼面) (1) 预留 50mm 厚装修面层 (2) 水泥浆一道 (3) 钢筋混凝土楼板随打随抹平，局部修补找平	m²	2252.8	110.02	247853.06	
4	011105003001	块料踢脚线(面砖房间) (1) 踢脚线高度：150mm (2) 粘贴层厚度、材料种类：5mm 厚 1：1 水泥砂浆+9mm 厚 1：1：6 混合砂浆 (3) 面层材料品种、规格、颜色：瓷砖踢脚板、800×150	m²	491.12	166.32	81683.08	

续表

序号	项目编码	项目名称及特征	计量单位	工程数量	综合单价	合价	其中:暂估价
					金额/元		
5	011102001001	石材楼地面(一层内街) (1) 40mm厚光面花岗石板缝宽5mm,干石灰粗砂扫缝后洒水封缝 (2) 30mm厚1:3干硬性水泥砂浆黏结层 (3) 素水泥浆一道内参建筑胶 (4) 60mm厚C15混凝土 (5) 300mm厚3:7灰土垫层分两步夯实,宽出面层300mm (6) 素土夯实(坡度按工程设计)	m²	810.64	256.02	207540.05	
6	010507001002	坡道(室外花岗石板坡道) (1) 40mm厚机磨纹花岗石板缝宽5mm,干石灰粗砂扫缝后洒水封缝 (2) 30mm厚1:3干硬性水泥砂浆黏结层 (3) 素水泥浆一道内参建筑胶 (4) 60mm厚C15混凝土 (5) 300mm厚3:7灰土垫层分两步夯实,宽出面层300mm (5) 素土夯实(坡度按工程设计)	m²	574.32	300.58	172629.11	
	A.12	墙、柱面装饰与隔断、幕墙工程				242403.86	
7	011201001003	墙面一般抹灰 (1) 墙体类型:砌块墙(混凝土墙) (2) 砂浆厚度、砂浆配合比:20mm厚1:2水泥砂浆 (3) 部位:设备间内墙	m²	146.56	39.54	5794.98	
8	011201001001	墙面一般抹灰 (1) 墙体类型:砌块(混凝土墙) (2) 底层厚度、砂浆配合比:9mm厚水泥石灰抹灰砂浆1:1:6 (3) 面层厚度、砂浆配合比:6mm厚水泥石灰抹灰砂浆1:0.5:3 (4) 部位:其他房间内墙	m²	14392.59	1.75	25187.03	

续表

序号	项目编码	项目名称及特征	计量单位	工程数量	金额/元		
					综合单价	合价	其中：暂估价
9	011201001004	墙面一般抹灰 (1) 墙体类型：砌块(混凝土墙) (2) 砂浆厚度、砂浆配合比：15mm厚1：3水泥砂浆，掺5%防水剂 (3) 部位：外墙	m²	3275.42	7.68	25155.23	
10	011204003001	块料墙面 (1) 白水泥擦缝(或1：1彩色水泥细沙砂浆勾缝) (2) 4～5mm厚墙面砖(粘贴前充分浸湿) (3) 3～4mm厚强力胶粉泥黏结层(以上用户自理) (4) 10mm厚1：2.5水泥砂浆抹平拉毛 (5) 9mm厚1：0.5：2.5水泥砂浆分层压实抹平 (6) 2mm厚外加剂专用砂浆抹基底或界面剂一道甩毛 (7) 喷湿墙面 (8) 部位：卫生间	m²	787.63	236.49	186266.62	
	A.13	天棚工程				17479.61	
11	011302001001	吊顶天棚 (1) 龙骨材料种类、规格、中距：轻钢金属龙骨 (2) 面层材料品种、规格：铝合金方形板 300×300	m²	95.7	182.65	17479.61	
	A.14	油漆、涂料、裱糊工程				732665.4	
12	011407002001	天棚喷刷涂料 (1) 基层类型：抹灰面 (2) 喷刷涂料部位：天棚 (3) 涂料品种、喷刷遍数：乳胶漆二遍 (4) 刮腻子遍数：二遍	m²	4585.11	24	110042.64	

续表

序号	项目编码	项目名称及特征	计量单位	工程数量	综合单价	合价	其中：暂估价
13	011407001001	墙面喷刷涂料 (1) 喷刷涂料部位：保温外墙面 (2) 腻子种类：柔性腻子 (3) 刮腻子要求：满刮 (4) 涂料：乳胶漆涂料	m²	1051.47	30	31544.1	
14	011407001003	墙面喷刷涂料 (1) 喷刷涂料部位：保温外墙面 (2) 腻子种类：柔性腻子 (3) 刮腻子要求：满刮 (4) 涂料：真石漆涂料	m²	3275.42	75	245656.5	
15	011407001002	墙面喷刷涂料 (1) 基层类型：抹灰面 (2) 喷刷涂料部位：内墙 (3) 涂料品种、喷刷遍数：乳胶漆二遍 (4) 刮腻子遍数：二遍	m²	14392.59	24	345422.16	
	A.15	其他装饰工程				58560	
16	011503001001	金属扶手、栏杆、栏板 (1) 部位、名称：楼梯 (2) 栏杆材料种类、规格：不锈钢栏杆 (3) 栏杆高度：1050mm	m	256	180	46080	
17	011503001002	金属扶手、栏杆、栏板 (1) 部位、名称：护窗 (2) 栏杆材料种类、规格：不锈钢栏杆 (3) 栏杆高度：350mm	m	192	65	12480	
合计						2531595.87	

表 A-43　工程量清单综合单价分析表

序号	编码	项目名称及特征	单位	工程量	综合单价组成/元					综合单价/元
					人工费	材料费	机械费	计费基础	管理费和利润	
1	011102003003	块料楼地面(一层采暖房间) (1) 8～10mm 厚地砖拍平铺实稀水泥浆擦缝 (2) 20mm 厚 1∶3 干硬性水泥砂浆结合层 (3) 素水泥浆一道 (4) 40mm 厚 C20 细石混凝土，内配 6@200 双向钢筋网片 (5) 20mm 厚 1∶3 水泥砂浆找平层 (6) 素水泥浆一道 (7) 100mm 厚 C15 细石混凝土垫层 (8) 150mm 厚碎石灌 M5 水泥砂浆 (9) 素土夯实	m²		69.04	237.88	3.25	82.22	40.69	350.86
	11-3-37	楼地面 干硬性水泥砂浆 周长≤3200mm	10m²	0.1	27.98	85.85	0.78			
	11-1-4	细石混凝土 40mm	10m²	0.1	7.27	20.53	0.02			
	5-4-1	现浇构件钢筋HPB300≤φ10	t	0.0027	3.87	10.48	0.21			
	11-1-1	水泥砂浆 在混凝土或硬基层上 20mm	10m²	0.1	7.68	12.14	0.46			
	11-1-7	刷素水泥浆一遍	10m²	0.1	1.11	0.69				
	2-1-28	C15 无筋混凝土垫层	10m³	0.01	7.64	43.87	0.07			
	2-1-7	垫层 碎石灌浆	10m³	0.015	12.77	64.32	1.46			
	1-4-9	机械原土夯实(两遍)	10m²	0.1	0.74		0.23			
		材料费中：暂估价合计								

续表

序号	编码	项目名称及特征	单位	工程量	综合单价组成/元					综合单价/元
					人工费	材料费	机械费	计费基础	管理费和利润	
2	011102003001	块料楼地面(防滑地砖卫生间) (1) 20mm 厚室内外高差 (2) 预留 50mm 厚地砖面层 (3) 最薄处 40mm 厚 C25 细石混凝土细拉毛(内铺 DN20 给水管),坡向地漏1% (4) 20mm 厚 1:3 水泥砂浆保护层 (5) 60mm 厚 C15 混凝土垫层 (6) 回填土分层夯实,压实系数不小于 0.94	m²		50.26	124.43	1.66	59.76	29.58	205.93
	11-3-33	楼地面 干硬性水泥砂浆 周长≤1200mm	10m²	0.1	29.39	62.57	0.78			
	11-1-4	细石混凝土 40mm	10m²	0.1	7.27	20.53	0.02			
	11-1-2	水泥砂浆 在填充材料上 20mm	10m²	0.1	8.28	15	0.58			
	2-1-28	C15 无筋混凝土垫层	10m³	0.006	4.58	26.32	0.04			
	1-4-9	机械原土夯实(两遍)	10m²	0.1	0.74		0.23			
		材料费中:暂估价合计								
3	011102003002	块料楼地面(地砖楼面) (1) 预留 50mm 厚装修面层 (2) 水泥浆一道 (3) 钢筋混凝土楼板随打随抹平,局部修补找平	m²		29.39	62.57	0.78	34.92	17.28	110.02
	11-3-33	楼地面 干硬性水泥砂浆 周长≤1200mm	10m²	0.1	29.39	62.57	0.78			

序号	编码	项目名称及特征	单位	工程量	综合单价组成/元					综合单价/元
					人工费	材料费	机械费	计费基础	管理费和利润	
		材料费中:暂估价合计								
4	011105003001	块料踢脚线(面砖房间) (1) 踢脚线高度:150mm (2) 粘贴层厚度、材料种类5mm厚1:1水泥砂浆+9mm厚1:1:6混合砂浆 (3) 面层材料品种、规格、颜色:800×150、瓷砖踢脚板	m²		55.35	77.2	1.22	65.76	32.55	166.32
	11-3-45 换	地板砖 踢脚板 直线形 水泥砂浆 换为[水泥抹灰砂浆1:1]换为[水泥石灰抹灰砂浆1:1:6]	10m²	0.1	54.84	76.92	1.22			
	14-4-16	乳液界面剂 涂敷	10m²	0.1	0.51	0.28				
		材料费中:暂估价合计								
5	011102001001	石材楼地面(一层内街) (1) 40mm厚光面花岗石板缝宽5mm,干石灰粗砂扫缝后洒水封缝 (2) 30mm厚1:3干硬性水泥砂浆黏结层 (3) 素水泥浆一道内参建筑胶 (4) 60mm厚C15混凝土 (5) 300mm厚3:7灰土垫层分两步夯实,宽出面层300mm (6) 素土夯实(坡度按工程设计)	m²		45.59	182.1	1.43	54.34	26.9	256.02
	11-3-5	石材块料 楼地面 干硬性水泥砂浆 不分色	10m²	0.1	22.02	109.05	0.93			

续表

序号	编码	项目名称及特征	单位	工程量	综合单价组成/元					综合单价/元
					人工费	材料费	机械费	计费基础	管理费和利润	
	2-1-28	C15 无筋混凝土垫层	10m³	0.006	4.58	26.32	0.04			
	2-1-1	3∶7 灰土垫层 机械振动	10m³	0.03	18.99	46.73	0.45			
		材料费中：暂估价合计								
6	010507001002	坡道(室外花岗石板坡道) (1) 40mm 厚机磨纹花岗石板缝宽 5mm，干石灰粗砂扫缝后洒水封缝 (2) 30mm 厚 1∶3 干硬性水泥砂浆黏结层 (3) 素水泥浆一道内参建筑胶 (4) 60mm 厚 C15 混凝土 (5) 300mm 厚 3∶7 灰土垫层分两步夯实，宽出面层 300mm (6) 素土夯实(坡度按工程设计)	m²		45.59	231.5	1.43	54.34	22.06	300.58
	11-3-5	石材块料 楼地面 干硬性水泥砂浆 不分色	10m²	0.1	22.02	158.45	0.93			
	2-1-28	C15 无筋混凝土垫层	10m³	0.006	4.58	26.32	0.04			
	2-1-1	3∶7 灰土垫层 机械振动	10m³	0.03	18.99	46.73	0.45			
		材料费中：暂估价合计								
7	011201001003	墙面一般抹灰 (1) 墙体类型：砌块墙(混凝土墙) (2) 砂浆厚度、砂浆配合比：20mm 厚 1∶2 水泥砂浆 (3) 部位：设备间内墙	m²		15.86	13.77	0.58	18.84	9.33	39.54

续表

序号	编码	项目名称及特征	单位	工程量	综合单价组成/元					综合单价/元
					人工费	材料费	机械费	计费基础	管理费和利润	
	12-1-4 换	水泥砂浆(厚9mm+6mm)混凝土墙(砌块墙) 水泥抹灰砂浆1∶2 实际厚度(mm)∶10 水泥抹灰砂浆1∶3 实际厚度(mm)∶10 换为[水泥抹灰砂浆1∶2]	10m²	0.1	15.86	13.77	0.58			
		材料费中：暂估价合计								
8	011201001001	墙面一般抹灰 (1) 墙体类型：砌块(混凝土墙) (2) 底层厚度、砂浆配合比：9mm厚水泥石灰抹灰砂浆1∶1∶6 (3) 面层厚度、砂浆配合比：6mm厚水泥石灰抹灰砂浆1∶0.5∶3 (4) 部位：其他房间内墙	m²		0.75	0.54	0.02	0.89	0.44	1.75
	12-1-4	水泥砂浆(厚9mm+6mm)混凝土墙(砌块墙)	10m²	0.0054	0.75	0.54	0.02			
		材料费中：暂估价合计								
9	011201001004	墙面一般抹灰 (1) 墙体类型：砌块(混凝土墙) (2) 砂浆厚度、砂浆配合比：15mm厚1∶3水泥砂浆，掺5%防水剂 (3) 部位：外墙	m²		3.31	2.32	0.1	3.93	1.95	7.68
	12-1-4 换	水泥砂浆(厚9mm+6mm)混凝土墙(砌块墙) 换为[水泥抹灰砂浆1∶3]	10m²	0.0239	3.31	2.32	0.1			
		材料费中：暂估价合计								

工程造价概论(微课版)

续表

序号	编码	项目名称及特征	单位	工程量	人工费	材料费	机械费	计费基础	管理费和利润	综合单价/元
10	011204003001	块料墙面 (1) 白水泥擦缝(或1∶1彩色水泥细沙砂浆勾缝) (2) 4～5mm 厚墙面砖(粘贴前充分浸湿) (3) 3～4mm 厚强力胶粉泥黏结层(以上用户自理) (4) 10mm 厚1∶2.5水泥砂浆抹平拉毛 (5) 9mm 厚1∶0.5∶2.5水泥砂浆分层压实抹平 (6) 2mm 厚外加剂专用砂浆抹基底或界面剂一道甩毛 (7) 喷湿墙面 (8) 部位：卫生间	m²		59.09	141.8	0.86	70.2	34.74	236.49
	12-2-28	胶黏剂粘贴全瓷墙面砖 周长≤1800mm	10m²	0.1	42.72	127.82	0.31			
	12-1-4 换	水泥砂浆(厚 9mm+6mm)混凝土墙(砌块墙) 水泥抹灰砂浆1∶2 实际厚度(mm)：10 换为[水泥抹灰砂浆 1∶2.5] 换为[水泥抹灰砂浆 1∶2.5]	10m²	0.1	15.45	13.12	0.54			
	14-4-17	乳液界面剂 拉毛	10m²	0.1	0.91	0.87				
		材料费中：暂估价合计								
11	011302001001	吊顶天棚 (1)龙骨材料种类、规格、中距:轻钢金属龙骨 (2)面层材料品种、规格：铝合金方形板300×300	m²		33.25	125.7	4.15	39.5	19.55	182.65

续表

序号	编码	项目名称及特征	单位	工程量	综合单价组成/元					综合单价/元
					人工费	材料费	机械费	计费基础	管理费和利润	
	13-2-5 R*0.85	不上人型装配式 U 型轻钢天棚龙骨(网格尺寸 300×300)平面	10m²	0.1	18.2	16.6	4.15			
		用单层结构时　人工×0.85								
	13-3-21	天棚金属面层　铝合金方板　嵌入式	10m²	0.1	15.05	109.1				
		材料费中:暂估价合计								
12	011407002001	天棚喷刷涂料 (1) 基层类型:抹灰面 (2) 喷刷涂料部位:天棚 (3) 涂料品种、喷刷遍数:乳胶漆二遍 (4) 刮腻子遍数:二遍	m²			24				24
	补子目 2	天棚喷刷涂料,乳胶漆二遍+柔性腻子	m²	1		24				
		材料费中:暂估价合计								
13	011407001001	墙面喷刷涂料 (1) 喷刷涂料部位:保温外墙面 (2) 腻子种类:柔性腻子 (3) 刮腻子要求:满刮 (4) 涂料:乳胶漆涂料	m²			30				30
	补子目 4	墙面喷刷涂料,外墙涂料二遍+柔性腻子	m²	1		30				
		材料费中:暂估价合计								
14	011407001003	墙面喷刷涂料 (1) 喷刷涂料部位:保温外墙面 (2) 腻子种类:柔性腻子 (3) 刮腻子要求:满刮 (4) 涂料:真石漆涂料	m²			75				75

续表

序号	编码	项目名称及特征	单位	工程量	综合单价组成/元					综合单价/元
					人工费	材料费	机械费	计费基础	管理费和利润	
	补子目 5	墙面喷刷涂料，真石漆涂料+柔性腻子	m²	1		75				
		材料费中：暂估价合计								
15	011407001002	墙面喷刷涂料 (1) 基层类型：抹灰面 (2) 喷刷涂料部位：内墙 (3) 涂料品种、喷刷遍数：乳胶漆二遍 (4) 刮腻子遍数：二遍	m²			24				24
	补子目 3	墙面喷刷涂料，乳胶漆二遍+柔性腻子	m²	1		24				
		材料费中：暂估价合计								
16	011503001001	金属扶手、栏杆、栏板 (1) 部位、名称：楼梯 (2) 栏杆材料种类、规格：不锈钢栏杆 (3) 栏杆高度：1050mm	m			180				180
	补子目 1	不锈钢栏杆	m	1		180				
		材料费中：暂估价合计								
17	011503001002	金属扶手、栏杆、栏板 (1) 部位、名称：护窗 (2) 栏杆材料种类、规格：不锈钢栏杆 (3) 栏杆高度：350mm	m			65				65
	补子目 1	不锈钢栏杆	m	1		65				
		材料费中：暂估价合计								

表 A-44　总价措施项目清单与计价表

序号	项目编码	项目名称	计算基础	费率/%	金额/元	备注
1	011707002001	夜间施工费	省人工费	3.64	18627.63	
2	011707004001	二次搬运费	省人工费	3.28	16785.35	
3	011707005001	冬雨期施工增加费	省人工费	4.1	20981.68	
4	011707007001	已完工程及设备保护费	省直接费	0.15	2607.76	
合计					59002.42	

表 A-45 其他项目清单与计价汇总表

序 号	项目名称	计量单位	金额/元	备 注
1	暂列金额	项		详见暂列金额表
2	专业工程暂估价	项		详见专业工程暂估价表
3	特殊项目暂估价	项		详见特殊项目暂估价表
4	计日工			详见计日工表
5	采购保管费			详见总承包服务费、采购保管费表
6	其他检验试验费			
7	总承包服务费			详见总承包服务费、采购保管费表
8	其他			
合计			0	—

表 A-46 暂列金额明细表

序 号	项目名称	计量单位	暂定金额/元	备 注
1	暂列金额	项		一般可按分部分项工程费的10%～15%估列
合计				—

表 A-47 材料暂估价一览表(不含设备)

材料号	材料名称、规格、型号	计量单位	数量	单价/元	合价/元	备 注

表 A-48 工程设备暂估价一览表

序 号	名称、规格、型号	单位	数量	单价/元	合价/元	备 注

表 A-49　专业工程暂估价表

序　号	工程名称	工程内容	金额/元	备　注
合计				

表 A-50　计日工表

编　号	项目名称、型号、规格	单　位	暂定数量	综合单价	合　价
一	人工				
人工小计					
二	材料				
材料小计					
三	机械				
机械小计					
总　计					

表 A-51　规费、税金项目清单与计价表

序号	项目名称	计算基础	费率/%	金额/元
1	规费			112869.42
1.1	安全文明施工费			77104.21
1.1.1	安全施工费	分部分项工程费+措施项目费+其他项目费-不取规费_合计	2.34	43475.63
1.1.2	环境保护费	分部分项工程费+措施项目费+其他项目费-不取规费_合计	0.12	2229.52
1.1.3	文明施工费	分部分项工程费+措施项目费+其他项目费-不取规费_合计	0.1	1857.93
1.1.4	临时设施费	分部分项工程费+措施项目费+其他项目费-不取规费_合计	1.59	29541.13

续表

序号	项目名称	计算基础	费率/%	金额/元
1.2	社会保险费	分部分项工程费+措施项目费+其他项目费-不取规费_合计	1.52	28240.58
1.3	住房公积金	分部分项工程费+措施项目费+其他项目费-不取规费_合计	0.3	5573.8
1.4	环境保护税	分部分项工程费+措施项目费+其他项目费-不取规费_合计	0	
1.5	建设项目工伤保险	分部分项工程费+措施项目费+其他项目费-不取规费_合计	0.105	1950.83
1.6	优质优价费	分部分项工程费+措施项目费+其他项目费-不取规费_合计	0	
2	税金	分部分项工程费+措施项目费+其他项目费+规费+设备费-不取税金_合计-甲供材料费-甲供主材费-甲供设备费	9	243312.09
合计				356181.51

表 A-52　工料机汇总表

序号	工料机编码	名称、规格、型号	单位	数量	单价	合价	备注
1	00010010	综合工日(土建)	工日	943.16	92	86770.72	
2	00010020	综合工日(装饰)	工日	2930.38	101	295968.38	
3	01000017	吊筋	kg	33.45	3.47	116.07	
4	01010009	钢筋 HPB300≤ϕ10	t	5.83	3805.31	22184.9573	
5	01030049	镀锌低碳钢丝 22#	kg	57.39	5.22	299.58	
6	01210004	角钢(综合)	kg	38.28	3.48	133.21	
7	01510001	铝合金靠墙条板	m²	4.69	78.02	365.91	
8	02270019	棉纱	kg	75.33	12.37	931.83	
9	02290019	麻袋布	m²	304.69	2.35	716.02	
10	03010511	六角螺栓	kg	1.52	4.71	7.16	
11	03010783	自攻螺丝镀锌(4～6)×(10～16)	100 个	1.01	2.43	2.45	
12	03110143	石料切割锯片	片	22.9	75.86	1737.19	
13	03130145	低合金钢焊条E43系列	kg	16.11	7.58	122.11	
14	03150125	射钉	个	146.42	0.12	17.57	

续表

序号	工料机编码	名称、规格、型号	单位	数量	单价	合价	备注
15	04010017	白水泥	kg	754.5	0.58	437.61	
16	04010019	普通硅酸盐水泥42.5MPa	t	160.26	451.33	72330.15	
17	04010021	普通硅酸盐水泥42.5MPa	kg	472.58	0.45	212.66	
18	04030003	黄沙(过筛中沙)	m3	404.26	310.68	125595.50	
19	04050049	碎石	m3	354.68	242.72	86087.93	
20	04090015	石灰	t	103.45	485.44	50218.77	
21	04090047	黏土	m3	487.37	29.13	14197.09	
22	04110031@1	40mm 花岗岩光板40mm	m²	822.8	88.5	72817.8	
23	04110031@2	40mm 机磨纹花岗岩板 40mm	m²	582.93	137.17	79960.51	
24	07000001	地板砖 300×300	m²	2385.45	48.67	116099.85	
25	07000007	地板砖 600×600	m²	500.94	53.1	26599.91	
26	07000009	地板砖 800×800	m²	2210.82	70.8	156526.06	
27	07030009	全瓷墙面砖 300×600	m²	827.01	66.37	54888.65	
28	09050005	铝合金方板	m²	93.88	107.29	10072.39	
29	10010001	轻钢龙骨不上人型(平面)300×300	m²	100.49	11.87	1192.82	
30	14410003	108 胶	kg	2946.72	1.77	5215.69	
31	14410055	干粉型胶粘剂	kg	3315.92	12.4	41117.42	
32	14410123	乳液界面剂	kg	437.83	1.1	481.613	
33	34090017	锯末	m3	35.22	43.53	1533.13	
34	34110003	水	m3	524.48	6.24	3272.755	
35	BCCLF0	不锈钢栏杆材料费1050mm	m	256	180	46080	
36	BCCLF2	天棚喷刷涂料,乳胶漆二遍+柔性腻子	m²	4585.11	24	110042.64	
37	BCCLF3	墙面喷刷涂料,乳胶漆二遍+柔性腻子	m²	14392.59	24	345422.16	
38	BCCLF4	墙面喷刷涂料,外墙涂料二遍+柔性腻子	m²	1051.47	30	31544.1	
39	BCCLF5	墙面喷刷涂料,真石漆涂料+柔性腻子	m²	3275.42	75	245656.5	

续表

序号	工料机编码	名称、规格、型号	单位	数量	单价	合价	备注
40	BCCLF6	不锈钢栏杆	m	192	65	12480	
41	CLFTZ	材料费调整	元	0.93	1	0.93	
42	80210003	C15 现浇混凝土碎石＜40	m3	305.92	432.04	132169.68	
43	80210077	细石混凝土 C20	m3	90.19	490.29	44219.26	
44	990123010	电动夯实机 250N·m	台班	43.88	32.62	1431.37	
45	990503030	电动单筒慢速卷扬机 50kN	台班	1.56	196.3	306.23	
46	990610010	灰浆搅拌机 200L	台班	30.04	181.06	5439.04	
47	990618510	混凝土振捣器平板式	台班	30.38	8.78	266.74	
48	990702010	钢筋切断机 40mm	台班	1.86	53.45	99.42	
49	990703010	钢筋弯曲机 40mm	台班	1.58	30.48	48.16	
50	990774610	石料切割机	台班	101.29	51.82	5248.85	
51	990901020	交流弧焊机 32kV·A	台班	3.31	119.84	396.67	
		合计				2309082.29	
		其中：人工费合计				382739.1	
		材料费合计				1913106.71	
		其中：暂估材料费					
		机械费合计				13236.48	

附录 B　日照市某批发市场施工图

　　该工程是由某房地产公司投资兴建的批发市场，坐落于山东省日照市，建筑面积为6238.26平方米，建筑高度为9.15米，层数为2层，结构形式为框架结构，基础类型为独立基础。

　　本工程预算书是根据《建筑工程工程量清单计价规范》(GB 50500—2013)、《房屋建筑与装饰工程工程量清单项目计算规范》(GB 50854—2013)、《山东省建筑工程消耗量定额》(2016)、《山东省建设工程费用项目组成及计算规则》(2017)、建筑工程设计和施工规范、标准图集等规范和标准编制。

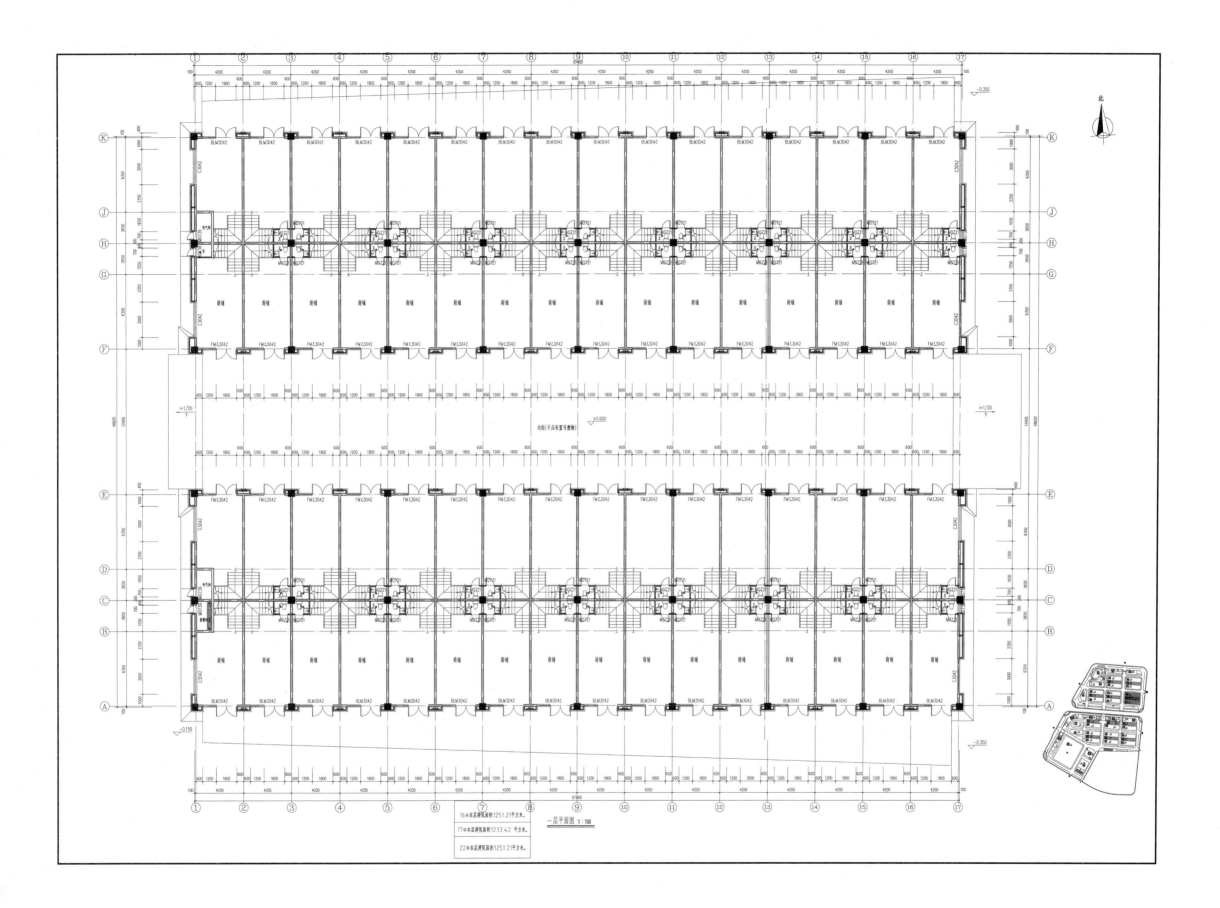

一层平面图 1:100

16#本层建筑面积1251.21平方米。

17#本层建筑面积1233.42平方米。

22#本层建筑面积1251.21平方米。

名称	类型	编号	标准条文	证明材料说明及指标	得分判定
		7.1.1	应结合场地自然条件和建筑功能需求，对建筑的体形、平面布局、空间尺度、围护结构等进行节能设计，且应符合国家有关节能设计的要求。	节能计算书、建筑日照模拟计算报告、优化设计报告	达标
		7.1.2	应采取措施降低部分负荷、部分空间使用下的供暖、空调系统能耗，并应对系统进行分区控制； 1.应区分房间的朝向细分供暖、空调区域，并应对系统进行分区控制； 2.空调冷源的部分负荷性能系数(IPLV)、电冷源综合制冷性能系数(SCOP)应符合现行国家标准《公共建筑节能设计标准》(GB 50189)的规定。	暖通施工图及设计说明	达标
		7.1.3	应根据建筑空间功能设置分区温度，合理降低过渡区空间的温度设定标准。	暖通施工图及设计说明	达标
		7.1.4	主要功能房间的照明功率密度值不高于现行国家标准《建筑照明设计标准》GB 50034规定的现行值；公共区域照明系统应采用分区、定时、感应等节能控制；采光区域的照明控制应独立于其他区域的照明控制。	电气照明系统图、电气照明平面施工图	达标
		7.1.5	冷热源、输配系统和照明等部分能耗应进行独立分项计量。	暖通、电气施工图及设计说明	达标
	控制项	7.1.6	垂直电梯应采取群控、变频调速或能量反馈等节能措施；自动扶梯应采用变频感应启动等节能控制措施。	电气施工图及设计说明	达标
		7.1.7	应制订水资源利用方案，统筹利用各种水资源，并应符合下列规定； 1.应按使用用途、付费或管理单元，分别设置用水计量装置； 2.用水点处水压大于0.2MPa的配水支管应设置减压设施，并应满足给水配件最低工作压力的要求； 3.用水器具和设备应满足节水产品的要求。	详见给排水施工图及设计说明	达标
		7.1.8	不应采用建筑形体和布置严重不规则的建筑结构。	相关设计文件(建筑、结构施工图)	达标
		7.1.9	建筑造型要素应简约，无大量装饰性构件，并应符合下列规定； 1.住宅建筑的装饰性构件造价占建筑总造价的比例不应大于2%； 2.公共建筑的装饰性构件造价占建筑总造价的比例不应大于1%。	本工程为公共建筑 工程造价预算书、结构设计说明	达标
7 节约资源		7.1.10	选用的建筑材料应符合下列规定； 1.500km以内生产的建筑材料重量占建筑材料总重量的比例应大于60%； 2.现浇混凝土应采用预拌混凝土，建筑砂浆应采用预拌砂浆。	工程造价预算表、结构设计说明	达标
		7.2.1	节约、集约利用土地。	规划施工图	8
		7.2.2	合理开发利用地下空间。	规划施工图	0
		7.2.3	采用机械式停车设施、地下停车库或地面停车楼等方式。	规划施工图	0
		7.2.4	优化建筑围护结构的热工性能。	节能计算书	10
		7.2.5	供暖空调系统的冷、热源机组能效均优于现行国家标准《公共建筑节能设计标准》(GB 50189)的规定以及现行有关国家标准能效限定值的要求。	暖通施工图	10
		7.2.6	采取有效措施降低供暖空调系统的末端系统及输配系统的能耗。	暖通施工图	4
		7.2.7	采用节能型电气设备及节能控制措施。	电气施工图	5
	评分项	7.2.8	采取措施降低建筑能耗。	建筑暖通、照明系统能耗模拟计算书	5
		7.2.9	结合当地气候和自然资源条件合理利用可再生能源。	相关设计文件、相关施工图	0
		7.2.10	使用较高用水效率等级的卫生器具。	详见给排水施工图及设计说明	8
		7.2.11	绿化灌溉及空调冷却水系统采用节水设备或技术。	给排水施工图及设计说明	7
		7.2.12	结合雨水综合利用设施营造室外景观水体的补水量大于水体蒸发量的60%，且采用保障水体水质的生态水处理技术。	无景观水体，不参评	0
		7.2.13	使用非传统水源。	设置中水回用系统，详见给排水施工图及设计说明	0
		7.2.14	建筑所有区域实施土建工程与装修工程一体化设计及施工。	相关设计文件	0
		7.2.15	合理选用建筑结构材料与构件。	相关设计文件、各类用材比例计算书	9
		7.2.16	建筑装修选用工业化内装部品。	建筑及装修专业施工图、工业化内装部品施工图	0
		7.2.17	选用可再循环材料、可再利用材料及利废建材。	相关设计文件、计算分析报告	0
		7.2.18	选用绿色建材。	相关设计文件、计算分析报告	4
计分					70
		8.1.1	建筑规划布局应满足日照标准，且不应降低周边建筑的日照标准。	相关设计文件、日照分析报告	达标
		8.1.2	室外热环境应满足国家现行有关标准的要求。	相关设计文件、场地热环境计算报告	达标
		8.1.3	配建的绿化用地应符合所在地控制性详细规划的要求，应合理选择绿化方式，植物种植应适应当地气候和土壤，且应无毒害、易维护，种植区域覆土深度和排水能力应满足植物生长需求，并应采用复层绿化方式。	苗木表、绿化绿化、覆土绿化和屋面绿化的区域及深度、种植区域及深度应满足植物生长需求、排水方式	达标
	控制项	8.1.4	场地的竖向设计应有利于雨水的收集或排放，应有效组织雨水的下渗、滞蓄或再利用；对大于10ha的场地应进行雨水控制利用专项设计。	施工图平面图设计要求及雨水利用专项设计图	达标
		8.1.5	建筑内外应设置便于识别和使用的标识系统。	相关文件(标识系统设计文件)	达标
		8.1.6	场地内不应有排放超标的污染源。	本工程内无排放超标的污染源、集中处理后排放	达标
8 环境宜居		8.1.7	生活垃圾应分类收集，垃圾容器和收集点的设置应合理并应与周围景观协调。	相关文件、垃圾收集设施布置图	达标
		8.2.1	充分保护或修复场地生态环境，合理布局建筑及景观。	场地规划布局、景观	10
		8.2.2	规划场地地表和屋面雨水径流，对场地雨水实施外排总量控制。	相关设计文件	0
		8.2.3	充分利用场地空间设置绿化用地。	日照分析报告、绿地率计算书	6
	评分项	8.2.4	室外吸烟区位置布局合理。	相关文件	9
		8.2.5	利用场地空间设置绿色雨水基础设施。		0
		8.2.6	场地内的环境噪声优于现行国家标准《声环境质量标准》GB 3096的要求。	环评报告、相关设计文件、声环境优化报告	10
		8.2.7	建筑及照明设计避免产生光污染。	光污染分析报告	0
		8.2.8	场地内环境有利于室外行走、活动舒适和建筑的自然通风。	风环境分析报告	10
		8.2.9	采取措施降低热岛强度。		0
计分					55
9 提高与创新					
计分					
总分					342

五、各专业绿色建筑专项说明(该专项说明用以指导各专业施工图的绘制)

1.规划专项说明

1.1 项目选址符合所在城镇乡规划，且符合各类保护区、文物古迹保护的设定规划要求。

1.2 场地应无洪涝、滑坡、泥石流等自然灾害的威胁，无危险化学品、易燃易爆危险源的威胁，无电磁辐射、含氡土壤等危害。

1.3 场地内无排放超标的污染源。

1.4 建筑规划布局满足日照标准，且不降低周边建筑的日照标准。

1.5 种植适当当地气候和土壤的植物，采用乔、灌、草结合的复层绿化，种植区域覆土深度应满足植物生长需求。

1.6 景观照明利用光反射光照时，无超出射光面积比例。

1.7 景观照明应包含光污染控制措施，其中泛光及室外夜景照明光污染的规划应符合现行行业标准《城市夜景照明设计规范》JGJ/T 163的规定。

2.建筑专项说明

2.1 建筑设计应符合《公共建筑节能设计标准》(GB 50189—2015)中强制性条文的规定。

2.2 主要功能房间的室内噪声级应满足国家标准《民用建筑隔声设计规范》(GB 50118—2010)中的低限要求。

2.3 主要功能房间的外墙、隔墙、楼板和门窗的隔声性能应满足现行国家标准《民用建筑隔声设计规范》(GB 50118—2010)中的低限要求。

2.4 在室内设计温度、湿度条件下，建筑围护结构内表面不结露。

2.5 屋面隔热和、西外墙隔热性能满足现行国家标准《民用建筑热工设计规范》(GB 50176—2002)的规定。

2.6 场地内人行道路采用无障碍设计。室外道路、台阶、车位无障碍设计；居住区内人行道的坡道不大于5%，在人行道中设台阶时，应同时设坡道或坡道和人行梯道。组团绿地应进行无障碍设计，设轮椅、盲道、轮椅坡道等。室外客人车位应配置轮椅人员用车位。建筑门厅、商业网点、配套服务用房、住宅入口均设有无障碍坡道与入口平台相连。坡道两侧和平台周边设有550mm高级扶手、扶手表面无障碍扶手要求。

2.7 外窗留有可开启部份或通风换气部件，外窗可开启面积比例不低于30%。

2.8 主要功能房间的采光系数应满足国家标准《建筑采光设计标准》(GB 50033—2013)的要求。

2.9 优化建筑空间、平面布局和构造设计，改善自然通风效果，公共建筑在过渡季节工况下，主要功能房间的平均自然通风换气次数不小于2次/h。

3.结构专项说明

3.1 不得采用国家和地方禁止和限制使用的建筑材料及制品。

3.2 混凝土结构中梁、柱纵向受力普通钢筋采用不低于400MPa级的热轧带肋钢筋。

3.3 建筑造型要素应简约，无大量装饰性构件，装饰性构件造价占工程总造价的比例不大于5%。

3.4 对地基基础、结构体系、结构构件进行优化设计，达到材料节约。

3.5 预拌混凝土采用比量预拌混凝土用量比例应为100%，采用预拌混凝土等符合体系基座和地下室设计说明。

3.6 预拌及使用量占比量重量比例大于等于50%，以预拌商品砂浆的清洁化、抗压强度、调度和减少时间等各项技术参数应满足《预拌砂浆》(GB/T 25181—2010)、《预拌砂浆应用技术规程》(JGJ/T 223—2010)等有关标准的相关要求。

3.7 合理采用高强度结构材料，400MPa级及以上受力普通钢筋的比例应为不低于85%。

3.8 对门窗采用获得"建筑门窗节能性能标识"的产品。

4.给排水专项说明

4.1 应制订水资源利用方案，统筹利用各种水资源。水系统规划方案，应包括给水排水及水资源的状况、项目概况、用水定额的确定、用水量及水量平衡、给排水系统设计方案、节水器具、非传统水源利用等。

4.2 排水系统设置应合理、完善、安全。

4.3 采取有效措施避免给排水系统管网漏损，使用密闭性能好的阀门、设备，使用耐腐蚀、耐久性能好的管材、管件；室外埋地管道管采取有效措施避免管网漏损；设计阶段核算用水量测试的要求安装安装计量水表，健全用水计量装置设置。

4.4 水泵采用叠压供水时，给水系统造过竖向分区和区域错的区间内的给水口水点的供水压力不大于0.2MPa。

4.5 设置用水计量装置，按付费或管理单元，分别设置用水计量装置，统计用水量。

4.6 卫生器具选型如下：

序号	名 称	给水配件中心离地面高度(mm)	控制(角)阀间距(mm)	图集号	备 注
1	洗脸盆	450	150	L13S1-19	台上式：水嘴用水效率等级二级，《水嘴用水效率限定值及用水效率等级》(GB 25501—2010)
2	坐便器	200	接产品	L13S1-87	连体式，下排水，用水量：水效等级二级，用水量：双档节水型6.0L，最大值6.0L 参见《坐便器用水效率限定值及用水效率等级》(GB 25502—2010)
3	淋浴器	1150	150	L13S1-72	单孔淋浴器，用水效率等级二级，流量：0.12L/s 参见《淋浴器用水效率限定值及用水效率等级》(GB 28378—2012)
4	小便器	1150	150	L13S1-135	用水效率等级二级，冲洗水量：3L 参见《小便器用水效率限定值及用水效率等级》(GB 28377—2012)

5.电气专项说明

5.1 所有区域的照度、显色指数均达到现行国家标准《建筑照明设计标准》(GB 50034—2013)规定的标准；照明功率密度值达到现行国家标准《建筑照明设计标准》(GB 50034—2013)规定的目标值。

5.2 走廊、楼梯间、门厅、大堂、大空间、地下车库等场所的照明系统应分区、定时、感应等节能控制措施。

5.3 合理选用电梯和自动扶梯，并采取电梯群控、有自动扶梯等节能控制措施。

5.4 合理选用节能型电气设备，三相配电变压器应执行国家标准《三相配电变压器能效限定值及节能评价值》(GB 20052-2013)的节能评价要求；水泵、风机等设备，及其他电气装置均满足用其现行国家标准的节能评价值要求。

6.暖通专项说明

6.1 不应采用电直接加热设备作为供暖空调系统的供暖热源和空气加湿热源。

6.2 室内温度、湿度、新风量等设计参数符合国家标准《民用建筑供暖通风与空气调节设计规范》(GB 50736)的规定。

6.3 供暖空调系统的冷、热源机组能效均优于现行国家标准《公共建筑节能设计标准》(GB 50189)的规定以及其有关国家标准能效限定值的要求。

6.4 采取措施降低过渡季节供暖、通风与空调系统能耗。

六、结论

本项目根据建设单位及当地有关部门领域的规定，按照《绿色建筑评价标准》(GB/T 50378—2019)的要求进行了设计，最终得分为64.40分，符合一星级标准，望建设及施工单位认真做好组织协调。

严格按照本设计图纸施工，并依据《绿色建筑评价标准》(GB/T 50378—2019)的要求，在施工阶段完善其他条款，确保本项目在建成后达到一星级标准要求。

公共建筑节能专项说明

一、设计依据

1.1 山东省工程建设标准《外墙外保温工程技术规程》(DBJ 14—035—2007)
1.2 国家标准《公共建筑节能设计规范》(GB 50189—2015)
1.3 国家标准《建筑节能工程施工质量验收规范》(GB 50411—2007)
1.4 行业标准《外墙外保温工程技术规程》(JGJ 144—2004)
1.5 中华人民共和国国务院令（第530号）《民用建筑节能条例》
1.6 建设部令（第143号）《民用建筑节能管理规定》
1.7 《建筑设计防火规范》(GB 50016—2014)(2018年版)
1.8 山东省人民政府令（第181号）《山东省新型墙体材料发展应用与建筑节能管理规定》
　公安部、住房和城乡建设部文件（公通字［2009］46号）《民用建筑外保温系统及
　外墙装饰防火暂行规定》

二、建筑概况

2.1 本工程为日照市某批发市场，建筑面积为2502.42m²，总高度为13.65m，
　为寒冷地区甲类公共建筑，结构类型为框架结构。

2.2 墙体材料为200厚加气混凝土砌块和钢筋混凝土外墙，外饰材料为外墙涂料。

2.3 本工程不采暖部分：设备间。

三、填写节能设计表格

《公共建筑节能设计登记表》见右侧表格

四、其他技能设计

4.1 建筑单一立面窗墙比小于0.40时，透光材料的可见光透射比不应小于0.60；公共建筑
　单一立面窗墙面积比大于等于0.40时，透光材料的可见光透射比不应小于0.40

4.2 建筑外窗应设可开启窗扇，其有效通风换气面积不宜小于所在房间外墙面积的10%；当透光
　幕墙受条件限制无法设置可开启窗扇时，应设置通风换气装置。

4.3 建筑外窗气密性能不应低于于国家标准《建筑外窗气密、水密、抗风压性能分级及检测
　方法》(GB/T 7106—2008)规定的7级。其气密性能分级指标值：单位缝长空气渗透量为
　0.5<q1≤1.00［m³/(m·h)］；单位面积空气渗透量为1.50<q2≤3.00［m³/(m²·h)］。

4.4 透明幕墙整体气密性能不应低于于国家标准规定的3级。
　其气密性能分级指标值：建筑幕墙开启部分为0.50<qL≤1.50［m³/(m·h)］；
　建筑幕墙整体（含开启部分）为0.50<qA≤1.20［m³/(m²·h)］。

4.5 外墙挑出构件及附墙部件（雨篷、空调室外机搁板及侧板、外凸墙垛等）采用30厚玻化微珠
　保温材料，构造详见L09J130-121-1。

4.6 外门窗洞口周边侧墙采用20厚玻化微珠保温材料。

4.7 外窗窗框与门窗洞口之间的缝隙，应采用聚氨酯高效保温材料填实，并用密封膏嵌缝，
　不得采用普通水泥砂浆补缝。

4.8 玻璃幕墙、横向条形窗、竖向条形窗等，作为非透明幕墙部分的梁、柱、楼板、隔墙应按
　外墙保温要求采取构造措施，设岩棉保温层厚90mm，构造详见L09J130-122-3、L09J130-129。

4.9 变形缝处屋面、外墙的缝口处，填塞玻璃丝绵不燃材料填缝，填塞深度不小于300。屋面详见
　L09J130-142-4、外墙详见L09J130-121-3。

4.10 女儿墙内侧采用30厚挤塑板保温材料，详见L09J130-120-1、L09J130-129、130。

五、结论及其他要求

5.1 该工程采用直接判断法，建筑热工设计符合国家标准《公共建筑节能设计规范》(GB 50189—2015)
　的规定，能够达到总体节能的目标要求。

5.2 本工程保温材料的密度、导热系数或热阻、燃烧性能等指标，以及其他相关材料的性能，
　应符合《山东省建筑标准设计图集》(L09J130)、《外墙外保温应用技术规程》(DBJ 14—035—2007)
　及《外墙外保温工程技术规程》(JGJ 144—2004)的要求。

5.3 本工程涂料、干挂等外饰面材料的性能指标，应符合《山东省建筑标准设计图集》(L09J130)、《外墙
　外保温应用技术规程》(DBJ 14—035—2007)及《外墙外保温工程技术规程》(JGJ 144—2004)的要求。

5.4 在正确使用和正常维护的条件下，外墙外保温工程的使用年限不应少于25年。

5.5 本工程干挂石材外墙保温材料的燃烧性能为A级，屋顶保温材料的燃烧性能为B1级。

5.6 围护结构保温应严格按照保温体系成套技术标准施工，不得更改系统构造和组成材料，
　应符合《山东省建筑标准设计图集》(L09J130)、《外墙外保温应用技术规程》(DBJ 14—035—2007)。

5.7 玻璃幕墙、金属及石材幕墙、轻钢屋面、玻璃采光顶等二次设计、制作、施工、涉及建筑
节能的内容应满足本设计的节能要求。

5.8 外保温工程施工期间以及完工后24h内，基层及环境空气温度不应低于5℃。夏季应避免
阳光暴晒。在5级以上大风天气和雨天不得施工。

5.9 防火隔离带的设置应满足《建筑外墙外保温防火隔离带技术规程》(JGJ 289—2012)
规定的要求，其耐候性能指标应符合下表规定的要求。

项目	性能指标
外观	无裂缝，无粉化、空鼓，剥落现象
抗风压性	无断裂、分层、脱开、拉出现象
防护层与保温层拉伸粘接强度（kPa）	≥80

山东省公共建筑节能设计表（日照地区）

工程名称		工程编号	建筑面积（m²）	屋顶透明部分面积与屋顶总面积之比	规定值	设计值	结构类型		
日照市某批发市场			2502.42		≤0.20	----	□砌体　☑框架　□剪力墙		
建筑外表面积（m²）	建筑体积（m³）	体形系数	中庭屋顶透明部分面积与中庭屋顶面积之比		≤0.70	----	□钢结构　□其他（框架剪力墙）		
2695.81	10492.8	0.26					窗墙面积比　　南：0.55 北：0.55 东：0.30 西：0.30		

围护结构部位	传热系数K限值［W/(m²·K)］		选用做法系数K［W/(m²·K)］	做法说明
	S≤0.30	0.30<S≤0.50		
屋面	≤0.40	≤0.35	0.37	挤塑板保温层80厚，参L09J130-140-3
外墙（包括非透明幕墙）	≤0.50	≤0.45	0.47	带水泥面憎水性岩棉板保温层厚85mm，构造详见L09J130-49
底面接触室外空气的架空或外挑楼板	≤0.50	≤0.45	----	----
非采暖空调房间与采暖空调房间之间的楼板	≤1.0	≤1.0	----	----
非采暖空调房间与采暖空调房间的隔墙	≤1.20	≤1.20	0.94	200厚加气混凝土砌块墙
变形缝两侧的墙体（两侧墙体内保温）	≤0.6	≤0.6	----	----
外门（包括非透光和透光部分）	≤3.0	≤2.4	----	----

外窗（包括透明幕墙）		传热系数K	太阳得热系数SHGC	传热系数K	太阳得热系数SHGC	选用传热系数K	选用太阳得热系数SHGC
同一朝向外窗（包括透明幕墙）	窗墙面积比≤0.20	≤2.5	----	≤2.40	----	----	----
	0.20<窗墙面积比≤0.30	≤2.40	≤0.52/---	≤2.30	≤0.52/---	1.78	0.39	60系列铝塑窗框中空玻璃(5Low-E+12Ar+5Low-E)
	0.30<窗墙面积比≤0.40	≤2.00	≤0.48/---	≤1.8	≤0.48/---	----	----
	0.40<窗墙面积比≤0.50	≤1.90	≤0.43/---	≤1.70	≤0.43/---	----	----
	0.50<窗墙面积比≤0.60	≤1.80	≤0.40/---	≤1.60	≤0.40/---	1.78	0.39	60系列铝塑窗框中空玻璃(5Low-E+12Ar+5Low-E)
	0.60<窗墙面积比≤0.70	≤1.70	≤0.35/0.60	≤1.60	≤0.35/0.60	----	----
	0.70<窗墙面积比≤0.80	≤1.50	≤0.35/0.52	≤1.40	≤0.35/0.52	----	----
	屋顶透明部分	≤2.40	≤0.44	≤2.40	≤0.35	----	----

（注：表中0.20<窗墙面积比≤0.30 及0.50<窗墙面积比≤0.60 的做法说明合并列出）

	热阻R限值（m²·K/W）	选用做法热阻值R（m²·K/W）	
采暖空调房间地面保温层热阻	≥1.20	1.36	挤塑聚苯板保温层厚45mm，构造详见做法
采暖、空调地下室外墙（与土壤接触的墙）	≥1.20	----	----

（注：其传热系数是包括结构性热桥在内的平均传热系数）

	设计单位（章）	审核	校对	设计人

一、设计依据

（1）《绿色建筑行动方案》国办发〔2013〕1号
（2）《关于大力推进绿色建筑行动的实施意见》鲁政发2013〕10号
（3）《关于全面推进绿色建筑发展的实施意见》济政发〔2013〕17号
（4）国家标准《绿色建筑评价标准》GB/T 50378——2019
（5）《绿色建筑评价技术细则》2015年7月
（6）《绿色建筑评价技术细则补充说明》（规划设计部分）2008年6月
（7）《绿色建筑评价技术细则补充说明》（运行使用部分）2009年9月
（8）《绿色建筑设计规范》DB/T 5043——2015
（9）《绿色建筑评价标准》GB/T 50378——2019

二、设计概况

1. 项目名称：日照市某拟建项目。
2. 项目规模：项目总占地面积61160.36平方米，总建筑面积45660平方米。本次预审建筑面积20522.16平方米。
3. 工程性质：公共建筑。   结构形式：框架结构。
4. 绿色建筑主要技术：

安全耐久	项目选址、场地安全、场地防涝排放、建筑日照
健康舒适	融合围护结构保温隔热体系、节能照明、节能电梯
生活便利	市政供水、避免管网漏损、节水器具
资源节约	优化地基基础、结构体系和结构构件、预拌混凝土、预拌砂浆、高强度钢筋
环境宜居	优化建筑空间、平面布局和构造改善建筑的通风、自然通风和自然采光

三、绿色建筑设计阶段评价标识星级划分得分情况

名称	控制项基础分值	安全耐久	健康舒适	生活便利	资源节约	环境宜居	提高和创新
预评价得分	400	100	100	70	200	100	100
实际总分	40	10	10	7	20	10	10
预计得分	400	41	49	29	70	55	0
总分值	40	4.1	4.9	2.9	7.0	5.5	0
实际参评项总分				64.40			
本项目总分值				64.40			

四、本项目按《绿色建筑评价标准》GB/T 50378—2019预评估得分情况

名称	类型	编号	标准条文	证明材料说明及指标	得分判定
4 安全耐久	控制项	4.1.1	场地应避让滑坡、泥石流等地质危险地段，易发生洪涝地区应有可靠的防洪涝基础设施；场地应无危险化学品、易燃易爆危险源的威胁，应无电磁辐射、含氡土壤的危害。	现状地形图、环评报告、土壤氡浓度检测报告等	达标
		4.1.2	建筑结构应满足承载力和建筑使用功能要求，建筑外墙、屋面、门窗、幕墙及外保温等围护结构应安全、耐久和防护的要求。	相关设计文件（含设计说明、计算书等）	达标
		4.1.3	外遮阳、太阳能设施、空调室外机位、外墙花池等外部设施应与建筑主体结构统一设计、施工，并应具备安装、检修与维护条件。	相关设计文件（含设计说明、计算书等）	达标
		4.1.4	建筑内部的非结构构件、设备及附属设施等应连接牢固并能适应主体结构变形。	相关设计文件（含设计说明、计算书、计算书）、施工图	达标
		4.1.5	建筑外门窗必须安装牢固，其抗风压性能和水密性能应符合国家现行标准的规定。	相关设计文件、门窗产品三性检测报告	达标
		4.1.6	卫生间、浴室的地面应设置防水层，墙面、顶棚应设置防潮层。	建筑做法图和防潮措施说明	达标
		4.1.7	走廊、疏散通道等通行空间应满足紧急疏散、应急救护等要求，且应保持畅通。	建筑施工图及设计说明	达标
		4.1.8	应具有安全防护的警示和引导标识系统。	电气应急照明图	达标
	评分项	4.2.1	采用基于性能的抗震设计并合理提高建筑的抗震性能。		0
		4.2.2	采取保障人员安全的防护措施。	景观总平面图、建筑平面图	15
		4.2.3	采用具有安全防护功能的产品或配件。	建筑设计说明、电气施工图	10
		4.2.4	室内外地面或路面设置防滑措施。	建筑施工图及设计说明	10
		4.2.5	采取人车分流措施，且步行和自行车交通系统有充足照明。		0
		4.2.6	采取提升建筑适变性的措施。		0
		4.2.7	采取提升建筑部品部件耐久性的措施。	相关设计文件、产品设计要求	0
		4.2.8	提高建筑结构材料的耐久性。		0
		4.2.9	合理采用耐久性好、易维护的装饰装修建筑材料。	建筑施工图及设计说明	6
计分					41

名称	类型	编号	标准条文	证明材料说明及指标	得分判定
5 健康舒适	控制项	5.1.1	室内空气中的氨、甲醛、苯、总挥发性有机物、氡等污染物浓度应符合现行国家标准《室内空气质量标准》GB/T 18883)的有关规定。建筑室内和建筑主出入口处应禁止吸烟，并应在醒目位置设置禁烟标志。	设计阶段不参评	达标
		5.1.2	应采取措施避免卫生间、餐厅的空气和污染物串通到其他空间。应防止厨房、卫生间的排气倒灌。	相关设计文件	达标
		5.1.3	给水排水系统的设置应符合下列规定： 1、生活饮用水水质应满足国家现行标准《生活饮用水卫生标准》GB 5749)的要求； 2、应制定水池、水箱等储水设施定期清洗消毒计划并实施，且生活饮用水储水设施每半年清洗消毒不应少于2次； 3、应使用构造内自带水封的便器，且其水封深度不应小于50mm； 4、非传统水源管道和设备应设置明确、清晰的永久性标识。	市政供水水质检测报告 给排水专业设计说明 卫生器具具有随水封要求的说明、标识设置说明 给排水专业设计说明	达标
		5.1.4	主要功能房间的室内噪声级和隔声性能应符合下列规定： 1、室内噪声级应满足现行国家标准《民用建筑隔声设计规范》GB 50118)中的低限要求； 2、外墙、隔墙、楼板和门窗的隔声性能应满足现行国家标准《民用建筑隔声设计规范》GB 50118)中的低限要求。	室内噪声级预测分析报告 构件隔声性能的实验室检报告	达标
		5.1.5	建筑照明应符合下列规定： 1、照明数量和质量应符合现行国家标准《建筑照明设计标准》GB 50034)的规定； 2、人员长期停留的场所应采用符合现行国家标准《灯和灯系统的光生物安全性》GB/T 20145)规定的无危险类照明产品； 3、选用LED照明产品的光输出波形的波动深度应满足现行国家标准《LED室内照明应用技术要求》GB/T 31831)的规定。	相关设计文件、计算书	达标
		5.1.6	应采取措施保障室内热环境。采用集中供暖空调系统的建筑，房间内的温度、湿度、新风量等参数应符合现行国家标准《民用建筑供暖通风与空气调节设计规范》GB 50736)的有关规定；采用非集中供暖空调系统的建筑，应具有保障室内热环境的措施或预留条件。	暖通施工图及设计说明	达标
		5.1.7	围护结构热工性能应符合下列规定： 1、在室内设计温度、湿度条件下，建筑非透光围护结构内表面不应结露； 2、供暖建筑的屋面、外墙内部不应产生冷凝； 3、屋顶和外墙隔热性能应满足现行国家标准《民用建筑热工设计规范》GB 50176)的要求。	相关设计文件、建筑围护结构防结露验算报告、隔热性能验算报告、外墙内冷凝验算报告	达标
		5.1.8	主要功能房间应具有现场独立控制的热环境调节装置。	暖通施工图及设计说明	达标
		5.1.9	地下车库应设置与排风设备联动的一氧化碳浓度监测装置。	暖通施工图及设计说明	达标
	评分项	5.2.1	控制室内主要空气污染物的浓度。	相关设计文件、建筑材料使用说明（种类、用量）、污染物浓度预评分析报告	12
		5.2.2	选用的装饰装修材料应满足国家现行绿色产品评价标准中对有害物质限量的要求。	相关设计文件	5
		5.2.3	直饮水、集中生活热水、游泳池池水、采暖空调系统用水、景观水体等的水质满足国家现行有关标准的要求。	市政供水、中水回用系统的水质检测报告	0
		5.2.4	生活饮用水水池、水箱等储水设施采取措施满足卫生要求。	未设置生活饮用水池、水箱等，本条不参评	0
		5.2.5	所有给水排水管道、设备、设施设置明确、清晰的永久性标识。	给排水施工图及设计说明	8
		5.2.6	采取措施优化主要功能房间的室内声环境。	相关设计文件、噪声分析报告	4
		5.2.7	主要功能房间的隔声性能良好。	相关设计文件、构件隔声性能的实验室检验报告	6
		5.2.8	充分利用天然光。	相关设计文件、计算书	6
		5.2.9	具有良好的室内热湿环境。	相关设计文件、计算分析报告	0
		5.2.10	优化建筑空间和平面布局，改善自然通风效果。	相关设计文件、计算分析报告	8
		5.2.11	设置可调节遮阳设施，改善室内热舒适。		0
计分					49

名称	类型	编号	标准条文	证明材料说明及指标	得分判定
6 生活便利	控制项	6.1.1	建筑、室内外场地、公共绿地、城市道路相互之间应设置连贯的无障碍步行系统。	规划总平面图、建筑施工图	达标
		6.1.2	场地人行出入口500m内应设有公共交通站点或配备联系公共交通站点的专用接驳车。	公交站点标识图	达标
		6.1.3	停车场应具有电动汽车充电设施或具备充电设施的安装条件，并应合理设置电动汽车和无障碍汽车停车位。	建筑施工图、电气施工图	达标
		6.1.4	自行车停车场所应位置合理、方便出入。	规划总平面图	达标
		6.1.5	建筑设备管理系统应具有自动监控管理功能。	智能化设计图纸、装修图纸	达标
		6.1.6	建筑应设置信息网络系统。	智能化设计图纸、电气施工图	达标
	评分项	6.2.1	场地与公共交通站点联系便捷。	规划总平面图、建筑施工图	8
		6.2.2	建筑室内外公共区域满足全龄化设计要求。	规划总平面图、建筑施工图	3
		6.2.3	提供便利的公共服务。		0
		6.2.4	城市绿地、广场及公共运动场地等开敞空间，步行可达。	规划总平面图	2
		6.2.5	合理设置健身场地和空间。		0
		6.2.6	设置分类、分级用能自动远传计量系统，且设置能源管理系统实现对建筑能耗的监测、数据分析和管理。	能源系统设计图纸、能源管理系统配置等	0
		6.2.7	设置PM10、PM2.5、CO2浓度的空气质量监测系统，且具有存储至少一年的监测数据和实时显示等功能。	监测系统设计图纸、点位图等	0
		6.2.8	设置用水远传计量系统、水质在线监测系统。	本条未设置，不参评	0
		6.2.9	具有智能化服务系统。	电气施工图	0
		6.2.10	制定完善的物业管理制度，节水、节能、绿化的操作规程、应急预案等，实施能源资源管理激励机制，且有效实施。	相关管理制度、操作规程、应急预案、运行记录	5
		6.2.11	建筑平均日用水量满足现行国家标准《民用建筑节水设计标准》GB 50555)中节水用水定额的要求。	评估给排水施工图	3
		6.2.12	定期对建筑运营效果进行评估，并根据结果进行运行优化。	相关管理制度、年度评估报告、历史监测数据、运行记录、检测报告、诊断报告	0
		6.2.13	建立绿色教育宣传和实践机制，编制绿色设施使用手册，形成良好的绿色氛围，并定期开展使用者满意度调查。	相关管理制度、工作记录、活动宣传和推送材料、绿色设施使用手册、影像材料、年度调查报告及整改方案	8
计分					29

建筑工程做法（一）

名称	部位	用料做法	备注
室外台阶 花岗石板台阶	商业入口台阶 踏步为25厚花岗石板	*30厚机磨纹花岗石板，正、背面及四周满涂防污剂，灌稀水泥浆擦缝 *30厚1:3干硬性水泥砂浆粘结层 *素水泥浆一道(内掺建筑胶) *60厚C15砼土，台阶面向外坡1% *300厚3:7灰土垫层分两步夯实(或300厚粒径5～3里石灌M2.5昆合砂浆分2步灌注)宽出面层100 *素土夯实	装修材料燃烧性能A级
室外坡道 花岗石板坡道	商业入口坡道	*40厚机磨纹花岗石板，缝宽5,干石灰粗扫缝后撒水封缝 *30厚1:3干硬性水泥砂浆粘结层 *素水泥浆一道(内掺建筑胶) *60厚C15混凝土 *300厚3:7灰土垫层分两步夯实或300厚粒径5～32卵石灌M2.5混合砂浆分2步灌注)宽出面层300 *素土夯实(坡度按工程设计)	装修材料燃烧性能A级
混凝土散水	所有散水，宽900	1. 60厚C20混凝土，上撒1:1水泥砂子压实赶光 2. 100厚碎石　3. 素土夯实，往外坡 4%	
细石混凝土保护层 屋面	不上人屋面	1. 40厚C20细石混凝土随打随抹平 2. 隔离层：200q/m²聚酯无纺布一层 3. 防水层：4.0厚SBS改性沥青防水卷材(Ⅱ型)+(0.7厚聚乙烯丙纶防水卷材+1.3厚聚合物水泥粘结料)一道(芯材厚度不小于0.5) 4. 30厚C20细石混凝土找平层 5. 保温层：详见节能设计 6. 20厚1:2.5水泥砂浆找平层 7. 最薄处30厚找坡2%找坡层：1:6水泥憎水型膨胀珍珠岩 8. 20厚1:2.5水泥砂浆找平层 9. 现浇钢筋混凝土屋面板	装修材料燃烧性能A级
雨篷一	轻钢玻璃雨篷	*由雨篷厂家进行二次设计	
外墙	干挂石材外墙	1. 25～30厚石材板，用硅酮密封胶填缝 2. 按石材高度安装配套不锈钢挂件 3. 锚栓锚固岩棉板(容重大于80kg/m³) 4. 墙体固定连接件及竖向龙骨 5. 15厚1:3水泥砂浆找平层，内掺5%防水剂。 6. 混凝土外墙或加气混凝土砌块外墙。	
	弹性涂料外墙	1. 刷外墙涂料，颜色和部位见立面图 2. 弹性底涂、柔性腻子 3. 3～6厚胶浆中间压入耐碱纤维网格布 4. 10厚聚合物水泥砂浆满贴岩棉板保温层(厚度详节能专篇) 5. 15厚1:3水泥砂浆找平层，内掺5%防水剂。 6. 外墙	
	干挂铝塑板外墙	1. 铝塑板用硅酮密封胶填缝 2. 按石材高度安装配套不锈钢挂件 3. 锚栓锚固岩棉板(容重大于80kg/m³) 4. 墙体固定连接件及竖向龙骨 5. 15厚1:3水泥砂浆找平层，内掺5%防水剂。 6. 混凝土外墙或加气混凝土砌块外墙。	
内墙一 乳胶漆防潮腻子内墙面	其他房间	1. 乳胶漆内墙涂料饰面(防火型，燃烧性能A级) 2. 2～3厚防潮防霉腻子分遍批刮，磨平 3. 6厚1:2水泥砂浆找平 4. 9厚1:3水泥砂浆 5. 专用界面砂浆批刮 6. 基层墙体	燃烧性能等级A级
内墙二 贴面砖防水内墙	适用于卫生间	1. 白水泥擦缝(或 1:1彩色水泥细沙砂浆勾缝) 2. 4～5厚釉面砖(粘贴前充分浸湿) 3. 3～4厚强力胶粉泥粘结层(以上用户自理) 4. 10厚1:2.5水泥砂浆抹平拉毛 5. 1.5厚聚合物水泥基复合防水涂料 6. 9厚1:0.5:2水泥砂浆分层压实抹平 7. 2厚外加剂专用砂浆抹基底或界面剂一道甩毛 8. 喷湿墙面	

序号	部位	用料做法	备注
内墙三 水泥砂浆内墙	设备间	1. 20厚1:2水泥砂浆随抹随压光(电梯井内墙不抹灰) 2. 混凝土墙面，加气混凝土砌块墙	
顶棚一 铝合金方形板顶棚	公共卫生间	*配套金属龙骨 *铝合金方形板	燃烧性能等级A级
顶棚二 乳胶漆顶棚	其他房间	1. 现浇混凝土楼板底面清理干净 2. 满刮2～3厚柔性腻子分遍刮平 3. 乳胶漆	
面砖踢脚	面砖地面房间	*面砖，踢脚线长边一边倒切45度磨面 *5厚1:1水泥砂浆或建筑胶粘贴 *9厚1:1:6水泥石灰膏砂浆打底扫毛 *刷界面处理剂一道 *混凝土墙面，加气混凝土砌块墙	
地面一 采暖房间地砖地面	一层采暖房间	1. 8～10厚地砖拍平铺实，稀水泥浆擦缝。 2. 20厚1:3干硬性水泥砂浆结合层。 3. 素水泥浆一道 4. 40厚C2石混凝土，内配φ6@20向钢筋网片。 5. 0.4厚塑料膜浮铺 6. 45厚B1级挤塑聚苯乙烯泡沫板(压缩强度>250) 7. 0.4厚塑料膜浮铺 8. 20厚1:3水泥砂浆找平层。 9. 素水泥浆一道 10. 100厚C1细石混凝土垫层 11. 150碎石灌 M5水泥浆 12. 素土夯实	燃烧性能等级A级
一层防水地面	防滑面砖地面 卫生间	1. 20室内外高差 2. 预留50厚装修面层 3. 最薄处40厚C2细石混凝土拉毛(内埋DN20给水管)，向地漏1%找坡 4. 0.7厚(300g/m²)聚乙烯丙纶防水卷材(两遍，四周上翻完成面300) 5. 1.3厚聚合物水泥防水粘结料满贴 6. 20厚1:3水泥砂浆保护层 7. 20厚挤塑聚苯板B1级(压实系数≥250保温层) 8. 60厚C15混凝土垫层 9. 回填土分层夯实，压实系数不小于0.94	燃烧性能等级B1
铺地面砖楼面	除卫生间、楼梯外的其他房间	1. 预留50厚装修面层 2. 素水泥浆一道 3. 钢筋混凝土楼板陶打随抹平，局部修补找平	结构降板50

12 安全防护措施

12.1 上人屋面及室外楼梯等临空处应设置防护栏杆，并应符合下列规定。

12.1.1 栏杆应以坚固、耐久的材料制作，并能承受荷载规范规定的水平荷载；并应满足水平推力要求。

12.1.2 栏杆高度不低于1.1m；栏杆应采用竖直杆件栏杆，其杆件净距不大于0.11m。

注：栏杆高度应从楼地面或屋面至栏杆扶手顶面垂直高度计算，如底面有宽度大于或等于0.22m，且高度低于或等于0.45m的可踏部位，应从可踏部位顶面起计算。

12.1.3 栏杆高楼地面或屋面0.10m高度内不宜留空。

12.2 楼梯栏杆、扶手、防护措施做法详见建筑设计图纸。

12.2.1 室内楼梯扶手高度不应小于0.9m（踏步前缘线算起），室外栏杆扶手高度为1.1m（踏步前缘线算起）。

12.2.2 当水平段栏杆长度大于0.5m时，扶手高度为1.05m，楼梯护窗栏杆扶手高度为0.9m。

12.2.3 所有楼梯立杆件净距不大于0.11m。

12.3 窗台

12.3.1 窗台低于（住宅900以内，公建800以内）外窗内侧均应设安全防护栏，栏杆高度由地面起计算不应低于0.90m。

12.3.2 当室内外高差小于或等于0.7m时，首层低窗台可不加防护措施。

12.4 本项目的下列部位应使用安全玻璃。

12.4.1 面积大于1.5平方米的窗玻璃或玻璃底边离最终装修完成面小于900mm的落地窗。

12.4.3 楼梯、阳台、平台走廊的栏板。

12.4.4 易遭受撞击、冲击而造成人体伤害的其他部位。

12.5 建筑玻璃及其安装材料的应用设计及安装，应符合《建筑玻璃应用技术规程》（JGJ 113-2015）中的相关规定。（门窗安全玻璃的厚度由厂家根据规范确定并不得小于6.38mm）门窗厂家应严格按设置强度等各项指标计算，并严格按《建筑玻璃应用技术规程》有关规定施工，保证经济安全。

12.6 在易于受到人体或物体碰撞部位的玻璃，应在视线高处设置明显警示标志。

12.7 防盗措施

首层外门窗、靠近雨水管处采用防盗钢接（不应凸出墙面）。

13 无障碍设计

13.1 本项目场地内人行通道均采用无障碍设计。

13.2 无障碍设计相关部位设计要求：按《无障碍设计规范》（GB 50763-2012）。

1）建筑入口：服务网点入口不大于1:20的无障碍入口，其他入口按1:12的无障碍坡道与入口平台相连，坡道两侧和平台边应有850mm的扶手，扶手均无障碍要求。

2）入口平台：入口平台在门完全开启的状态下净宽度不小于1.5m，入口平台与室内高差为15mm，且以斜面过渡。

3）公共部位

· 轮椅所通行的走道和通道净宽均不小于1.2m；轮椅所通行公共部位的门净宽不小于800mm；

· 轮椅所通行公共部位的门均为水平开门，在门把手一侧的墙面有不小于400mm宽的墙面；

· 轮椅所通行公共部位的门扇，安装视线观察玻璃、横执把手和关门拉手，在门扇的下方应安装350mm的护板；

· 轮椅所通行公共部位的门内外高差为15mm，并以斜面过渡。

14 建筑防火设计

14.1 总平面布局

14.1.1 整个项目基地位于：日照市日照北路以东，荟阳路以西，鹤城路以南。

14.1.2 各多层公建之间距离大于6m，多层公建与各高层建筑之间净距满足至少13m，部族之间及与周边建筑物的间距均满足防火间距的要求。

14.2 建筑单体消防设计

根据《建筑设计防火规范》，建筑高度、分类和耐火等级详见项目概况。

14.2.1 防火分区及安全疏散

本工程为商业步行街，步行街两侧建筑物对面的最近距离均不小于本规范对相应高度建筑的防火间距大于9m，步行街的端面不封闭，开口面积不小于步行街外墙面积的一半，步行街其重结构的耐火极限不低于1.00h。步行街内不应布置可燃物，步行街的顶棚下垂到地面的高度不应小于6.0m。

每同商业上两层均为一个防火单元，每间商铺面积不超过300平方米，商业两侧均为一个防火分区。

商业疏散安全出口宽不小于1.4m，商业二层为辅助用房，楼梯净宽不小于1.1m。

首层商铺均可直接通至步行街，步行街内任一点到达室外安全地点的步行距离不大于60m，步行街两侧建筑二层及以上各层商铺的疏散门下至安全出口的直线距离不大于37.5m。

14.2.2 灭火救援设施

消防救援人员进入的窗口的净高度和净宽度不应大于1.0m，下沿距室内地面不宜大于1.2m，每间商铺均设消防救援口，设置位置应与消防车道相对应，窗口的玻璃应易于被破碎，并应有在室外易于发现处设置明显标志。

14.2.3 4建筑配件及构造

本工程防火隔墙采用200厚加气混凝土砌块，商铺之间采用200厚加气混凝土防火隔墙。面向步行街一侧为乙级防火门、窗，窗槛墙高度1.2m；相邻商铺门窗面向步行街一侧应设置墙高度不小于1.0m，耐火极限不低于1.00h的实体墙。

外墙外保温层采用岩棉外保温，厚度及做法详见节能专篇。

14.2.4 喷淋及自动灭火系统的设置部位：房间。

本工程防火墙采用200厚加气混凝土砌块，耐火极限大于3h，相邻的防火分区在防火隔墙两侧门窗最近均≥2米，转角处为防火墙两侧墙为最近边墙的水平距离不小于4米，疏散楼梯的门均为乙级防火门，设备管井的检查门为丙级防火门。窗槛墙均≥1200mm。

防火墙上均应带有耐火极限不小于3h的防火卷帘。防火墙的构造应设置在建筑任一侧的屋顶、梁、楼板受到火灾的影响而破坏时，不会引起防火墙倒塌。

14.2.5 防火墙应直接设置在建筑的基础或框架、梁等承重结构上，框架、梁等承重结构的耐火极限不应低于防火墙的耐火极限。屋面板的耐火极限不应低于0.5h。

14.2.6 建筑物的防火墙应从楼地面基层隔断至顶棚、楼板或屋面的底面基层。屋面板的耐火极限不应低于0.50h。

14.2.7 附设在建筑内的消防控制室、灭火设备室室内墙耐火极限不低于2h的防火隔墙和1.5h的楼板与其他部位分隔。消防控制室和其他设备房间的门向建筑内的开口均应采用乙级防火门。满足《建筑设计防火规范》(GB 50016-2014)(2018版)第6.2.7条的规定。

14.2.8 建筑物的幕墙应采用不燃烧材料，电缆井、井管道井应在每层楼板采用不低于楼板耐火极限的不燃材料或防火封堵材料封堵，满足规范6.2.9条要求。

14.2.9 屋顶金属承重结构、采光顶、塑板、保温板等均应采用不燃烧材料，钢楼梯、屋顶金属承重构件应采用外包不燃烧材料或喷涂防火涂料等措施，耐火极限不低于1.00h，或设置自动喷水灭火系统。

14.2.10 主要构件的燃烧性能及耐火极限

构件名称	厚度 (mm)	耐火极限 (h)	燃烧性能
钢筋混凝土墙	200	3.50	不燃烧体
加气混凝土砌块	200	8.00	不燃烧体
加气混凝土砌块	100	6.00	不燃烧体
钢筋混凝土楼板	100	3.00	不燃烧体
钢筋混凝土梁、柱	200*400	2.70	不燃烧体
钢结构楼梯		1.00	不燃烧体
屋面板承重构件		1.00	不燃烧体

15 防火封堵

为保证防火设计安全性，施工时必须注意以下要求。

1）钢筋混凝土墙上的留洞与结构和设备图，砌块墙留洞见建筑和设备图。

2）满足《建筑防火封堵应用技术规程》(CECS 154:2003)的相关规定。空开口、预穿孔、建筑变形缝及其他缝隙必须采用防火封堵材料进行密封或填塞，保证在3h的防火时间内阻止热量、火焰和烟气的蔓延扩散。

3）防火封堵材料应满足以下技术要求及应提供相应证明文件。

A. 根据公安部公消 [2001] 74号文，必须选用具备中国消防质量认证委员会颁发的"消防产品型式认可证书"的防火封堵材料。

B. 贯穿防火封堵组件的耐火极限应按现行行业标准《防火封堵材料的性能要求和试验方法》GA 161进行测试，并提供满足现场实际工况的测试报告，可参考UL或EN的相应测试报告。

C. 防火封堵材料须满足UL或FM国际认证标准，并提供相应的认证报告。

D. 防火封堵材料必须满足使用性能，与墙体构件使用年限相当，必须有不低于25年的使用寿命。

E. 采用烟雾屏蔽良好的防火封堵组件工法，具有相应的防烟性能报告。

F. 必须具有认证报告，如：声学性能报告、长期性能报告、烟气体评价报告（烟气性能和烟毒特性报告）、防水性能报告、冲击性能报告、无挥发性报告、不含重金属报告、抗压力气体冲击报告、气密性报告等。

G. 用于建筑缝隙的防火封堵产品，应具有不低于10%的抗压能力，并提供相应报告。

4）土建预留封洞处，防火卷帘上方，管道穿越防火分隔处，风管电缆桥架穿越防火分隔处用C20细石混凝土、岩棉或者防火胶泥等A级不燃材料填塞。

5）室内消火栓给水系统

a. 消火栓安装在防火墙上时，消火栓背后应有100mm厚墙体且满足3h耐火时间，否则需要设置防火板等附加装置。

管道敷设

b. 大于DN100的管道均应做防晃支架。管道穿防火墙、楼板时，必须用钢制套管密封，套管内填充A级耐火材料，用水泥封堵。

6）保温水管穿越墙、楼板时，其保温层应连续连接，严禁破坏断开；穿越部位为保温整海绵时，上述部位的处理应依据《建筑防火封堵技术规程》(CECS154:2003)第3.2条第3.2.3款执行。

7）管道防火保温

保温材料的技术指标和防火性能应符合现行国标要求，穿过防火墙处的管道保温材料，应采用不燃烧材料。

16 其他

16.1 本工程其他各专业预留洞、预埋孔洞位置、尺寸、计及各专业施工图纸。

16.2 图中未注明标准图中的标准构件的预埋件、预留孔洞，如楼梯、平台、栏杆、门窗、建筑配件等，本图所标注的各种留洞、预埋件应与各工种密切配合后，确认无误方可施工。

16.3 凡面砖贴面、单元立面、门窗、开关插座、住户配电箱、灯具、智能化设备等、钢结构、玻璃构件等所有影响美观性的建筑部位均需提前做样品小样后方可大量进行施工。

16.4 预埋木砖及贴邻墙体的木质面均做防腐处理，露明铁件均做防锈处理。

16.5 本工程所采用的建筑制品及建筑材料应有国家或地方有关部门颁发的生产许可证及质量检验证明，材料的品种、规格、性能等应符合国家或行业相关质量标准。装修材料的材质、质感、色彩等应与设计人员协商决定。

16.6 施工中应严格执行国家各项施工质量验收规范，严禁未经主管部门门下发的要求。

16.7 未尽事宜详见国家现行的有关施工验收规范。施工中各工种应密切配合，如有问题应及时与设计单位协商解决。

16.8 本图纸必须经有关部门（审图办、消防部门）批准，设计程序按进度、审查后方可施工，否则造成的工程质量事故由设计单位负责相应责任。施工单位拿到图纸后人员应认真会审图纸，有关疑问之处及矛盾，错误在设计交底及图纸会审时一并解决，之后产生的问题应及时通知设计协商处理，单方处理造成损失由相关单位负责。

选用标准图集目录：

序号	图集名称	图集编号	序号	图集名称	图集编号
1	建筑工程做法	L13J1	12	室外工程	L13J9-1
2	地下工程防水	L13J2	13	卫生、洗涤设施	L13J11
3	常用门窗	L13J4-1	14	无障碍设施	L13J12
4	专用门窗	L13J4-2	15	民用建筑太阳能热水系统安装	L13J13
5	平屋面	L13J5-1	16	建筑变形缝	L13J14
6	坡屋面	L13J5-2	17	钢筋混凝土过梁	L13G7
7	外墙面	L13J6	18	居住建筑保温构造详图	L06J113
8	内装饰—墙面、楼地面	L13J7-1	19	公共建筑节能保温构造详图	L09J130
9	内装饰顶棚	L13J7-2	20	太阳能热水系统建筑一体化设计与应用	L07SJ906
10	内装修吊顶	L13J7-3	21	建筑隔声与隔声构造	08J931
11	楼梯	L13J8	22	住宅厨房卫生间变压式耐火排风道	L10J102

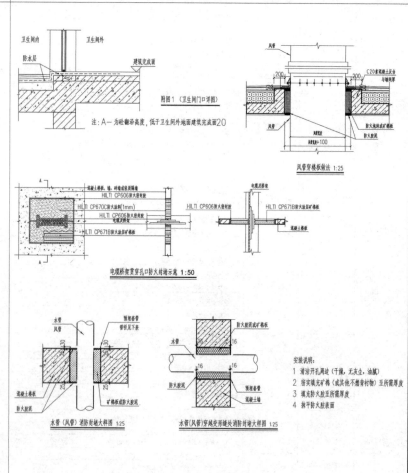

附图1（卫生间门口详图）

注：A—为砼勒脚高度，低于卫生间内外地面建筑完成面20

风管穿楼板做法 1:25

电缆桥架贯穿孔洞防火封堵示意 1:50

水管（风管）消防封堵大样图 1:25

水管（风管）穿越变形缝处消防封堵大样图 1:25

安装说明：
1 清洁开孔周边（干燥，无灰尘、油脂）
2 安装填充材料（或其他需填封的物）至所需厚度
3 填充防火胶至所需厚度
4 抹平防火胶表面

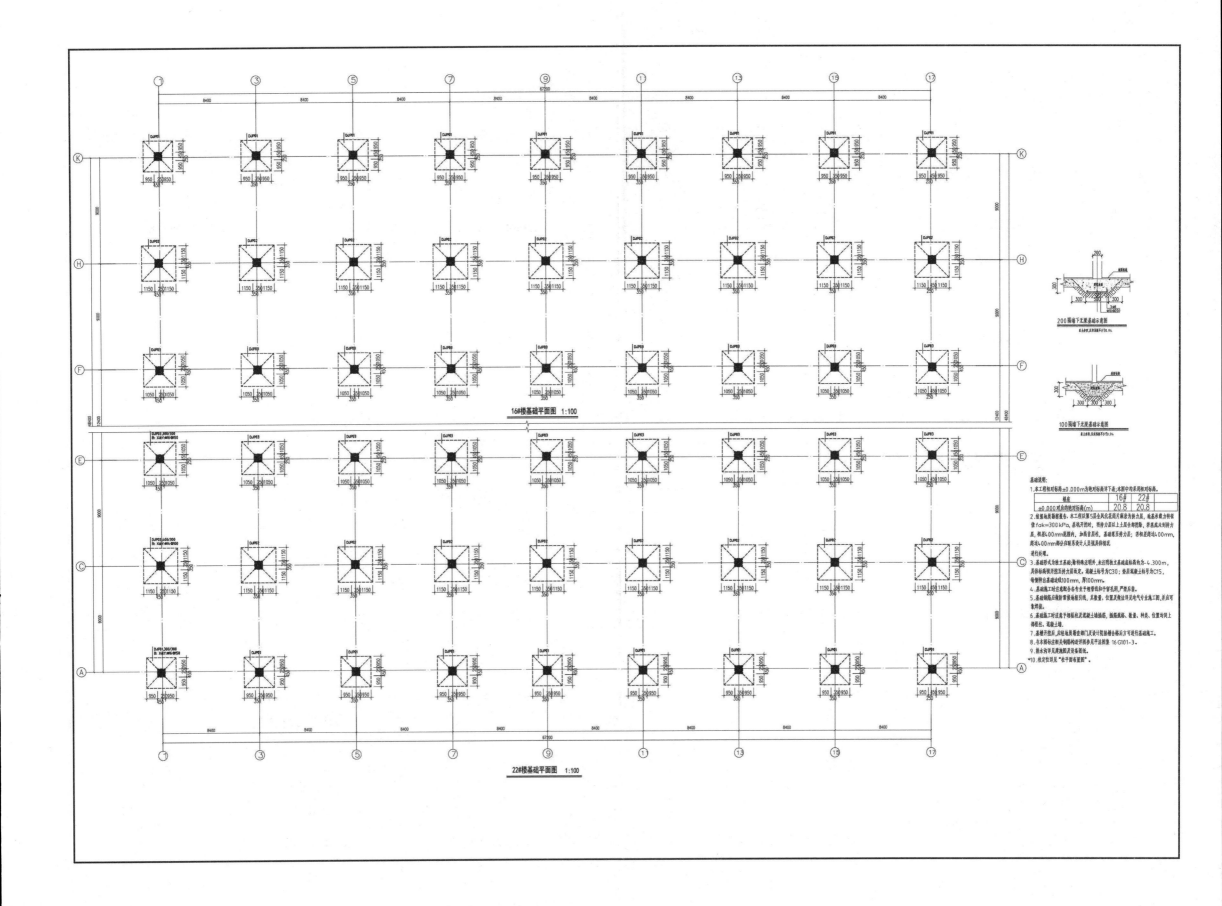

16#楼基础平面图 1:100

22#楼基础平面图 1:100

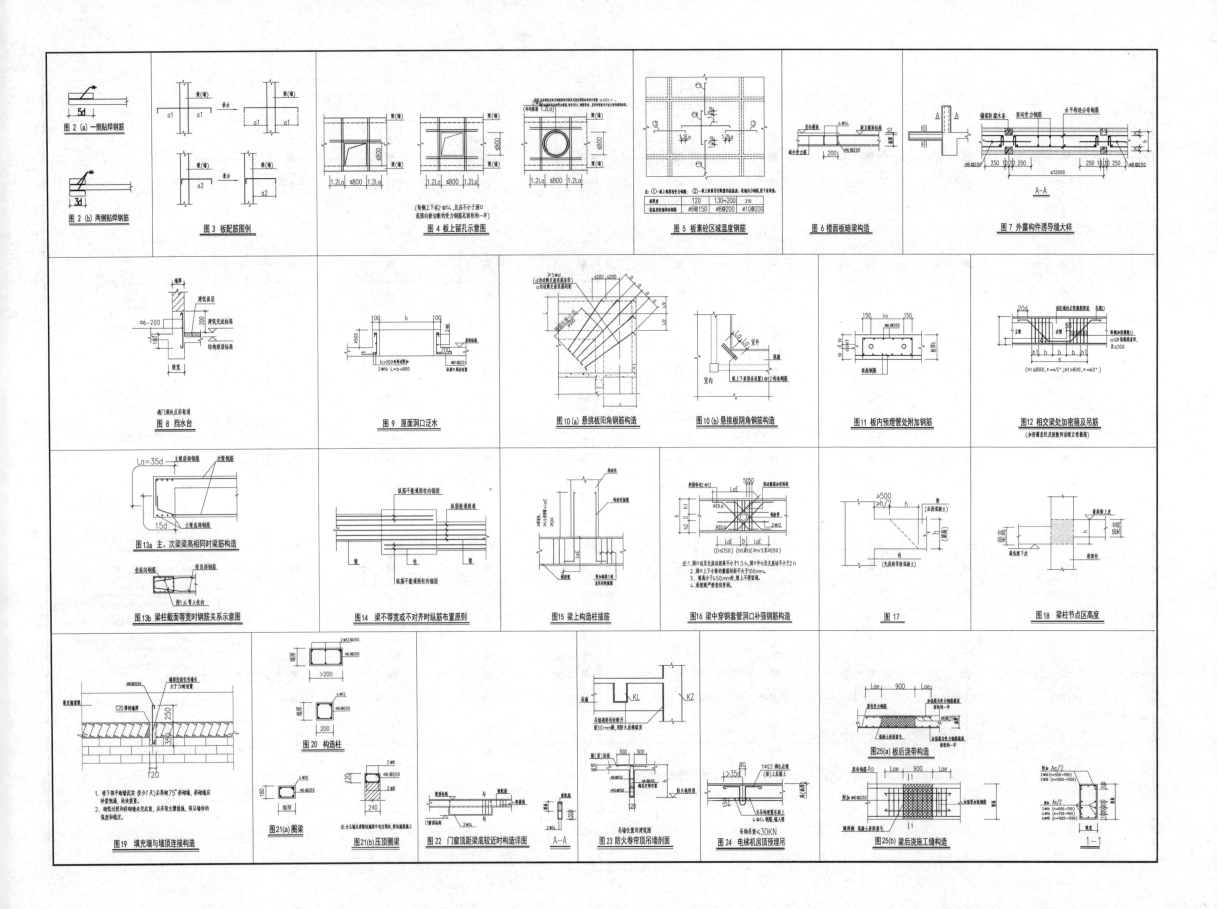

图 2 (a) 一侧贴焊钢筋

图 2 (b) 两侧贴焊钢筋

图 3 板配筋图例

图 4 板上留孔示意图

图 5 板素砼区域温度钢筋

图 6 楼面板暗梁构造

图 7 外露构件诱导缝大样

图 8 挡水台

图 9 屋面洞口泛水

图 10 (a) 悬挑板阳角钢筋构造

图 10 (b) 悬挑板阴角钢筋构造

图 11 板内预埋管处附加钢筋

图 12 相交梁处加密箍及吊筋

图 13a 主、次梁梁高相同时梁筋构造

图 13b 梁柱截面等宽时钢筋关系示意图

图 14 梁不等宽或不对齐时纵筋布置原则

图 15 梁上构造柱插筋

图 16 梁中穿钢套管洞口补强钢筋构造

图 17

图 18 梁柱节点区高度

图 19 填充墙与墙顶连接构造

图 20 构造柱

图 21(a) 圈梁

图 21(b) 压顶圈梁

图 22 门窗顶梁底较近时构造详图

图 23 防火卷帘顶吊墙剖面

图 24 电梯机房顶预埋吊

图 25(a) 板后浇带构造

图 25(b) 梁后浇施工缝构造

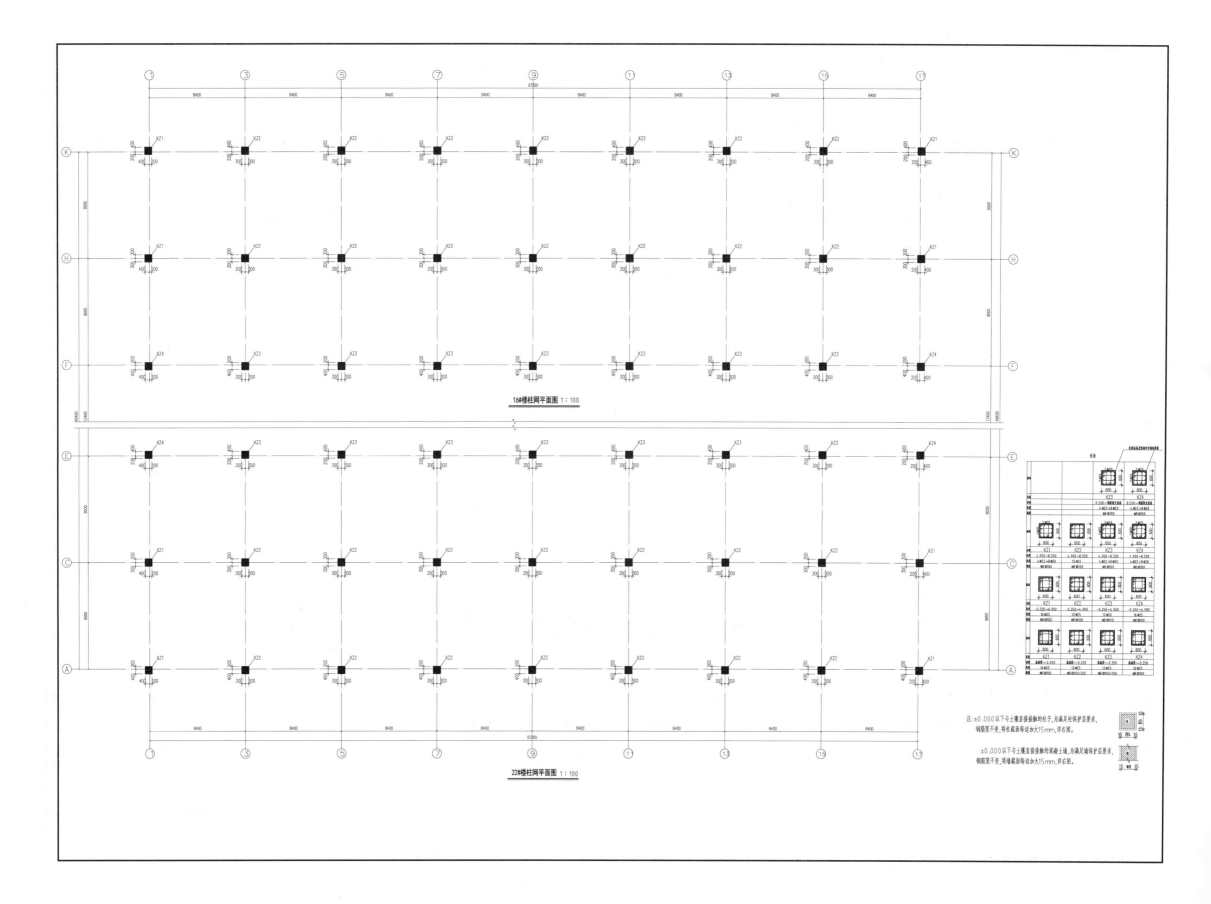

16#楼柱网平面图 1∶100

22#楼柱网平面图 1∶100

注：±0.000以下与土壤直接接触的柱子,为满足柱保护层要求,
钢筋宽不变,将柱截面每边加大15mm,详右图。

±0.000以下与土壤直接接触的混凝土墙,为满足墙保护层要求,
钢筋宽不变,将墙截面每边加大15mm,详右图。

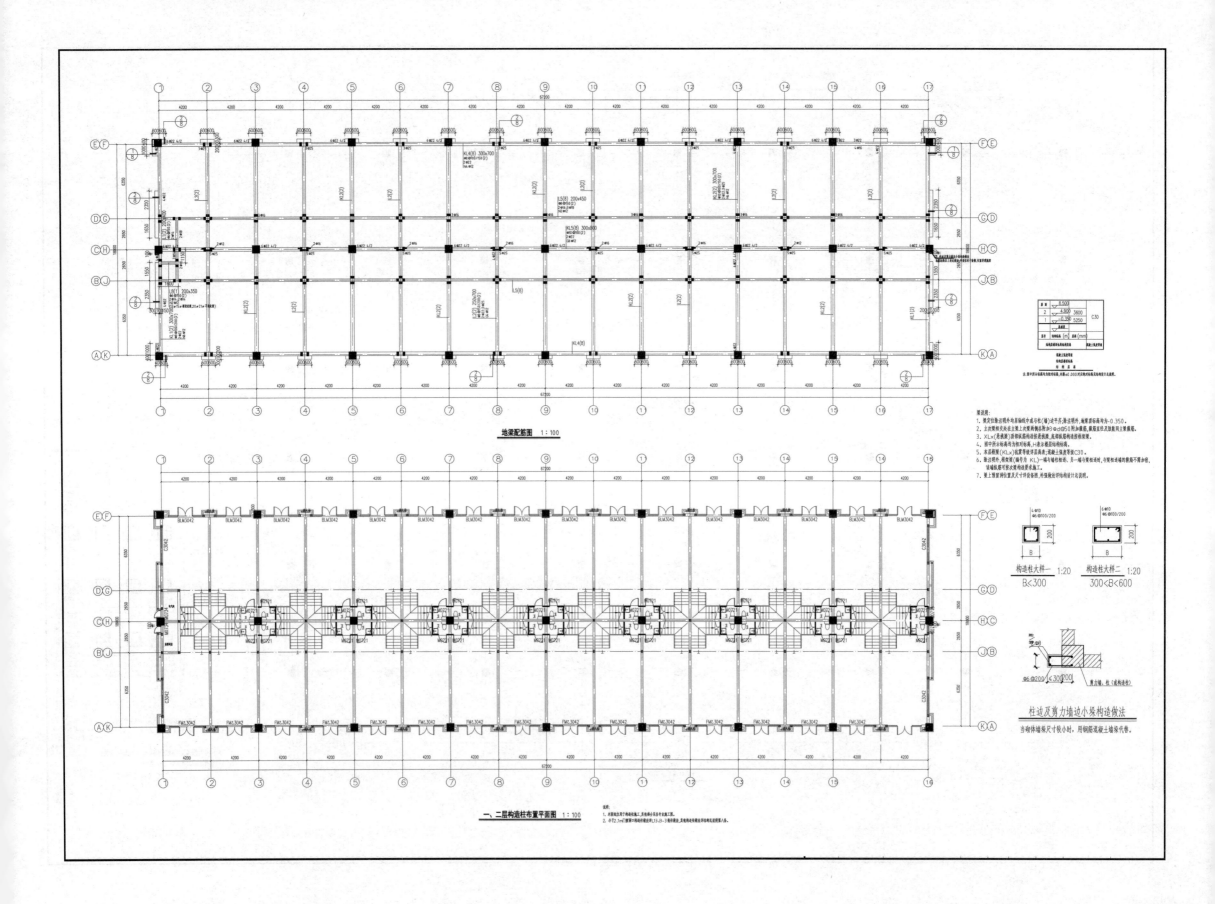

地梁配筋图 1:100

一、二层构造柱布置平面图 1:100

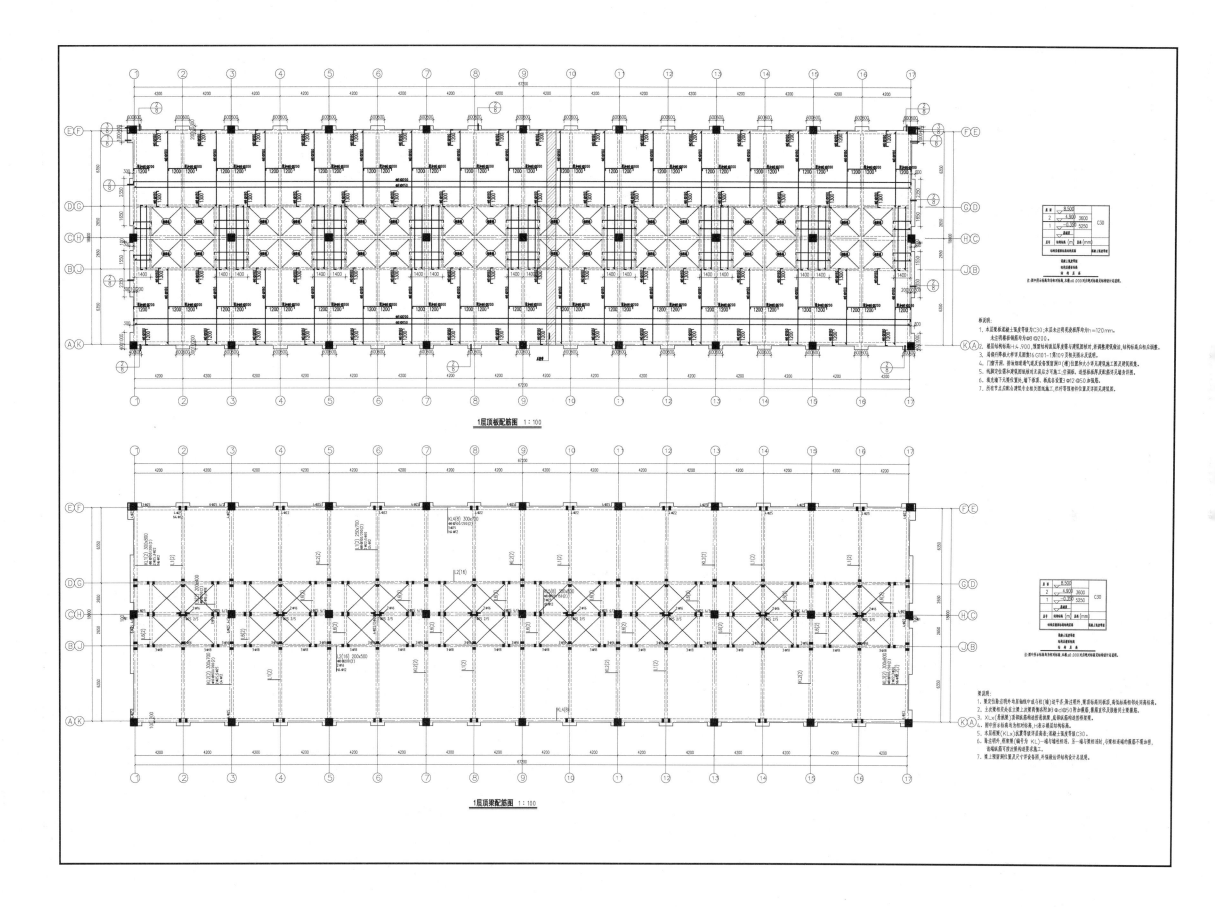

1层顶板配筋图 1:100

1层顶梁配筋图 1:100

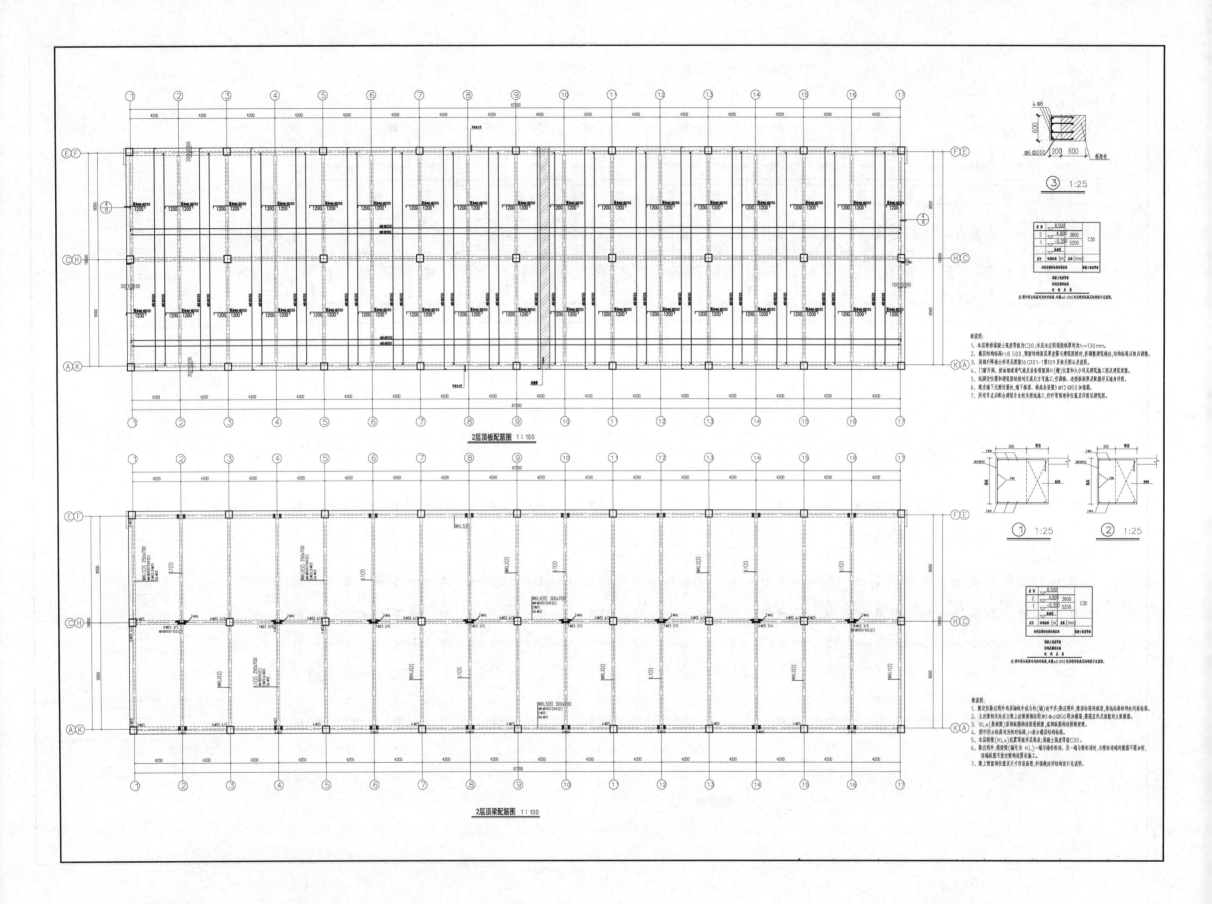

2层顶板配筋图 1：100

2层顶梁配筋图 1：100

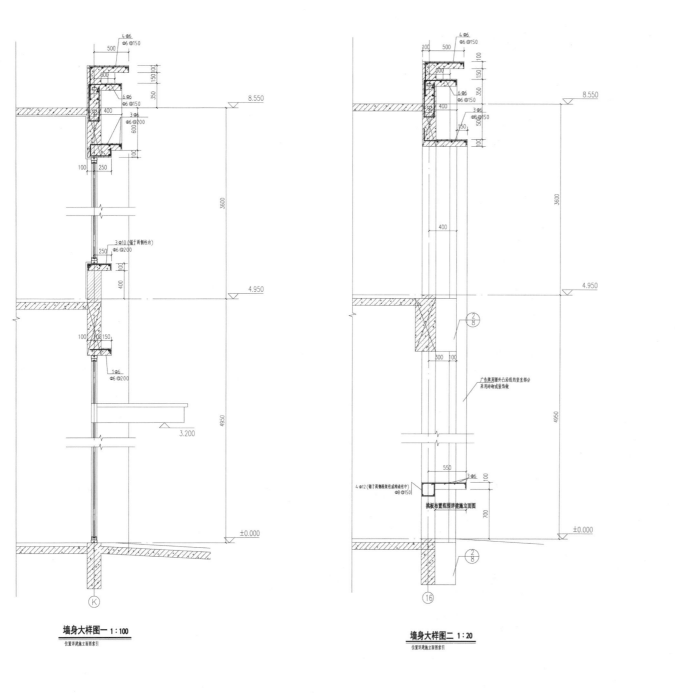

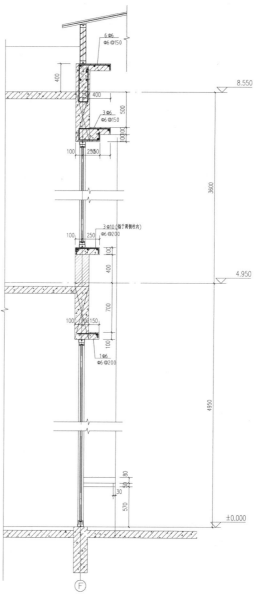

墙身大样图一 1:100

墙身大样图二 1:20

墙身大样图三 1:20

(7)梁、柱在纵向受力钢筋搭接接头范围内，箍筋直径不应小于搭接钢筋较大直径的0.25倍，箍筋间距不应大于搭接钢筋较小直径的5倍，且不应大于100mm，当钢筋直径d>25mm时，尚应在接头两端外100mm范围内各设置两道箍筋。

(8)纵向受力钢筋机械连接接头宜相互错开。钢筋机械连接接头连接区段的长度为35d(d为纵向钢筋的较大直径)，凡接头中点位于该连接区段长度内的机械连接接头均属于同一连接区段。位于同一连接区段内的纵向受拉钢筋接头面积百分率≤50%，详见图1(c)。

(9)纵向受力钢筋的焊接接头应相互错开。钢筋焊接接头连接区段的长度为35d(d为纵向受力钢筋的较大直径)，且不小于500mm，凡接头中点位于该连接区段长度内的钢筋焊接接头均属于同一连接区段。位于同一连接区段内的纵向受拉钢筋接头面积百分率≤50%，详见图1(d)。

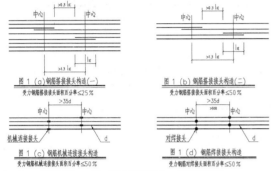

图1(a)钢筋搭接接头构造(一)　　图1(b)钢筋搭接接头构造(二)

图1(c)钢筋机械连接接头构造　　图1(d)钢筋焊接接头构造

(10)HPB300级钢筋末端应做180°弯钩，弯后平直段长度应不小于3d，但受压钢筋可不做弯钩。

(11)钢筋伸入支座。柱纵筋伸入承台或基础内的长度，应满足锚固长度，并伸入基础底部后平直弯折，弯折长度≥10d。

(12)梁纵筋在框架中间层角部位当其至支座锚固长度满足《16G101-1》要求时，当柱(墙)截面宽度不满足直线锚固要求时，梁上部纵向钢筋应采用钢筋端部加锚板锚固的方式，当梁端采用一侧或两侧焊接直锚钢筋，如图2。

(13)施工时，当需要以强度等级较高的钢筋替代原设计中的纵向受力钢筋时，应按照钢筋受拉承载力设计值相等的原则换算，并应满足最小配筋率等要求。

4. 现浇钢筋混凝土板

(1)现浇板配筋构造详见图3。

(2)板的底部钢筋不得在跨中搭接，伸入支座长度应≥5d，且应伸入到支座中心线。板的贯通钢筋若需接长时应采用绑接搭接接头，板的负筋不得在跨中搭接，上部钢筋位置应在中间三分之一范围内，下部钢筋应在支座处。

(3)双向板立体板顶标高不同时，长向筋放在下层、短向方向钢筋放在长向方向钢筋的上面，对实际中双向受力钢筋短方向的钢筋放在下部。

(4)上水管路通过孔洞均须根据相关专业图上所示位置及大小预留，不得随意剔断，待管道或设备安装完毕后采用高一级的微膨胀混凝土浇灌。

(5)现浇板顶板标高不同时，负钢筋在相交处的锚固应满足受拉钢筋最小锚固长度La。

(6)楼板洞口<300mm时，若图中未标注明的，板内钢筋应从洞边绕过，不另设附加钢筋；楼板洞口>300mm时，未注明的洞口加强筋构造如图4；楼板上<300mm的孔洞未在结构图上表示出，施工时应与相关专业图纸配合预留。

(7)为减轻轻质混凝土收缩产生的表面的不利影响，对于超≥3.6m的板，应在楼板上表面配置上部钢筋的区域额外附加双层钢筋网，构造做法详见温度钢筋图5。

(8)单向板受力钢筋、双向板支座负筋顶部分布钢筋，除图中特别说明外，分布钢筋见下表：

板厚(mm)	90~120	130~150	160~170	180~200	200~250
分布钢筋	Φ6@250	Φ6@200	Φ8@250	Φ8@200	Φ8@150

(9)楼板上下层间隔墙位置应符合建筑施工图，不可随意移动。

(10)对于外露的现浇钢筋混凝土构件，当水平直线长度超过12m时，应设置诱导缝。缝宽20mm，缝间距≤12m。构造见图7。

(11)卫生间及厨房周围墙四根钢筋混凝土水台(门洞处断开)，厚度同墙厚，详见图8。屋面泛水构造见图9。

(12)板长度≥2m时，按挑度的0.25%起拱；悬挑长度>2m的板，按悬挑长度的0.4%起拱。

(13)当板底与梁底平时，板的下部钢筋伸入梁内应弯折置于梁下部纵筋之上。

(14)悬挑板阳角附加钢筋详见图10(a)，悬挑板阴角钢筋构造详见图10(b)。

(15)现浇板内埋设电管时，管外径不得大于板厚的1/3，交叉管线处埋管至板上下边净距不应小于30mm；管线处板面无上部钢筋，需沿管线增设附加钢筋，详见图11。

5. 钢筋混凝土梁：

(1)梁箍筋均采用封闭形式，并弯成135度弯钩。梁第一根箍筋距柱边或梁边50mm起。

(2)主梁内在次梁作用处，箍筋应按图配置，凡未在次梁两侧注明附加箍筋时，均在主梁上每侧各设置3组箍筋，箍筋肢数、直径同主梁箍筋，间距同50mm。次梁吊筋在梁配筋图详见。绑扎搭接接头处的箍筋间距应加密100mm。

(3)主次梁相交处，若无特殊情况，次梁下部纵向钢筋均应置于主梁正负钢筋之间。主次梁高与钢筋之间的关系、梁柱高与钢筋之间的关系见图13。

(4)当支座(如柱、墙、梁)两侧梁顶标高有错台时，梁主筋在支座内锚固应按墙跨节点处理。梁截面宽度不对称时应不等高，梁纵筋布置原则为：能通则通，不能通则在柱(主梁)内锚固，详见图14。

(5)构造柱、梁上起柱时，梁内应预留柱插筋，构造做法详见图15。

(4)梁上开洞或预埋套管另严格按图纸设置，预留较小的孔洞应在浇灌砼，预留孔洞不可后凿；管线穿梁时均须预埋钢管，详见图16。

(5)当箍筋长度不足时，框架梁下部通长钢筋应在在跨中n/3(ln/3净跨)范围内，框架梁下部钢筋在支座、上部钢筋在墙支座处做法详见国标图集《16G101-1》第84~87页，次梁钢筋锚固做法第89页。

(6)易筋宜采用整根钢筋，柱纵筋必须搭接时应优先采用焊接或机械连接。当易筋长度大于1500mm时，应设弯筋。易筋端部应有上部筋弯下。

(7)悬挑梁需待其锚固砼浇灌强度达到100%后方可拆模。悬挑梁的上部钢筋不应设置接头。

(7)当框支梁端柱下强度等级不同时，在不同混凝土接缝处宜先浇筑高等级混凝土，后再浇筑低等级混凝土。如应同时浇注，后特别注明，不应使现等级混凝土扩展到高等级混凝土的结构部位中去，以确保高强混凝土结构质量。构造详见图17。

(8)梁跨度大于或等于4m时，模板按挑度的0.2起拱；悬挑梁按悬挑长度的0.4%起拱，起拱高度不大于20mm。

(9)框架易筋宜加密区范围、附加箍筋、梁侧面纵向构造钢筋及其他构造详国标《16G101-1》。

6. 钢筋混凝土柱

(1)柱箍筋为复合箍，除拉筋按构造要求外均采用图示形式，并弯成135度弯钩，构造详见图集《16G101-1》第62、70页。

(2)柱按建筑施工图中构造墙位置预留拉结筋，柱上不允许设置洞孔洞，预留件与安装单位配合施工。

(3)柱与现浇梁、圈梁连接处，在柱内应预留插筋，插筋伸出柱外皮长度为1.2La(laE)，锚入柱内长度为la(laE)。

(4)柱节点核心区混凝土应为交于该节点的各最高梁的上皮至最低梁的下皮之间的距离，详见图18；柱节点核心区箍筋应按柱要求配置。

(5)框架柱插筋在基础的锚固构造详见国标图集《16G101-3》第64页。

(6)当柱内钢筋采用绑扎搭接接头，搭接长度范围内箍筋加密时，其超出部分箍筋间距应加密区设置。所有楼梯间四角处及其他转角部位易筋形柱箍筋加密，箍筋直径同相同区段。

(7)柱和节点的其他构造详见国标图集《16G101-1》。

7. 钢筋混凝土剪力墙

(1)当墙厚度≤400mm时，墙的分布筋为双层，墙之间用拉结钢筋，图中未注明拉结钢筋直径：墙≤300mm时为6mm；墙>300mm时为8mm，横向和竖向间距应不大于600mm，采用梅花型布置。

(2)墙上孔洞必须预留，不得后凿。除设备结构图纸预留孔洞外，还应由各工种的工人根据各工种的施工图纸认真核对，确定无遗漏后方能浇灌混凝土。图中未注明洞口加筋者，按下述要求：如洞口尺寸≤200mm时，洞口不再设加筋，洞内钢筋由洞边绕过，不须截断；当洞口尺寸>200mm时设置洞口筋。

8. 后浇带

(1)本工程有控制裂缝后浇带和控制收缩后浇带，控制收缩后浇带与其两侧混凝土浇注平两个月后再浇筑；控制沉降后浇带待沉降观测稳定后由出业主自主并按规定时间浇筑。

(2)后浇带的位置详各层结构平面图。

(3)后浇带浇筑前应认真凿毛、清洗两侧混凝土，整理好钢筋，用级配良好且强度等级较高一级的微膨胀混凝土，掺10%HE系列膨胀剂，浇筑要密实，严格漏浆，混凝土终凝后加覆盖，洒水养护，养护时间不少于14天，混凝土达到设计要求后方可拆模；后浇筑筑施工要求同梁、板。

(4)后浇带浇注详见图25，后浇带内墙、板钢筋宜断开搭接，梁钢筋不断开；地下室内及外侧墙后浇带外侧需加附加防水层。后浇带所在跨梁板均应设置独立支撑，并支撑应能承受其以上所有层结构自重及施工荷载，支撑在各后浇带浇筑完成且达到设计强度后，自上往下拆除。

八、砌体工程

1、凡钢筋混凝土墙、柱与填充墙相交处，均预埋2Φ6@500通长拉结筋，构造做法详见《加气混凝土砌块墙L13J3-3》。

2、当普通柱填充墙长度超过5.0m时，墙跨中应有拉结，构造做法详图19；当普通柱填充墙长度>8.0m或每间的两端时，应在在两柱间设构造柱 GZ。电梯生于填充墙时，并施四角和门过与应设构造柱。门窗洞口两侧做法详见，详见省标图集《L13J3-3》第28、29页。

3、砖砌女儿墙高度由H超过500mm时，在屋面或当部位设置混凝土构造柱。设置位置为：墙体转角处、外墙柱顶及接梁端头处均匀，且间距不大于2500。当墙高≥1000分且不大于1800时，在墙高中部不大于2100，内填钢筋混凝土预应力杆。构造柱应与墙体做好拉结，浇筑构造柱混凝土前，应根据染整理理工作，并用压力水冲洗，然后才能浇筑混凝土。构造柱做法见图20。

4、当填充墙高度超过4.0m时，应在门窗顶或墙体半高处设置与柱拉结且全长贯通的钢筋混凝土水平系，厚度同墙。洞口上方后应设梁要或承当加强，外墙窗台下标高当高处设洞口墙窗台顶圈梁。圈梁及做法做法详见图21。非砌墙填充墙上的过梁选用省图集《L13J7》中的一级荷载式梁，墙厚同墙。门洞口上方及楼梯间过梁间距不大于2.4m且应满足电梯安装要求。

5、过梁：砌体填充墙上的过梁选用省图集《L13J7》中的一级荷载式梁，过梁宽同墙厚。过梁与柱或钢筋混凝土墙相碰时，改为现浇。当梁高不满足要求时，在柱(墙)预留插筋，锚入柱内现浇。

6、填充墙与门窗需用预制过梁，其余构造做法详见图22；当厚大公区部分采用省无上无注时无过梁时，按图23端做。

7、填充墙与钢筋混凝土构件的接触面与钢丝网拉扶处，先对砌块墙两面大原金属网或聚合物抹灰做钢丝带处理，加强带宽度不应小于300mm。楼梯间和人流通道的填充墙，应用钢丝网1：2.5水泥砂浆20mm厚面层，内敷加强钢丝直径不应小于1.6mm，网孔尺寸不大于20mm×20mm；钢丝网应与墙固定间距不应200mm～300mm加镀片固定。

十、其他

1、本工程尺寸以毫米(mm)为单位，标高以米(m)为单位。

2、设备定货与土建关系：
(1)电梯定货必须符合本图所提供的电梯井道尺寸、门洞尺寸以及建筑图纸的电梯机房设计。门洞边的预留孔洞、电梯机房楼板、槽修预留钩等，需待电梯定货后，经核实无误后方能施工，电梯机房顶吊钩设在机房顶的中心，吊钩预埋件大样详见图24。
(2)设备基础待设备定货后再行设计施工。

2、避雷地做法详见电施图，用做引下线的钢筋应采用焊接连接，基础钢筋应楼板、梁、柱钢筋连成通路，避雷金属品均镀锌。

3、所有钢筋混凝土构件均应按各工种的要求，如建筑吊图门、门窗、栏杆管道支架等设置预埋理件，各工种应配合土建施工，将需要的构件埋件留出。

4、外装饰玻璃幕墙、外墙干挂石材料板及钢结构防雷等另行委托专业公司设计施工，做好预埋预留及预留等。

5、所有预埋金属构件经镀锌防锈后涂刷红丹两度，面漆两度，材料及颜色按建筑图要求施工。

6、施工时应与见建筑、给排水、暖通、电气及设备厂家等各专业密切配合，以防错漏。

7、施工时以见图建筑、给排水、暖通、电气及设备厂等各专业密切配合，以防错漏。

8、未经技术主管定或设计许可，不得改变结构构件及使用用途。

9、本套图所有图纸须经过图纸审查部门审查合格后方可用。

10、本工程施工、验收时应遵守现行国家和地方的施工及验收规范、规程及标准的有关规定。

十一、关于危险性较大的分部分项工程说明

危险性较大的分部分项工程，应编制专项施工方案；超过一定规模的危险性较大的分部分项工程，专项施工方案应通过专家评审。具体详见住建部(2018)31号、37号文。

1、危险性较大的分部分项工程：如开挖深度超过3m(含3m)的基坑(槽)的土方开挖、支护、降水工程，但地质条件、周围环境和地下管线复杂，或影响邻近建筑物安全的基坑(槽)的土方开挖、支护、降水工程；建筑幕墙工程；采用新技术、新工艺、新材料、新设备可能影响工程施工安全，尚无国家、行业或地方技术标准的钢结构、网架和索膜结构安装工程；人工挖孔桩工程；水下作业工程；装配式建筑混凝土构件安装工程；采用新技术、新工艺、新材料、新设备可能影响工程施工安全，尚无国家、行业或地方技术标准的分部分项工程其余31号文。

2、超过一定规模的危险性较大的分部分项工程：如开挖深度超过5m(含5m)的基坑(槽)的土方开挖、支护、降水工程；施工高度50m及以上的建筑幕墙安装工程；开挖深度16m以上的人工挖孔桩工程，水下作业工程，采用新技术、新工艺、新材料、新设备可能影响工程施工安全，尚无国家、行业或地方技术标准的分部分项工程等。其余见31号文。

十二、绿色建筑设计专篇

设计使用主要规范、规程、标准：
1.《绿色建筑行动方案》国办发(2013)1号
2.《关于大力推进绿色建筑的实施意见》鲁政发(2013)10号
3. 国家标准《绿色建筑评价标准》(GB/T 50378—2019)
4.《绿色建筑评价技术细则》2015年7月
5.《绿色建筑规范》(DB37/T 5043—2015)
6. 山东省工程建设标准《绿色建筑评价标准》(DB37/T 5097—2017)

7 节材与材料资源利用				
控制项	条文分值	参评分值	自评得分	项目评价情况
7.1.1	不得采用国家、山东省和地方限制或禁止使用的建筑材料及制品			满足
7.1.2	混凝土结构中梁、柱、墙结构受力普通钢筋采用不低于400MPa级的热轧带肋钢筋			满足
7.1.3	现浇混凝土应用预拌混凝土。			满足
7.1.4	建筑造型要素简约，且无大量装饰性构件			满足
评价项				
7.2.1	择优选用建筑形体	7	7	4	
7.2.2	对地基基础、结构体系、结构构件进行优化设计，达到节材效果	8	8	8	
7.2.3	土建工程与装修一体化设计	8	8	0	
7.2.4	公共建筑可变换功能的室内空间采用可重复使用的隔断(墙)	5	5	0	
7.2.5	采用工业化生产的预制构件	6	6	0	
7.2.6	采用整体化定型的卫浴间、厨卫间	4	0	0	
7.2.7	选用本地生产的建筑材料	10	10	—	设计阶段不参评
7.2.8	现浇砂浆采用预拌砂浆	8	8	8	
7.2.9	合理采用高强度建筑结构材料	12	12	12	
7.2.10	合理采用高性能混凝土结构材料	5	5	0	
7.2.11	采用可再利用材料和可再循环材料	10	10	0	
7.2.12	绿色建材应用比例不少于30%，从采用Z类及以上的绿色建材	4	0	—	设计阶段不参评
7.2.13	使用以废弃物为原料生产的建材	5	0	—	设计阶段不参评
7.2.14	合理采用废旧建材，易维护的装饰装修建筑材料	5	0	—	设计阶段不参评
7.2.15	外门窗采用获得"建筑门窗节能性能标识"的产品	3	0	—	设计阶段不参评
小计		100	69	37	

结构设计总说明

一、工程概况

1. 概况:

本工程为日照市某批发市场,建筑物总高度为9.15m,地上2层。

本工程总建筑面积为:2502.42

结构体系为框架结构;基础形式为独立基础。

2. 建筑工程分类等级:

(1)建筑结构安全等级: 二级

(2)设计使用年限: 50年

(3)建筑抗震设防类别: 标准设防类(丙类)

(4)抗震等级: 三级

(5)地基基础设计等级: 丙级

(6)建筑防火等级: 二级

3、本工程室内地面标高±0.000详见基础说明及规划总平面图。

二、设计依据

1. 自然条件:

(1)基本风压 Wo=0.40 kN/m² (n=50)

(2)基本雪压 So=0.40 kN/m² (n=50)

2. 工程地质条件:

(1)岩土工程勘查报告:依据××勘察勘测有限公司岩土工程勘察报告》(2020-053),详细勘察。

(2)地形地貌: 拟建砌区地貌单元属河流冲积地貌,地貌成因类型为河流冲积,后经人工改造成现地貌。

(3)地层岩土概述:

层号	土层名性	土层厚度(m)	地基承载力特征值fak(kpa)	备注
1	素填土	0.50～9.90		
2	中砂	0.60～3.00	130	
3	粉质粘土	0.40～3.90	110	
4	粉质粘土	0.50～2.40	150	
5	全风化花岗片麻岩	0.50～1.80	300	
6	强风化花岗片麻岩		600	

(4)场地地震效应:

① 抗震设防烈度: 7度　　⑥ 特征周期值: 0.45s

② 设计基本地震加速度: 按0.10g　　⑦ 液化类别: 不液化

③ 设计地震分组: 第三组

④ 场地土类型: 中软土

⑤ 场地类别: Ⅱ类

(5)场地标准冻土深度: 0.32m

(6)地下水情况及腐蚀性:

勘察期间测量水位埋深在1.10～2.75m,黄海标高为17.52～19.44m。地下水对混凝土结构及钢筋具微腐蚀性。

(7)建设场地稳定评价:该场地属建设抗震一般地段,新区稳定,较适宜建筑。

(8)地基基础方案建议:

根据本工程《岩土工程勘察报告》的建议,基础形式采用独立基础。环境水对钢筋混凝土结构的腐蚀可根据《工业建筑防腐蚀设计规范》的规定进行防护或对钢筋混凝土构件表面涂刷聚合物水泥浆两遍。

3. 本工程设计通遵的标准、规范、规程:

(1)《建筑结构可靠度设计统一标准》(GB 50068—2018)

(2)《建筑工程抗震设防分类标准 》(GB 50223—2008)

(3)《建筑岩土工程勘察设计规范》(DB37/5052—2015)

(4)《建筑结构荷载规范》(GB 50009—2012)

(5)《混凝土结构设计规范》(GB 50010—2010)2015年版

(6)《建筑抗震设计规范》(GB 50011—2010)2016年版

(7)《建筑地基基础设计规范》(GB 50007—2011)

(8)《砌体结构设计规范》(GB 50003—2011)

(9)《建筑地基处理技术规范》(JGJ 79—2012)

(10)《地下防水工程技术规范》(GB 50108—2008)

(11)《建筑设计防火规范》(GB 50016—2014)

(12)《工程建设标准强制性条文》(房屋建筑部分)2013年版

(13)《钢筋机械连接技术规程 》(JGJ 107—2010)

(14)《钢筋机械连接通用技术规程 》(JGJ 107—2010)

(15)《建筑工程设计文件编制深度规定》

(16)《中国地震动参数区划图》(GB 18306—2015)

(17)山东省工程建设标准《绿色建筑设计规范》(DB 37/T5043—2015)

(18)《绿色建筑评价技术细则》2015年7月山东省绿色建筑评审及施工图审查技术要点》

(19)《混凝土结构工程施工质量验收规范》(GB T50204—2015)

(20)《山东省建设工程勘察设计管理条例》

(21)《建筑岩土工程勘察设计规范》(DB 37/T5052—2015)

4. 本工程设计使用的标准图集:

(1)《加气混凝土砌块墙》(省标 L13J3-3)

(2)《钢筋混凝土结构抗震构造详图》(国标11G329-1)

(3)《钢筋混凝土构造》(省标 L13G3)

(4)《钢筋混凝土梁》(省标 L13G7)

(5)《混凝土结构施工图平面整体表示方法制图规则和构造详图》(16G101—1)(16G101—3)

5. 业主提供的相关资料和相关工艺提供的资料等资料。

三、设计计算程序

采用北京盈建科软件股份有限公司YJK V1.9.3网络版系列之YJK-A、YJK-F、YJK-D。

1. 采用"结构空间有限元分析计算软件YJK V1.9.3网络版系列之YJK-A进行结构整体分析。

2. 采用"基础工程计算机辅助设计YJK-F"(V1.9.3版)进行基础设计计算。

四、主要荷载取值

1. 楼(屋)面活荷载标准值(设计基准50年)

部位	活荷载(kN/m²)	组合值系数	频遇值系数	准永久值系数
商业	3.5	0.7	0.6	0.5
公共卫生间	3.5	0.7	0.6	0.5
不上人屋面	0.5	0.7	0.5	0
上人屋面	2.0	0.7	0.5	0.4
楼梯	3.5	0.7	0.6	0.3

注:未经技术鉴定或设计许可,不得改变结构的用途和使用环境。

2. 风荷载:基本风压为Wo=0.40 kN/m²;地面粗糙度为B类;风荷载体形系数为1.40。

3. 雪荷载:基本雪压为So=0.40 kN/m²;屋面积雪分布系数1.0。

4. 施工或检修施工或检修中荷载标准不小于1.0 KN;

楼梯、阳台以上人屋面等处的栏杆顶部水平荷载1.0 KN/m,竖向荷载1.2 KN/m。

5. 设备荷载按各厂家提供之荷载实测实际采用。

6. 施工及使用期间严禁超设计荷载,不得在楼屋梁和板上增设建筑图中未标注的隔墙。

五、主要结构材料

1. 混凝土:

(1)本工程采用预拌混凝土,混凝土强度等级、防水混凝土抗渗等级(图中特殊注明除外)

序号	构件名称反范围	混凝土强度等级	防水混凝土抗渗等级
1	混凝土垫层	C15	
2	框架柱、框架梁、楼板	C30	
3	圈梁、构造柱、现浇过梁	C20	

(2)结构混凝土材料的耐久性基本要求:

环境类别	最大水灰比	最低强度等级	最大氯离子含量(%)	最大碱含量(kg/m³)
一	0.60	C20	0.30	不限制
二 a	0.55	C25	0.20	3.0
二 b	0.50(0.55)	C30(C25)	0.15	3.0

注:(1) 处于严寒和寒冷地区的二b类环境中混凝土应使用引气剂,并可采用括号中的有关参数。

(2) 防水砼中水泥用量不应于320 Kg/m³ 且应符合GB 50108—2008中有关要求。

2. 钢筋

(1)钢筋种类:采用HRB400、HRB400E钢筋(Φ)。

钢筋强度等级标准值: HRB400(●)fy=360N/mm² HRB400E(●)fy=360N/mm²

(2)抗震等级为一、二、三级的框架(包括框架梁、框架柱及斜撑构件的柱等等)和楼梯梯段中的纵向受力普通钢筋采用E的抗震钢筋,其抗震实测强度与屈服强度的实测值的比值不应小于1.25;且屈服强度实测值与强度标准值的比值不应大于1.3,且最大拉力下的总伸长率实测值不应小于9%。钢筋强度标准值应有不小于95%的保证率。

(3)吊筋、吊环采用HPB300级不冷加工钢筋。

(4)锚筋:受力预埋件的锚固筋应采用HPB300级、HRB335级或HRB400级钢筋,严禁使用冷加工钢筋。

3. 局部钢材:

(1)型钢、钢板、钢管: Q235-B钢,Q345-B钢。

(2)焊条: E43xx型(用于HPB300钢筋、Q235-B钢材焊接)

E50xx型(用于HRB400钢筋、Q345-B钢材焊接)

(3)焊接质量等级为三级,焊接质量要求分别按《建筑钢结构焊接技术规程》(JGJ81)和《钢筋焊接及验收规程》(JGJ18)要求。

(4)涂装要求:凡外露构件(埋)件均应除锈,除锈等级St2,采用两道防锈、两道面漆的做法,漆膜总厚度≥120 um。

4. 砌体填充墙:

(1)砌体强度等级:加气混凝土砌块为A3.5,加气混凝土砌块密度等级B06,其干容重≤6.5 KN/m³。

室内地坪以下用M5水泥砂浆砌实MU15水泥砖,并做好防潮层。

(2)砂浆强度等级:加气混凝土砌块专用砂浆强度等级≥Ma5;水泥砂浆强度等级≥M5。

全部采用预拌砂浆,配合比、抗压强度、稠度和凝结时间等各项技术参数应满足《预拌砂浆》(GB/ T 25181—2010)和《预拌砂浆应用技术规程》(JGJ/ T223—2010)等有关标准的相关要求。

(4)砌体结构施工质量控制等级为B级。

六、基础工程

1. 该工程以天然地基,均采用独立基础,持力层详基础说明。

2. 基础进入持力层深度不小于200mm,当采用机械开挖时要求坑底至少保留200mm厚的土层由人工开挖。

3. 施工时,若有地表水或大沟槽渗漏水渗入,应采有效排水措施,保证正常施工,同时应采取有效 措施,防止因降低地下水位对周围图建设产生不利影响。

4. 基坑开挖后须普遍检验好标底的针测,并加强基坑槽检验工作,应通知勘察、设计、监理等单位参加,当发现持力层与勘察报告不符时,须研究处理。验槽合格后方可进行下道施工。

5. 基础施工完成后,应尽早进行回填,并按要求分层夯实,回填土压实系数不小于0.95。

6. 本工程基坑开挖时应根据勘察提供的参数进行放坡,基坑边坡、支护方案应委托具备相应设计资质的设计单位根据现场条件、岩土参数进行设计,在设计方案充分论证的前提下,方可开挖、支护施工。以保证基坑周边建筑物、构筑物及其他设施等的正常使用安全。同时应避免因降低地下水位而影响邻近建筑物、构筑物、地下设施的正常使用及安全。

七、钢筋混凝土工程

本工程结构体系类型为框架结构,抗震等级三级。

本工程结构施工图采用国家标准《混凝土结构施工图平面整体表示方法制图规则和构造详图16 G101-1》的表示方法。

1. 混凝土结构的环境类别:

±0.000以下室外与土接触构件为二(b)类,±0.000以下室内部分及卫生间为二(a)类,其他均为一类。

2. 最外层钢筋的混凝土保护层厚度:

结构构件	基础底板(有垫层)				地下室外墙		地下室顶板(有覆土)				水池		扩展基础(无防水底板)
	板底	板顶	梁底	梁顶	外侧	内侧	板底	板顶	梁底	梁顶	外侧	内侧	
保护层厚度(mm)	40	20	40	25	50	20	50	25	50	20	40	40	40

结构构件	室内正常环境			卫生间、厨房、浴室、±0.000以下室内潮湿环境			露天环境			基础拉梁(无防水底板)
	板	墙	梁、柱	板	墙	梁、柱	板	墙	梁、柱	
保护层厚度(mm)	15	20	20	20	20	25	25	35	40	40

注:(1)混凝土强度等级不大于C25时,表中保护层厚度数值应增加5mm;防水墙上普通保护层厚度加 30mm。

(2)构件中受力钢筋的保护层厚度不应小于钢筋的公称直径 d;

(3)机械连接接头的砼保护层厚度应满足纵向钢筋的最小保护层厚度要求。

3. 钢筋工程:

(1)钢筋接头形式: 钢筋的连接可分为: 机械连接、绑扎搭接和焊接三种。

连接性能优先顺序为: 机械连接(直径>22钢筋宜采用套筒挤压连接,接头等级不低于 II级)、绑扎搭接(轴心受拉及小偏心受拉杆件纵向受拉钢筋不应采用;受拉钢筋直径>25mm及受压钢筋直径>28mm时不宜采用)、焊接(严寒和寒冷地区不宜采用,承受动力荷载的钢筋接头不应采用)。

梁、柱中纵筋 ≥22mm,宜优先采用机械连接、在、框架梁纵筋不应与箍筋、拉筋及预埋件等焊接。

(2)机械连接接头应符合《钢筋机械连接通用技术规程(JGJ 107—2003)》的要求。

焊接接头应点符合《钢筋焊接及验收规程》(JGJ18—2003)的要求。

(3)受力钢筋的接头宜设置在受力较小处,在同一根钢筋上宜少设接头。同一构件中相邻纵向钢筋接头宜相互错开。

(4)纵向受拉钢筋的最小锚固长度(la、laE):见《16 G101-1》标准图集第58页。

(5)纵向受拉钢筋的最小绑扎搭接长度(l₁、l₁E):见《16 G101-1》标准图集第60～61页。

在任何情况下,纵向受拉钢筋绑扎搭接接头的搭接长度不应小于300mm。

(6)梁、板、墙、柱中相邻钢筋纵向受力钢筋的绑扎搭接接头应宜相互错开。钢筋绑扎搭接头连接区段的长度为1.3倍搭接长度,即1.3 l₁,凡搭接接头中位于该连接区段长度内的接头均属于同一连接区段。位于同一连接区段内的受力钢筋搭接头面积百分率: 梁、板、墙类构件≤25%,详见图 1(a);柱类构件≤50%,详见图 1(b)。

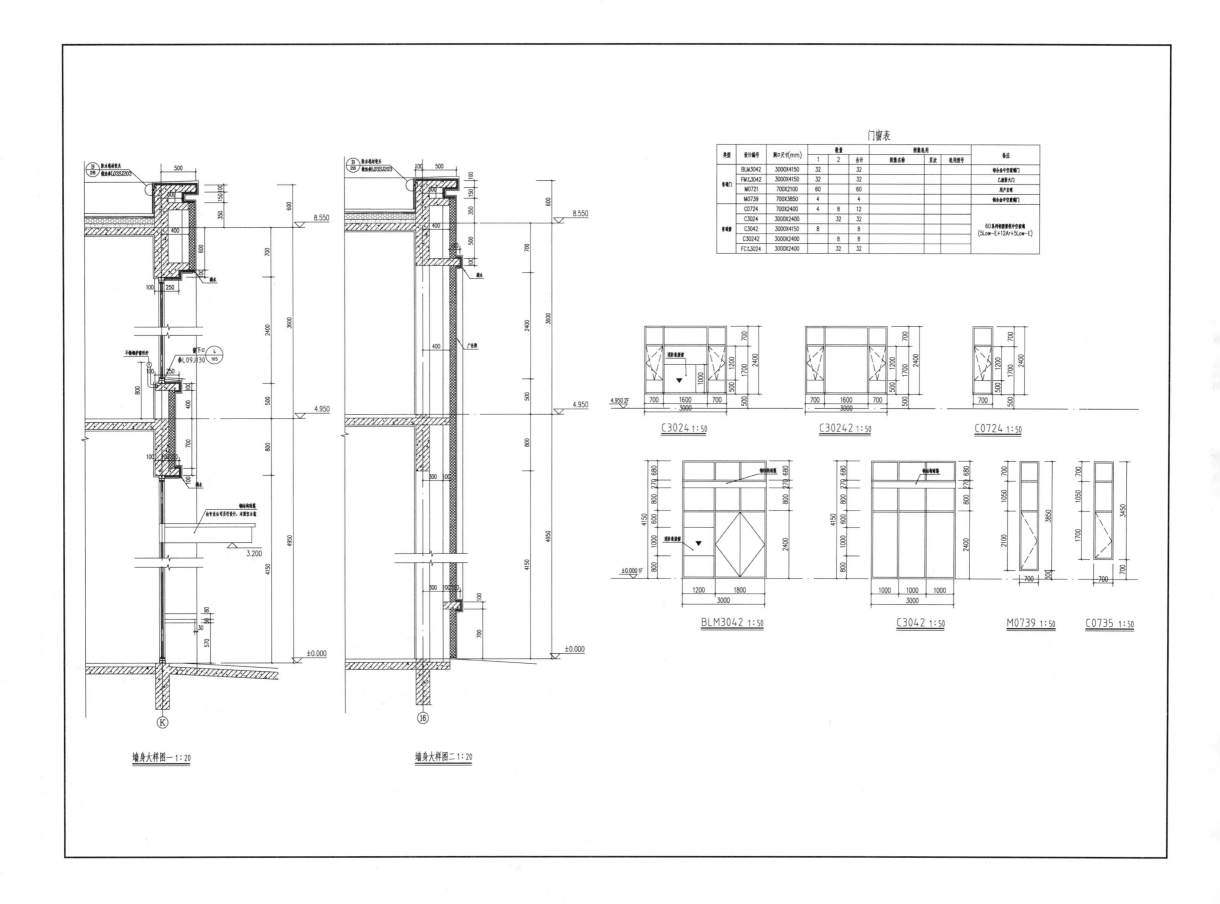

门窗表

类型		设计编号	测口尺寸(mm)	数量			图集选用			备注
				1	2	合计	图集名称	页次	选用型号	
普通门		BLM3042	3000X4150	32		32				铝合金中空玻璃门
		FM乙3042	3000X4150	32		32				乙级防火大门
普通门		M0721	700X2100	60		60				用户自用
		M0739	700X3850	4		4				铝合金中空玻璃门
普通窗		C0724	700X2400	4	8	12				
		C3024	3000X2400		32	32				60系列铝塑窗框中空玻璃
		C3042	3000X4150	8		8				(5Low-E+12Ar+5Low-E)
		C30242	3000X2400		8	8				
		FC乙3024	3000X2400		32	32				

墙身大样图一 1:20

墙身大样图二 1:20

C3024 1:50   C30242 1:50   C0724 1:50

BLM3042 1:50   C3042 1:50   M0739 1:50   C0735 1:50

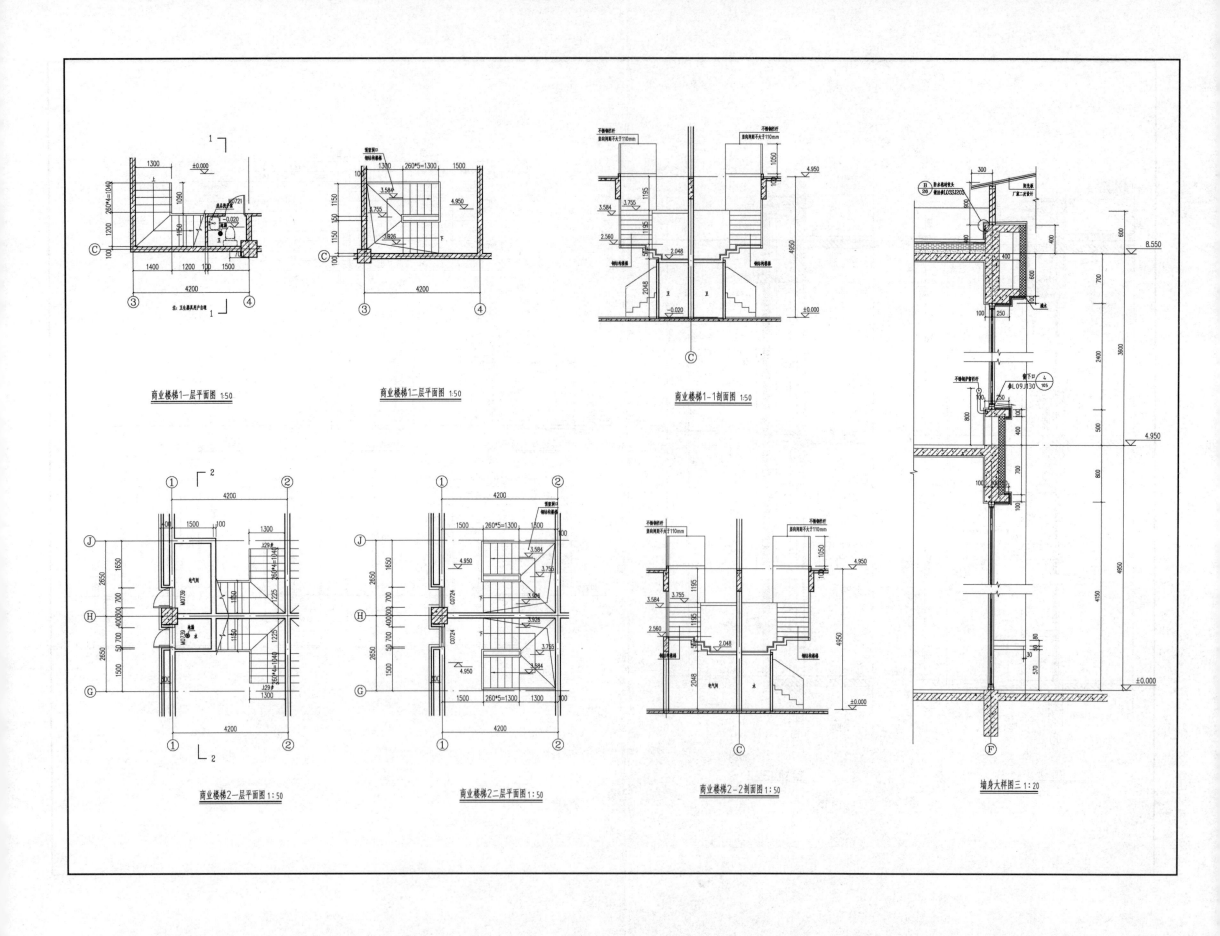

商业楼梯1一层平面图 1:50

商业楼梯1二层平面图 1:50

商业楼梯1-1剖面图 1:50

商业楼梯2一层平面图 1:50

商业楼梯2二层平面图 1:50

商业楼梯2-2剖面图 1:50

墙身大样图三 1:20

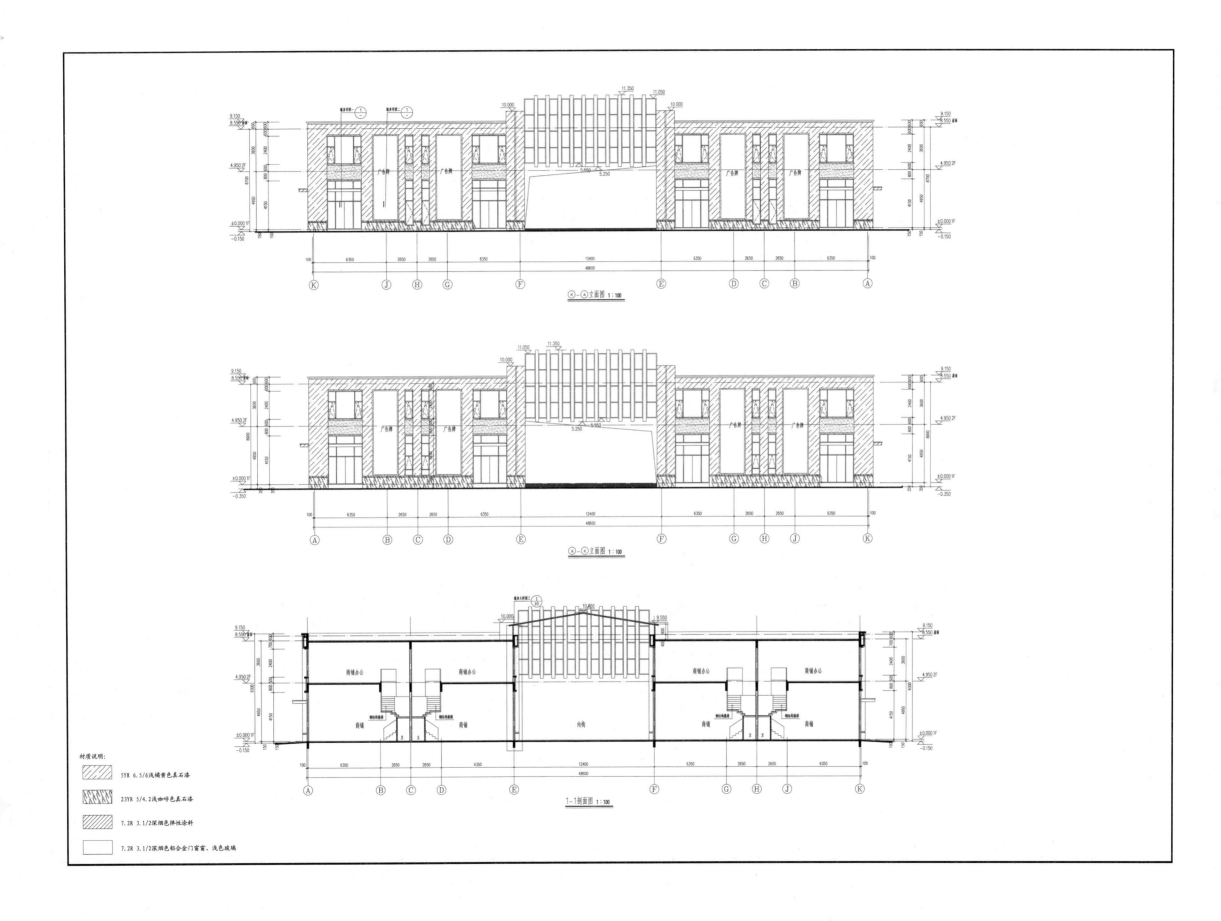

材质说明:

5YR 6.5/6浅橘黄色真石漆

23YR 5/4.2浅咖啡色真石漆

7.2R 3.1/2深烟色弹性涂料

7.2R 3.1/2深烟色铝合金门窗窗、浅色玻璃

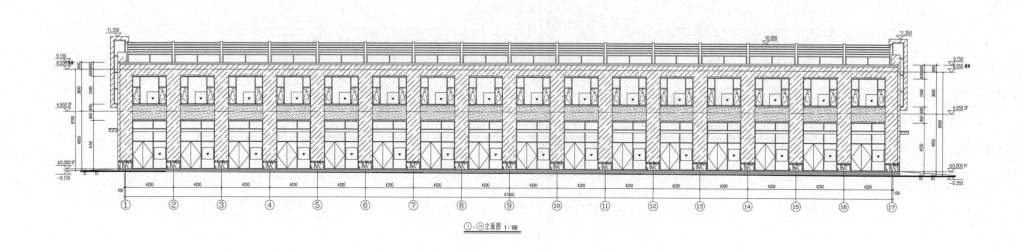

①—⑰立面图 1:100

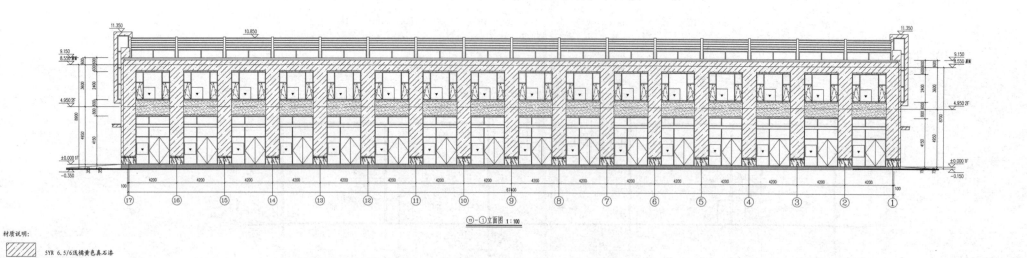

⑰—①立面图 1:100

材质说明：

5YR 6.5/6浅橘黄色真石漆

23YR 5/4.2浅咖啡色真石漆

7.2R 3.1/2深烟色弹性涂料

7.2R 3.1/2深烟色铝合金门窗窗、浅色玻璃

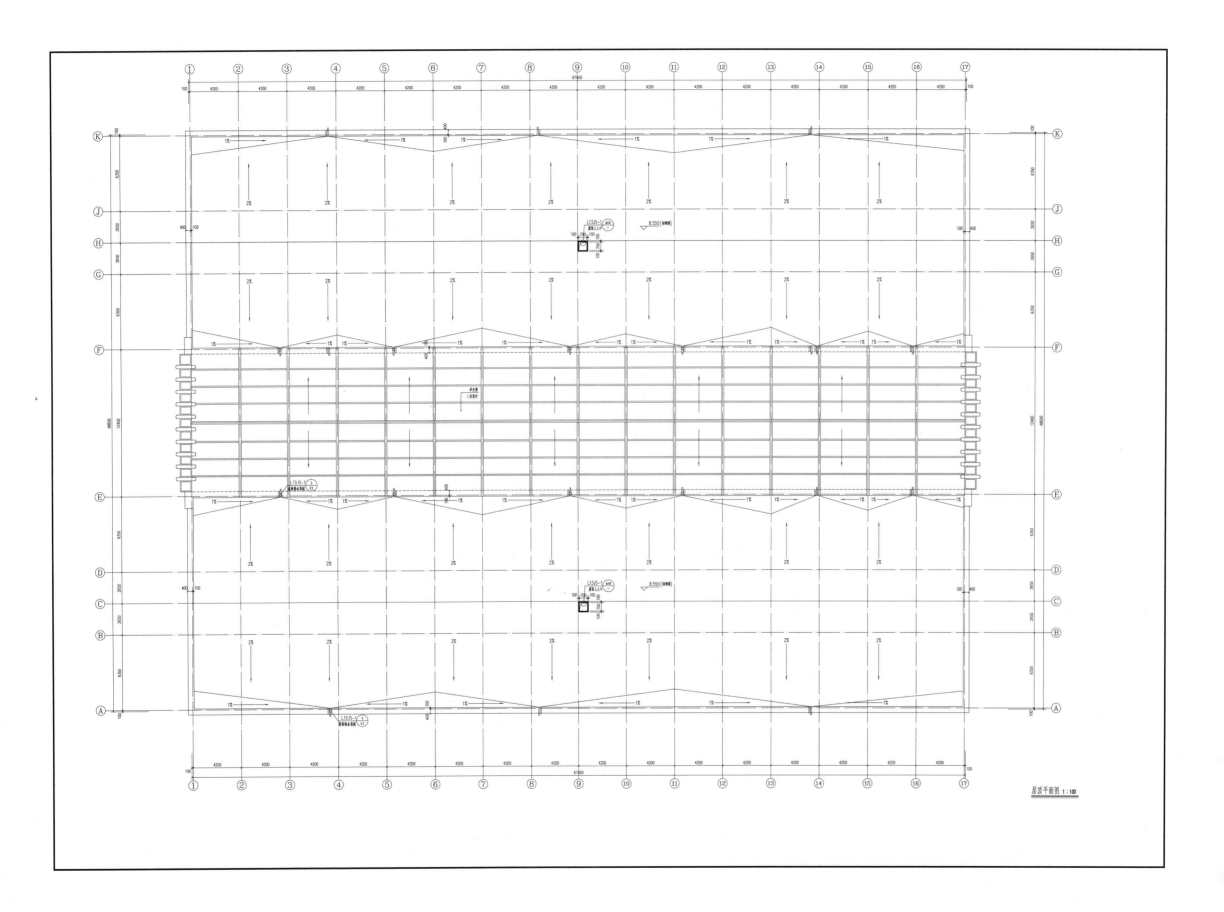

屋顶平面图 1：100

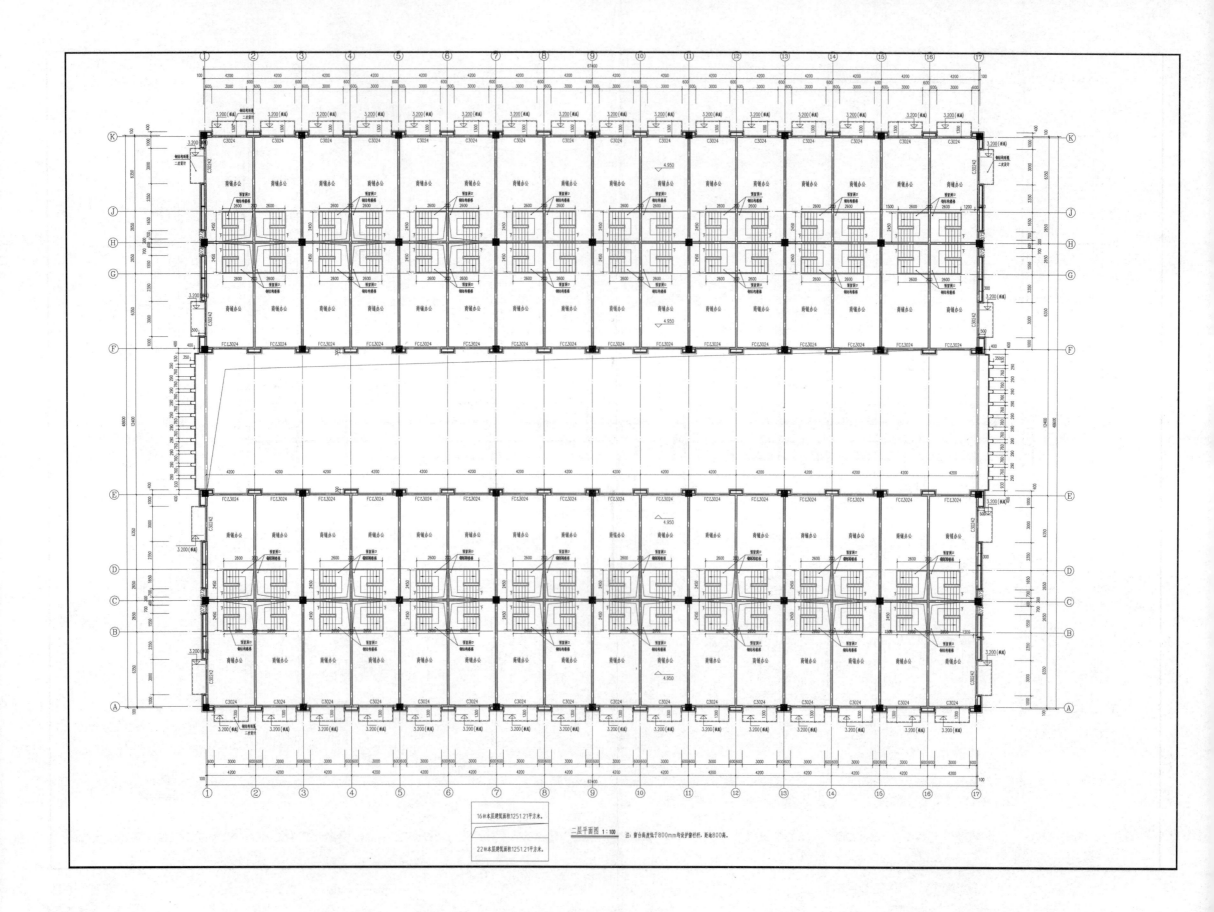

二层平面图 1:100　注：窗台高度低于800mm均设护窗栏杆，距地800高。

16#本层建筑面积1251.21平方米。

22#本层建筑面积1251.21平方米。

参 考 文 献

[1] 周艳东. 工程造价概论[M]. 北京：北京大学出版社，2015.

[2] 万小华，付云霞，肖飞剑，等. 工程造价原理[M]. 长沙：中南大学出版社，2021.

[3] 郭红侠，赵春红，等. 建设工程造价概论[M]. 北京：北京理工大学出版社，2018.

[4] 徐锡权，刘永坤，厉彦菊，等. 工程造价控制[M]. 北京：科学出版社，2021.

[5] 何辉. 工程建设定额原理与实务[M]. 北京：中国建筑工业出版社，2015.

[6] 李建峰. 建设工程定额原理与实务[M]. 北京：机械工业出版社，2018.

[7] 中华人民共和国住房和城乡建设部，中华人民共和国国家质量监督检验检疫总局. GB 50854—2013 房屋建筑与装饰工程工程量计算规范[S]. 北京：中国计划出版社，2013.

[8] 中华人民共和国住房和城乡建设部，中华人民共和国国家质量监督检验检疫总局. GB 50500—2013 建设工程工程量清单计价规范[S]. 北京：中国计划出版社，2013.

[9] 中华人民共和国住房和城乡建设部. 建筑安装工程工期定额：TY-01-89-2016[S]. 北京：中国计划出版社.

[10] 山东省住房与城乡建设厅. 山东省建筑工程消耗量定额：SD-01-31-2016[S]. 北京：中国计划出版社，2016.

[11] 山东省住房与城乡建设厅. 山东省建筑工程概算定额：SD-01-21-2018[S]. 北京：中国建材工业出版社，2018.

[12] 山东省住房与城乡建设厅. 山东省建设工程费用项目组成及计算规则(2022 版)：SD-01-21-2018[S]. 北京：中国建材工业出版社，2018.